U0233161

丽莎·兰道尔

Lisa Randall

全球"100位
最具影响力人物"之一

挑战爱因斯坦的 **理论物理学大师**·

全球最权威的 额外维度物理学家·

哈佛大学、麻省理工、普林斯顿 3 大名校终身教授

1962 年 6 月 18 日，丽莎·兰道尔在美国纽约皇后区的一个犹太人家庭出生。她高中就读于史岱文森高中 (Stuyvesant High School)。史岱文森高中是一所以科学及数学见长的公立高中，曾有多位诺贝尔奖得主及各领域的知名人士在此就读，而且这所学校每年还会举办有"美国中学生诺贝尔奖"美誉的西屋科学奖。兰道尔曾经参加过此奖项的争夺，并获得了并列第一的好成绩。

兰道尔本科及博士均毕业于哈佛大学，后在加州大学伯克利分校以及劳伦斯伯克利国家实验室从事过 4 年的博士后研究。1991 年，兰道尔加入麻省理工学院担任助理研究员，1995 年晋升为副教授，并在两年后被授予终身教授。1995 年，她开始在哈佛大学执教。

兰道尔多年来潜心研究理论高能物理，领域涉及粒子物理学标准模型、超对称理论、弦理论、额外维度理论等。从 20 世纪 90 年代开始，兰道尔获得了十余次物理学大奖，其中包括由美国物理学会 2007 年颁发的朱利叶斯·利林费尔德奖 (Julius Edgar Lilienfeld Prize) 以及 2012 年颁发的安德鲁·格芒特奖 (Andrew Gemant Award)。过去 5 年来，兰道尔的论文被引用次数达上万次之多。因为其杰出的成就，兰道尔成为普林斯顿大学物理系第一位女性终身教授，哈佛大学、麻省理工学院第一位女性理论物理学终身教授。

ANDALL

挑战爱因斯坦，9 年实验首提第五维空间

在哈佛大学的一间实验室里，一位女教授正在做一个核裂变实验。突然，她发现一个微粒竟然离奇地消失得无影无踪。它会跑到哪儿去？这位女教授大胆地提出一个新设想：我们的世界存在一个人类看不到的第五维空间。

这位女教授不是别人，正是 2007 年被《时代周刊》评为"100 位最具影响力人物"之一，被公认为当今全球最权威额外维度物理学家的丽莎·兰道尔。

兰道尔的大胆设想立刻引起了国际物理学界的震惊。要知道，根据爱因斯坦的广义相对论，人类生存的宇宙可是一个"四维时空"。一时间，"哈佛大学美女教授挑战爱因斯坦"的消息传遍全球。兰道尔开始被各大媒体争相报道，其中包括《纽约时报》科学版头条、《经济学家》《科学》《自然》《达拉斯日报》、英国广播电台等。兰道尔更用其美貌荣登美国《时尚》杂志封面

LISA RANDALL

暗物质毁灭恐龙，**21**˚世纪最惊人猜想

在一些虚拟游戏以及科幻大片之外，我们很少同时听到"暗物质"和"恐龙"这两个词。尽管在普通人眼里，暗物质和恐龙都很有趣，但或许都不会把"暗物质"这种看不见的物质和"恐龙"这个代表性的生物联系在一起。兰道尔却这么做了！她和她的合作者们认为：或许正是暗物质最终间接导致了恐龙的灭绝！

古生物学家、地质学家、物理学家已经证明，在 6 600 万年前，一个直径达 10 公里的陨星从太空直冲地球，导致了恐龙的灭绝，而原因就是，当太阳穿过银河系时，遇到了由暗物质构成的盘面，改变了太阳系远处星体的轨道，从而导致了这一灾难性的撞击。这一大胆猜想再次震惊了物理学界。

作者演讲洽谈，请联系
speech@cheerspublishing.com

更多相关资讯，请关注

湛庐文化微信订阅号

Cheers Publishing 湛庐文化 | 特别制作

理论物理学大师
丽莎·兰道尔宇宙三部曲

KNOCKING ON HEAVEN'S DOOR

HOW PHYSICS AND SCIENTIFIC THINKING
ILLUMINATE THE UNIVERSE AND THE MODERN WORLD

叩响天堂之门

宇宙探索的历程

[美] 丽莎·兰道尔（Lisa Randall）◎著　　杨洁　符玥◎译

浙江人民出版社
ZHEJIANG PEOPLE'S PUBLISHING HOUSE

SCIENTIFIC SENSE SERIES

湛庐文化"科学素养"专家委员会

寄 语

科学伴光与电前行，引领你我展翅翱翔

欧阳自远

天体化学与地球化学家，中国月球探测工程首任首席科学家，中国科学院院士，
发展中国家科学院院士，国际宇航科学院院士

当雷电第一次掠过富兰克林的风筝到达他的指尖；

当电流第一次流入爱迪生的钨丝电灯照亮整个房间；

当我们第一次从显微镜下观察到美丽的生命；

当我们第一次将望远镜指向苍茫闪耀的星空；

当我们第一次登上月球回望自己的蓝色星球；

当我们第一次用史上最大型的实验装置 LHC 对撞出"上帝粒子"；

……

回溯科学的整个历程，今时今日的我们，仍旧激情澎湃。

对科学家来说，几个世纪的求索，注定是一条充斥着寂寥、抗争、坚持与荣耀的道路：

我们走过迷茫与谬误，才踟蹰地进入欢呼雀跃的人群；

我们历经挑战与质疑，才渐渐寻获万物的部分答案；

我们失败过、落魄过，才在偶然的一瞬体会到峰回路转的惊喜。

在这泰山般的宇宙中，我们注定如愚公般地"挖山不止"。所以，

不是每一刻，我们都在获得新发现。

但是，我们继续。

不是每一秒，我们都能洞悉万物的本质。

但是，我们继续。

我们日日夜夜地战斗在科学的第一线，在你们日常所不熟悉的粒子世界与茫茫大宇宙中上下求索。但是我们越来越发现，虽这一切与你们相距甚远，但却息息相关。所以，今时今日，我们愿把自己的所知、所感、所想、所为，传递给你们。

我们必须这样做。

所以，我们成立了这个"科学素养"专家委员会。我们有的来自中国科学院国家天文台，有的来自中国科学院高能物理研究所，有的来自国内物理学界知名学府清华大学、北京师范大学与中山大学，有的来自大洋彼岸的顶尖名校加州理工学院。我们汇集到一起，只愿把最前沿的科学成果传递给你们，将科学家真实的科研世界展现在你们面前。

不是每个人都能成为大人物，但是每个人都可以因为科学而成为圈子中最有趣的人。

不是每个人都能够成就恢弘伟业，但是每个人都可以成为孩子眼中最博学的父亲、母亲。

不是每个人都能身兼历史的重任，但是每个人都可以去了解自身被赋予的最伟大的天赋与奇迹。

科学是我们探求真理的向导，也是你们与下一代进步的天梯。

科学，将给予你们无限的未来。这是科学沉淀几个世纪以来，对人类最伟大的回馈。也是我们，这些科学共同体里的成员，今时今日想要告诉你们的故事。

我们期待，

每一个人都因这套书系，成为有趣而博学的人，成为明灯般指引着孩子前行的父母，成为了解自己、了解物质、生命和宇宙的智者。

同时，我们也期待，

更多的科学家加入我们的队伍，为中国的科普事业共同贡献力量。

同时，我们真诚地祝愿，

科技创新与科学普及双翼齐飞！中华必将腾飞！

SCIENTIFIC SENSE SERIES
湛庐文化"科学素养"书系
专家委员会

主 席

欧阳自远　天体化学与地球化学家，中国月球探测工程首任首席科学家，
中国科学院院士，发展中国家科学院院士，国际宇航科学院院士

委 员　（按拼音排序）

陈学雷　国家杰出青年科学基金获得者，国家天文台研究员及宇宙暗物质与暗
能量研究团组首席科学家

陈雁北　加州理工学院物理学教授

苟利军　中国科学院国家天文台研究员，中国科学院大学教授

李　淼　著名理论物理学家，中山大学教授，中山大学天文与空间科学研究院
院长、物理与天文学院行政负责人

王　青　清华大学物理系高能物理核物理研究所所长，中国物理学会高能物理
分会常务理事

张双南　中国科学院高能物理研究所研究员和粒子天体物理中心主任，中国科
学院粒子天体物理重点实验室主任，中国科学院国家天文台兼职研究
员和空间科学研究部首席科学家

朱　进　北京天文馆馆长，《天文爱好者》杂志主编

朱宗宏　北京师范大学天文系教授、博士生导师，教育部"长江学者"特聘教授，
北京天文学会理事长

重磅赞誉

KNOCKING ON
HEAVEN'S DOOR

韩　涛　著名理论物理学家，美国匹兹堡大学物理天文系杰出教授
匹兹堡大学粒子物理、天体物理及宇宙学中心主任

人类真的生活在一个具有多维空间的膜宇宙之上吗？暗物质真的是毁灭"地球霸主"恐龙的"幕后黑手"？发现了"上帝粒子"希格斯玻色子的大型强子对撞机，以及未来的超级对撞机，会为这些玄妙的问题提供深刻的答案吗？听天才理论物理学家丽莎·兰道尔教授用妙趣横生的案例、通俗易懂的语言，对科学求索的真相与未来娓娓道来，让人欲罢不能。这是时下科学研究前沿最振聋发聩的声音！振奋人心，启迪心智！

张双南　中国科学院高能物理研究所和国家天文台双聘研究员
中国科学院粒子天体物理重点实验室主任

我们还没有探测到暗物质，但恐龙的灭绝竟然是暗物质造成的？兰道尔"宇宙三部曲"将告诉读者，想理解地球和人类的现在、历史与未来，我们必须搞清楚物质最深层次的结构和宇宙最大尺度的规律！唉，我真为其他想写类似主题的作家们担心，再写出这么出色的书恐怕很难了。

陈学雷　国家杰出青年科学基金奖获得者
国家天文台研究员及宇宙暗物质与暗能量研究团组首席科学家

兰道尔教授先后在麻省理工学院、普林斯顿大学、哈佛大学这几所世界最著名的大学担任理论物理学教授，并一直开展着最前沿的科学研究。在这套科普书中，兰道尔教授介绍了物理学家们是如何研究、探索宇宙之谜的。

她并不满足于仅仅介绍那些已经被广泛接受的科学知识，而是着重展示科学家们现在正在进行的猜想和探索，使读者真切地欣赏到科学研究的丰富多彩和趣味，体验科学家们在构造假说、探索未知、获得新发现时所体验到的激情。我相信，想了解科学探索前沿的读者一定会享受阅读这套书带来的乐趣。

朱 进 北京天文馆馆长

在兰道尔教授的笔下，额外维度、暗物质、暗能量、对撞机，这些科学家的"烧脑伙伴"也变得平易近人起来。这套科普书系通俗易懂，与晦涩无缘，揭示了即使是门外汉都读得懂的宇宙真相。

苟利军 中国科学院国家天文台研究员，中国科学院大学教授
"第十一届文津奖" 获奖图书《星际穿越》译者

几千年来，人类一直在试图回答 "宇宙是什么" 这一古老问题。现代天文观测和研究揭示，宇宙包含了时空和普通物质以及很多神秘 "角色"。作为世界知名的粒子物理学家，哈佛大学物理系教授丽莎·兰道尔在她的这套系列丛书中，以其渊博的知识、广阔的视野、通俗的语言，以及丰富有趣的事例，给我们讲述了宇宙的基本组成和包含万物的时空，非常值得一读。作者大胆推断，地球上恐龙的灭绝与银河系中的某种暗物质有关。如果这能够被证实，将颠覆我们对宇宙神秘物质的现有认识。

吴 岩 科幻作家，北京师范大学教授

简明扼要、通俗易懂、内容独创。地球人非读不可！

万维钢（同人于野） 科学作家，畅销书《万万没想到》作者
"得到" App《万维钢·精英日课》专栏作家

过去几十年来，理论物理学中最酷的话题已经从量子力学、相对论和黑洞变成了超弦、希格斯粒子和暗物质。如果说，黑洞让人着迷、量子力学让人困惑、相对论让人脑洞大开，那这些新概念则更难让人理解！不过一旦你理解了，就会获得更大的智力愉悦感。物理学家一直致力于在不用公式的情况下让公众理解物理学，丽莎·兰道尔正是这项事业的新晋翘楚。她用一贯的机智语言告诉我们，这一代的物理学正在发生什么。

郝景芳　2016 年雨果奖获得者，《北京折叠》作者

在这个信息爆炸的时代，我们收到的碎片化信息太多，反而难以获得真知。碎片化文章看得再多，也不如读一本真正的好书，尤其是深入浅出、结构恢弘的好书。兰道尔"宇宙三部曲"就是难得一见的、视野辽阔的好书，每一本都选择了令人好奇的话题：宇宙结构、宇宙历史、宇宙物质，并且还与恐龙灭绝这样有趣的话题相结合，更加吸引人，让人读起来手不释卷。而最为难得的是，兰道尔的文笔简洁、优美，你在书中找不到像一般物理学科普图书那种艰深晦涩的语句。她用小说一样的文笔娓娓道来，让你理解人类对宇宙最全面的认知。

比尔·克林顿　美国前总统

丽莎·兰道尔以她诙谐、通俗的一贯风格写下了《叩响天堂之门》，她让复杂的物理理论变得迷人、易懂。她的书，将会激发你产生不一样的想法，并鼓励你对世界作出更为睿智的判断。

理查德·道金斯　著名生物学家、科普作家
畅销书《道金斯传》《自私的基因》作者

科学是一场头脑与心灵的战斗，战场有两处：反对迷信以及忽略事物的某个侧面；反对伪智力的蒙昧主义。能够拥有丽莎·兰道尔那不同寻常的科学理念、清晰易懂的内在逻辑以及她美丽的外表，于我们而言，实为幸事。

史蒂芬·平克　著名认知心理学家、科普作家
畅销书《心智探奇》《思想本质》《语言本能》作者

兰道尔对物理学前沿理论及她自己那耀眼理念的诠释，既明晰易懂，又具有高度的启发性。她对科学知识的拥护，也是对科学进步的极大贡献……今日阅读兰道尔的书，将得以理解明日之科学。

克雷格·文特尔　"人造生命之父"，基因测序领域的"科学狂人"
畅销书《生命的未来》作者

丽莎·兰道尔为非物理学读者解释了现代物理学的基础科学，以及最新的物理学实验有可能揭示什么。这项"科普"工作，兰道尔做得很好……《叩响天堂之门》必须一读，它可以帮助我们领会未来将要发生什么。

丹尼尔·吉尔伯特 全球幸福研究领域最具影响力和最权威的研究者之一
畅销书《撞上幸福》作者

兰道尔通过《叩响天堂之门》一书，对科学的发展以及未知宇宙如何
运作，做了非常好的解释。

劳伦斯·萨莫斯 哈佛大学名誉校长

在我眼中，丽莎·兰道尔是最罕见的珍品—— 一位天才理论物理学家，
兼有用大众能够理解、享受的方式书写、讲授物理知识的才能。《叩响天堂
之门》一书让非专业人士也可以尽可能地接近宇宙背后的机制。

《纽约时报》

兰道尔是早期职业理论物理学家之一……她对科学与艺术之美之间的
密切关系给出了漂亮的分析，并把理查德·塞拉雕塑作品中的对称性破缺
与标准模型核心的对称性破缺进行了比较。

《自然》

从提出概念到具体实行，兰道尔这部富有信服力的著作细致地讨论了
大型强子对撞机（LHC）的建成历程、它所历经过的种种磨难，带领我们走
过了一段大型强子对撞机尺度之下的宏伟的科学之旅。

《书单》

兰道尔的著作是一般读者通向科学前沿不可或缺的"护照"。

《科克斯书评》

这是对粒子物理学相关科学工作的一次性灵的审视……兰道尔为这个
主题带来了洪钟大吕般的热情，而她自己却无比闲适，还时而会冷幽默一
把……《叩响天堂之门》真如星光一般灿烂。

发现的激情

陈学雷

国家杰出青年科学基金获得者

国家天文台研究员及宇宙暗物质与暗能量研究团组首席科学家

拿到这套书的样章，让我想起 20 多年前（1993 年），我作为一名物理学研究生，参加了由李政道先生创办的中国高等科学技术中心组织的一个国际物理学会议。会议日程上列出的报告中有几位大名鼎鼎的学者，他们的名字，我们在粒子物理学教科书中早已熟悉。但当时还有一个我不很熟悉的名字 "Lisa Randall"，而且在日程中排在十分显著的位置。会议开始后，我见到了她：一位面容美丽、身材苗条的女子。她看上去似乎比我大不了几岁，却十分高冷。而且，我听说她酷爱攀岩。然而在会议中，无论是演讲、问答还是讨论，她都显得学识渊博、机敏睿智、充满自信，与那些年龄、资历都老得多的学者辩论时，完全不落下风，成为会议的中心人物之一。这完全打破了我那时对女性物理学家的错误刻板印象。诚然，我从小遇到过很多成绩比我更优秀的女同学，但也许是因为女孩子们的谦让、文静和不好争辩，总让我怀疑她们不过是比我更用功、更擅长作业和考试而已。对于她们是否能深刻地思索或者作出创造性的发现，我内心总有一点儿怀疑。在物理学发展史上，女性物理学家，特别是理论物理学家，也确实屈指可数。然而，站在我面前的就是一位活生生的杰出的女性物理学家，这证明之前我错了。当然，自那之后，我有幸遇到过很多优秀的女性物理学家，其中也包括丽莎·兰道尔教授的一位中国女弟子苏淑芳博士。她们都向我证明了，女性在物理学或者其他科学研究中，完全可以取得毫不逊色于男性的成就。

兰道尔教授先后在麻省理工学院、普林斯顿大学、哈佛大学这几所世界最著名的大学担任理论物理学教授，并一直在进行着最前沿的科学研究。她有许多卓越的成就，其中最著名的是她与桑卓姆合作提出的"额外维度"模型。在这个模型中，我们所熟知的三维空间只是高维空间中的"膜"（参见《弯曲的旅行》一书）。兰道尔教授的这套科普书系，介绍了物理学家是如何研究、探索宇宙之谜的。《叩响天堂之门》一书不仅介绍了大型强子对撞机所进行的研究的意义，也用科学的道理和事实，澄清了人们对科学的各种误解；《弯曲的旅行》一书，重点是对高维空间的探索；《暗物质与恐龙》一书则介绍了作者提出的一种特别的暗物质模型，并就此提出了一个关于恐龙灭绝的有趣假说，借此又阐述了从宇宙起源到暗物质、从太阳系演化到恐龙等多方面的知识。这三部著作的共同特点是，作者并不满足于仅仅介绍那些已经被广泛接受的科学知识，而是着重展示科学家现在正在进行的猜想和探索，当然也清楚地说明了哪些仍仅仅是猜想和假说。这些猜想也许未必都正确，其中许多可能也会被未来的实验和观测所否定。但是，对这些内容的介绍更可以使读者真切地欣赏到科学研究的丰富多彩和趣味，体验到科学家们在构造假说、探索未知、获得新发现时所体验的激情。

我相信，想了解科学探索前沿的读者一定会享受阅读这套书带来的乐趣。我也特别希望，这些书能鼓励那些喜爱科学、希望未来从事科学研究的女孩子们。

宇宙的故事

　　得知我的三本书将在中国出版，我感到十分兴奋。不论在理论物理学还是在实验物理学的舞台上，中国都在扮演着日益重要的角色。

　　我有一些优秀的中国学生以及博士后，而且我也发现，近年来在中国这片土地上，人们对我研究方向的兴趣正在不断增长。不仅如此，中国的实验物理学也在近期取得了一些重要成果。例如，在大亚湾中微子实验室中对最轻、最重中微子混合的振荡测量，其结果震惊了世人，而且它比人们的预期早了至少一年。现有的暗物质探测器，包括 PandaX 与 CDEX，标定了一些重要的能量范围，并且仍在不断探索，以揭示神秘的暗物质粒子的本质。展望未来，计划在中国建造的最大型的对撞机至关重要，它将成为国际主要的粒子物理学实验装置，并能够胜任探索超越已知领域的重任。

　　作为一位理论物理学家，我的研究领域涉猎甚广，小到物质的内部结构，大到宇宙、空间的本质。这些研究令人兴奋，然而又很难向他人解释清楚——在没有对应语境的情况下更难说清。这三本书给了我一次机会，不仅可以向世人解释我的研究，还可以同时解释作为我研究基础的量子力学、相对论、粒子物理学与天体物理学等物理学知识。我将乐于讲述一些展现这些领域中研究前沿的宏大故事。

《叩响天堂之门》一书，解释了科学的本质，并强调了尺度的重要性，也即如何在基本粒子、原子、普通物质或是宇宙的尺度上思考科学问题。《叩响天堂之门》一书也探索了科学的发展历程、什么是"对"与"错"，以及创造力在科学发展中的意义。在这本书中，我还预测了大型强子对撞机（LHC）上的物理结果。大型强子对撞机是建造在日内瓦附近的大型加速器，能让高能质子对撞，以产生新的粒子与新的相互作用，它可以用来研究人类之前所不能及的更小尺度。这本书解释了大型强子对撞机如何运作，以及在这一实验中，科学家正在研究什么以及他们未来将要研究什么。

《弯曲的旅行》一书讲述了我对空间中可能存在的卷曲的额外维度的研究——额外维度是在我们容易观察到的三个维度（左 - 右、前 - 后、上 - 下）之外的某个维度。额外维度可能具有重要意义，它将解释基本粒子的质量，并为它们之间的相互作用引入新的理论可能性。这些卷曲也将容许空间具有一个无穷大的额外维度，它将与我们观测到的一切事物相容。为了讲述这个故事，我回顾了前沿研究中的量子力学、相对论、粒子物理学的基础（既有理论，也有实验），还回顾了弦理论。在这本书中，我会讲述我们是如何把所有研究领域联系在一起，我们是如何得到了这一切，以及我们已经走到了哪一步的大故事。

《暗物质与恐龙》一书，既向外审视宇宙的宏大图景，又向内一窥物质的内部结构。它解释了暗物质的本质及其在宇宙演化中扮演的角色——暗物质是宇宙中捉摸不定的物质，只与引力而不与光相互作用。《暗物质与恐龙》一书也强调了物质的基本性质与我们今日所见的地球、宇宙之间的联系。这本书的内容不仅涵盖了宇宙学，还涉及星系、太阳系和地球之间的相互作用，及其与周边环境的联系。在这一旅程中，我还将解释我对暗物质的新理念：暗物质可能包含了某个小组分，这个组分通过自身的媒介物质——光进行相互作用，而普通物质不与之相互作用。这可能会产生激动人心的结果，包括在银河系平面上，暗物质盘将形成，其引力效应可能导致巨大的流星体撞击地球，从而最终导致恐龙的灭绝。

《叩响天堂之门》《弯曲的旅行》《暗物质与恐龙》三本书包含了粒子物理学的广阔思想领域，是对我的研究以及更宽泛的粒子物理学和宇宙学的一个简述。这三本书把许多新颖且多元的理念与科学领域结合在一起，给出了对今日科学家工作状态的一个感性认知。

在完成《暗物质与恐龙》这本书之后，我已继续投身于对暗物质的研究中。在许多已有研究的基础上，暗物质已经是一个比较成熟的研究主题了。我们在实验上有了许多直接的结果，也开始着手于更好地理解用来探索宇宙的天文望远镜、人造卫星是如何阐明"暗物质是什么"这一问题的。同时，理论也在不断发展，人们已经超越了对暗物质粒子非常狭隘的假设，并对"暗物质如何相互作用"有了更深刻的想法。我正在思考关于暗物质粒子全部带电（而不只是一小部分带电）的可能性，并自问这一假设可能导出什么结果。现有的研究忽视了某些使这个假设可行的重要结果，或许这可能只是因为：暗物质着实不像粒子物理学家之前所假设的那么无趣。

理解暗物质这种神秘物质的本质，是一个非常令人兴奋的研究主题，毕竟它占据了全部物质能量的85%。我希望中国的读者能享受这一旅程：跟随我一起探索我们是由什么组成的，宇宙中的相互作用是如何发生的，以及我们这些科学家是如何研究宇宙问题的。我确信，你们将会从中学到许多新知识，同时又能提出属于自己的问题和观点。

大型强子对撞机是什么？
扫码关注"庐客汇"，
回复"叩响天堂之门"，
听兰道尔教授用3分钟解答
大型强子对撞机的秘密。

目录 KNOCKING ON HEAVEN'S DOOR

目远眺

Lisa Randall

理论物理学大师丽莎·兰道尔
宇宙三部曲
/
科学小白与科学大V都不可错过的
年度最佳科普巨作

WARPED

PASSAGES

DARK MATTER
AND THE
DINOSAURS

科学是一场头脑与心灵的战斗。
Science has a battle for hearts and minds on its hands.

你不是一个人在读书！
扫码进入湛庐"趋势与科技"读者群，
与小伙伴"同读共进"！

欢迎来到科学的世界

我们正沐浴在一道划时代发现的曙光之下。

世界上规模最大的粒子物理学及宇宙学实验正在缓缓拉开序幕，全球顶尖的物理学家和天文学家纷纷投身于这场科学盛宴中。科学家们未来 10 年将要作出的发现，终将使我们对物质的基本构成乃至空间本身的认知发生巨变。这将为我们理解物理世界的本质提供更为全面的视角。关注这些进展的人们不会仅仅把它们当成后现代时期的"附属品"。我们致力于探索一些伟大的发现，这些发现有可能引出属于 21 世纪的科学新范式。这种范式将有助于我们探索宇宙的潜在构造，从那些尚未被人们发现的视角，改变人们对宇宙基本构造的认识。

2008 年 9 月 10 日是一个历史性的日子。就在这一天，大型强子对撞机（Large Hadron Collider, LHC）首次试运行。尽管"大型强子对撞机"这个名字直白乏味、毫无创意，然而正所谓"圣人无名"，它取得的科学成就必将令世界惊叹。在"大型强子对撞机"这个名字中，"大型"是指对撞机本身，而非其中参与对撞的强子。大型强子对撞机包含一个全长 26.6 公里的巨型地下环形隧道，该隧道穿过了法国与瑞士的国界线，把侏罗山和日内瓦湖连接了起来。隧道中的电场同时加速两个粒子束，每一束都包含着数十亿质子（隶属于强子，对撞机也因此得名），它们以每秒 11 000 圈的速率在隧道中狂飙。

大型强子对撞机要负责有史以来从很多方面来看都规模最大、最引人注目的物理实验的运行。其目的是，在小到无人测量过的尺度，以及高到无人探索过的能标上揭示物质结构之谜。这些能量会形成一批基本粒子，并揭示早期宇宙演化过程中出现的相互作用——这些都是在宇宙大爆炸之后大约一万亿分之一秒的时间内发生的。

大型强子对撞机的设计穷人类之智慧，可谓巧夺天工，但它实际的建造过程却存在许多预期之外的困难。令那些急于探索自然奥秘的物理学家以及其他好奇者懊恼的是，在大型强子对撞机试运行仅仅 9 天之后，某个不良的焊点就引发了一场爆炸。但是，随着大型强子对撞机在 2009 年秋天的回归，并以超出所有人的期待良好运行的这一事实，让 25 年前人们的承诺终于逐渐变成了现实。

2009 年春天，普朗克（Planck）卫星与赫歇尔（Herschel）卫星在法属圭亚那发射。我从一个来自加州理工学院的兴奋的天文学观测组那里获知了发射时间，即 5 月 13 日早上 5∶30。当时，我在帕萨迪纳（Pasadena），从远处亲眼见证了这个意义重大的事件。赫歇尔卫星将提供关于恒星形成过程的观测，而普朗克卫星将为我们提供大爆炸残余辐射的细节信息——这有助于我们了解宇宙的早期历史。发射虽然激动人心，但也令人紧张——毕竟还存在 2%~5% 的失败率，而一旦发射失败，科学家们数年来的辛勤工作，就会随着坠毁于地球的卫星中的定制科学仪器一同付诸东流。所幸，这次意义重大的发射非常顺利，它在日间发回的宝贵信息宣示着它所取得的巨大成功。即便如此，我们也还要等待许多年，以待这些卫星中关于恒星和宇宙的最有价值的数据被科学家们揭示出来。

科学之美，拓宽知识的边界

对于宇宙在大尺度上以及在高能标下的行为，物理学家已经建立了基础牢靠的理论模型。现有的理论和实验，已经让科学家们对宇宙的基本元素和结构有了深刻的理解，这种理解涵盖了极为广阔的尺度范围。这些年来，我们已经逐渐推演出了一个综合而细节明晰的架构，它可以把之前我们已经获得的理论碎片拼合在一起。**这些理论成功地描述了宇宙是如何演化而来的：极小的成分形成了原子，然后聚合为恒星，继而形成星系以及更大的、遍布宇宙的结构；还描述了某些恒星如何爆炸、产生重元素，这些重元素又如何进入银河系、太阳系，并最终成为生命诞生的基石。**通过大型强子对撞机以及上面提到的卫星探测的实验结果，如今的物理学家们希望能建立一个基础更加坚实、涵盖领域更广的理论，该理论可以加深人们在更小尺度与更高能标上对宇宙的理解，使理论达到之前从未达到的精确度。这将是人类迈出的一大步，而你我对此都怀有凌云壮志。

你应该已经了解过一些清晰明确的科学定义，它们比宗教信仰中的定义要明了得多。然而，这些定义形成的真实过程却极为复杂。即使我们倾向于认为，它们是外在真实世界以及物理世界运作规则的真实反映（至少我在科学之路上启程时是这么想的），然而实际的研究几乎不可避免地都是在一种不确定的状态下进行的。在这种状态下，我们期望取得进展，但不确定方向是否正确。科学家面临的挑战是：坚持那些有前途的理念，并不断地质疑它们，以确认其真实性及其蕴涵的真正意义。**科学研究不可避免地涉及对那些精致、优美理念的权衡。这些理念往往处于困难、竞争与矛盾的边缘，也因此令人备加兴奋。总之，我们的目标是尽力拓展已有知识的边界。**当有人开始刻意篡改数据、概念以及方程式时，即使是那些原本正确的理念，也变得不确定起来。

我的主要研究对象是基本粒子——对已知尺度最小的事物的研究，领域涉及弦理论以及宇宙学——对已知尺度最大的事物的研究。我与同事们致力于理解以下这些问题：

- 物质的核心是什么？
- 宇宙中正在发生什么？
- 那些由实验发现的基本物理量和性质，在本质上是如何联系在一起的？

像我这样的理论物理学家并不会亲自去判定什么理论适用于真实世界的实验，而是试图对可能的实验结果进行预测，以及帮助设计测试某些理论有效性的新实验方法。在可预见的未来，我们试图回答的问题对于改善人们晚餐食物这种事情毫无裨益，但这些研究将会回答以下终极问题：我们是谁？我们从哪里来？

《叩响天堂之门》讲述的是我们的研究内容，以及我们面对的最重要的科学问题。粒子物理学与宇宙学的新发展有望修正我们理解世界的理论，譬如世界的诞生与演化，以及驱动其运作的基本作用力。**本书将要描述在大型强子对撞机上进行的、期望能够发现新事物的实验和理论研究；也会描述宇宙学的研究成果，即我们如何试图推断出宇宙的本质，尤其是宇宙中无所不在的神秘暗物质。**

本书的视角不止如此，它还将探索适用于所有科学研究的普遍原则。虽然我们要描述当今科学研究的前沿，但是本书的核心目的在于辨析科学的本质。它将描述如下过程：

- 我们如何决定提出什么样的问题是恰当的；
- 为何科学家们对这些问题众说纷纭；
- 正确的科学观念如何最终得以成为主流观点。

本书将要探索科学发展的真实方法，并将之与人类对其他探寻真理方法的尝试相对比，给出一些科学的哲学基础以及描述一些"中间阶段"。在这些阶段，我们尚不确定孰对孰错，也不清楚前路终于何方。但是这些思考的重要之处在于，它们向我们展示了科学理念、科学方法是如何在科学之外的领域应用的，进而如何促进了那些领域中更加合理的决策的形成。

漫漫科学旅程，看尽将实而仍虚的奇迹

《叩响天堂之门》面向的是非科学专业的读者，他们可以通过本书对现代理论物理学和实验物理学有更深入的了解，对科学思想的基本原理以及现代科学的本质产生更高的审美情趣。人们往往并不真正懂得"科学是什么""我们可以期待科学告诉我们什么"。本书是我意图纠正人们一些误解的尝试，或许还包含一些沮丧心情的发泄——这些发泄针对的是科学在当代被理解和应用的方式。

近年的工作使我拥有了一些不平凡的经历以及社交经验，从这些经历与交流中我获益良多。我打算以分享这些经历为切入点，开始我们对一些重要理念的探索。即使在本书涉及的领域中我并非全能专家，而且出于篇幅所限，我不可能在描写中做到面面俱到，然而我依旧希望，通过《叩响天堂之门》，能够带领读者走向更加丰富的思考方向，并尽可能地解释一些在这些方向上最新的、最令人兴奋的进展。本书也会帮助那些有志于在未来探寻更深层次答案的读者，帮他们确定那些最值得信赖的科学信息和误

导信息的来源。本书深入浅出地表达了一些理念，这些理念有助于我们更彻底地理解隐于现代科学之下的一些思辨，从而为科学研究以及当代社会面临的重要问题铺就一条光明大道。

在这个电影前传盛行的时代，你可以认为本书是《弯曲的旅行》（*Warped Passages*）❶ 的前传，以及对"我们已经走到了哪一步""我们正在预期什么"这些内容的更新。它补充了之前没有讲到的内容、回顾了新观点及新发现之后的科学基础，进而解释了为何我们当下静候于进展的边缘，等待新的数据以便迈步前行。

本书将在以下两点之间交替叙述：一为今日科学已经取得进展的细节，二为隐含在科学之下的那些必要话题以及概念——提出这些，对理解更为广阔的世界也很有用。本书第一部分、第二部分的第 11 章与第 12 章、第三部分的第 15 章与第 18 章以及最后一章，偏重讨论科学思想，其他章节则偏重物理学本身，包括在物理学上我们已经走到了哪里，以及对漫漫来路的回首。从某种意义上来讲，《叩响天堂之门》和《弯曲的旅行》这两本书是一体的，建议读者一同阅读。现代物理学宛在天上，它晦涩难懂，与日常生活毫不相干。然而，指导我们思考的哲学和方法论基础，应当能够明晰科学及其相关的思想，正如本书给出的许多例子一样。相反，一个人只有具备一些真正的科学基础知识才能完全领会科学思想中的一些基本元素，并落实这些想法。有着更高要求的读者也许会略读或干脆跳过其中一方面的内容，然而两者的适度结合才能在我们这道科学盛宴中烹饪出绝佳美味。

----

❶ 在《弯曲的旅行》这本书中，兰道尔以轻松活泼、浅显易懂的文风，从小尺度出发，深入浅出地向读者介绍了宇宙的奥秘。在另一本著作《暗物质与恐龙》（*Dark Matter and the Dinosaurs*）中，兰道尔从大尺度出发，讨论了宇宙如何进化发展成今日之貌，并探索了暗物质与恐龙灭绝之间错综复杂的联系。《叩响天堂之门》《弯曲的旅行》《暗物质与恐龙》堪称兰道尔"宇宙三部曲"。该系列图书中文简体字版即将由湛庐文化策划出版，敬请期待。——编者注

全书将反复提到一个关键词"尺度"（scale）。物理定律为已经确定的理论与其对自然的描述如何结合为一个有联系的整体，确立了一致的框架：小到大型强子对撞机上进行的实验尺度，大到整个宇宙的尺度。❶ 关于尺度的这些说明，以及在这条探索的道路上我们将要邂逅的那些既定事实与理念，对我们的思考有着决定性意义。已经确定的科学理论适用于目前我们可以理解的尺度。然而，在那些从先前从未探索过的或大或小的尺度上，我们正在获得的新知识将为我们引入更精确、更基础的理论。第 1 章将着眼于介绍"尺度"的概念，并解释科学家为何把万物按照其尺度分类，对于已有的物理学与建立在其上的新科学进展是必要的。

本书第一部分也会介绍并对比科学家们在攀登科学高峰时，所选择的不同道路。当你询问人们在思考科学问题时的感受时，得到的答案很可能因人而异。某些人可能会坚持他们对物理世界严格而刻板的印象；一些人也许会把它当作一个不断被修正的原理的集合；另一些人或许会声称：科学不过是另一个信仰系统，与宗教或哲学并没有什么本质区别。这些观点也许都值得商榷。

为何有如此多的争论（哪怕是在科学内部），这是科学演化本质的核心问题。第一部分会介绍一点历史知识，它揭示了今日科学如何扎根于 17 世纪人类智慧的土壤，以及一些有关科学观念与宗教观念的正面交锋。这一部分也将着眼于唯物主义者对物质的观点、科学 - 宗教问题的棘手应用，以及"谁来回答基本问题""如何回答它们"等问题。

第二部分将转而讨论物质世界的构造。它将为我们的科学之旅导航，引领我们从熟悉的尺度一直探索到已知的最小尺度，并按照尺度来划分物质世界。沿着这条路走下去，我们会从日常所及的领域一直走到亚微观尺度，这种尺度上事物的内部结构只能通过大型粒子加速器来探索。第二部分将以对今日主要物理学实验的总结结束，这些实验主要来源于大型强子对撞机以及一些对

❶ 大型强子对撞机本身非常大，却被用来研究无限小尺度上的事物。在后续章节中，当我们讨论大型强子对撞机的细节时，会提到它体积如此之大的原因。

早期宇宙的天文学观测，它们将拓展人们的认知极限。

随着一些令人兴奋的进展的涌现，这项勇气十足且雄心勃勃的事业有望使整个科学的世界观发生翻天覆地的变化。在本书的第三部分，我们将深入了解大型强子对撞机的运行，探索这部机器是如何创造对撞质子束，以产生那些目前能探及的最小尺度粒子的。第三部分也将说明实验物理学家们如何阐释他们的发现。

欧洲核子研究中心（CERN）在发布与粒子物理学实验相关的信息上不遗余力——其程度不亚于好莱坞欢乐却有误导性的大片《天使与魔鬼》（*Angels and Demons*）。这个大型粒子加速器及其建立的目的因此而广为人知：它将具有巨大能量的质子聚集到一个极小空间中，让它们对撞，以产生人们前所未闻的物质形式。**正在按部就班运行的大型强子对撞机，终将改变人们对物质的基本构成乃至空间本身的认知。而对于它将找到什么，我们现在尚一无所知。**

在这次科学之旅中，我们将仔细回味科学的不确定性，以及科学测量可以告诉我们什么。科研的本质决定了它只能止于我们所知事实的边界。物理实验及计算都被设计得尽可能减少乃至消除尽可能多的不确定性，并且最终精确地给出误差范围。然而，听起来滑天下之大稽而又确然如此的是，科学在实践与一些基本原则里，已经充满了不确定性。第三部分讲述了科学家是如何处理艰难研究中存在的内在挑战，以及大众在理解这个日益复杂的世界中产生的思想时，是如何从科学思维中获益的。

第三部分也将讨论可能产生于大型强子对撞机的微型黑洞，以及大众随之而来的恐慌，并把它和我们目前所面对的一些真正危险做对比。我们将会考虑有关的重要主题，包括收支分析、风险评估，以及人们如何做才会为这些问题提供有价值的意见——不论是在实验室内，还是在实验室外。

第四部分将详述人们寻找希格斯玻色子（Higgs boson）及

具体模型的研究过程，这些正是科学家们对大型强子对撞机中存在什么及其搜索目标的合理猜想。如果大型强子对撞机的实验确证了某些理论家提出的观点，甚至只是偶然发现了一些预期之外的东西，那么这些结果都将改变我们看待世界的方式。在这一部分，我们将解释基本粒子如何得以产生质量的希格斯机制（Higgs mechanism），以及昭示着我们应该能找到更多东西的等级问题（hierarchy problem）。这一部分也将讨论处理这些问题的模型，以及它们所预言的那些奇异粒子，比如那些与超对称性（supersymmetry）和空间额外维度（extra dimension）相关的粒子。

除了介绍一些具体的猜想之外，第四部分还将解释物理学家如何处理理论模型的建立以及那些指导性原则的有效性。这些原则包括"与美相伴的真理"（truth through beauty），以及"自上而下"（top-down）、"自下而上"（bottom-up）两种研究方法。它解释了大型强子对撞机正在寻找什么，以及物理学家们希望它找到什么。第四部分还将描述科学家如何试图把大型强子对撞机中看似抽象的实验数据联系在一起，并建立一些深刻、基础的理念以供人们审视。

随着对物质本质的深入研究，在第五部分我们将极目远眺。此时，大型强子对撞机在探索物质的最小尺度，而人造卫星和望远镜在探索宇宙的最大尺度，以研究宇宙的加速膨胀率以及大爆炸残余辐射的细节。这个时代也许会成为令人震惊的宇宙学进展的见证者，而宇宙学正是研究宇宙演化过程的科学。在这一部分，我们将在更大尺度上探寻宇宙的奥秘，讨论粒子物理学与宇宙学的联系，讨论神秘的暗物质以及与之相关的实验探究。

作为全书尾声的第六部分是一个综述，着眼于创造力以及创造性思维中那些丰富而多变的元素。它回顾了我们如何从源于日常所见的平凡事物出发，试图回答一些大问题。我们将以一些终极思考作为全书的尾声，包括当今科学与科学思维如此重要的原因以及科学与技术的共生关系——众所周知，它们彻底改变了现代世界。

我时常反思，试图使非科学工作者领会对其而言非常陌生的现代科学的精要，是多么棘手。这个挑战的困难性在我遇到一个班的大学生时彰显无遗。当时我正在做一个有关物理学与额外维度的公开演讲，当获悉听众们都急切地想要提问时，我本以为他们是对空间额外维度的概念有一些困惑，不料他们却只想知道我的年龄。大众对科学缺少兴趣并非唯一的困难——那些学生确实在八卦之后转向关心严肃的科学问题了。然而，基础科学往往过于抽象、难于理解，这是无可辩驳的事实。在一个阐述基础科学重要性的国会听证会上，我曾经因为这一点与他人产生了交流障碍。当时与我一同参会的人有：美国能源部高能物理所主任丹尼斯·科瓦（Dennis Kovar）、费米国家加速器实验室（FNAL）主任皮耶·奥登（Pier Oddone）、托马斯·杰斐逊国家加速器实验室（Jefferson Lab）主任休·蒙哥马利（Hugh Montgomery）。自我多年之前在高中时代作为西屋科学竞赛（WSC）决赛的选手，被国会议员本杰明·罗森塔尔（Benjamin Rosenthal）带到这里周游一圈以来，这还是我成年后第一次走进政府大楼。罗森塔尔当时为我提供了高于其他入围者的礼遇——他们只收到了照片。

这次故地重游，我再次有幸参观了制定国家政策的那些政府办公室。众议院科学技术委员会的办公区域位于雷伯恩众议院大厦内。议员们坐在办公区后，我们面向他们而坐以"见证"他们的办公过程。有一些写有励志名言的牌匾悬挂在议员们的头顶，其中第一块写着：

> 没有异象，民就放肆；唯遵守律法的，便为有福。
> WHEN THERE IS NO VISION THE PEOPLE PERISH.
> PROVERBS 29: 18.

看来，美国政府哪怕在负责科学与技术事务的国会办公区中也需要《圣经》。虽然如此，这句引文确实表达了一种高贵而精确的情感，我们都喜欢如此引经据典。

第二个不朽名言更常被人们引用，它是伟大诗人阿尔弗雷德·丁尼生（Alfred Tennyson）的：

> 我曾沉入到世人的目光所不能及的未来，
> 看到了世界的幻象以及所有将实而仍虚的奇迹。
> FOR I DIPPED INTO THE FUTURE, FAR AS MY EYES
> COULD SEE / SAW THE VISION OF THE WORLD AND
> ALL THE WONDER THAT WOULD BE.

这确实也是描写我们的研究目标时，一句应该永铭于脑海的箴言。

然而颇具讽刺意味的是，我们在一个被如此布置的房间中，作为已经广为承认这些思想的科学世界"见证者"，还要面对这些光辉名句，即便我们的日常工作中无所不在地渗透着这些理念。另一方面，那些议员并不真正理解这些名句的真正含义，因为这些意义于他们的日常体验而言，只是无源之水。国会议员利平斯基在他的开场词中讲道，科学发展鼓舞了更多问题的提出以及形而上学的追问——这说明他曾经注意过那些名人名句，然而现在已显然把它们忘记了。"很少有人会看到那个高度"，他被人提醒道，他对此点头表示感谢。

处理完这些杂事，我们投入到了本职工作中——解释是什么造就了这个属于粒子物理学和宇宙学、前所未有、令人激动的时代。尽管这些议员时而提出一些多疑而尖锐的问题，我还是感受到了他们平日里受到的阻力。这些阻力来源于他们需要向选民解释，为何缩减科学研究资金是不明智之举——即便当经济形势不好时也是如此。这些问题涉及的范围广泛而细致，从具体的科学实验的目的到有关科学所扮演角色的更广泛的主题，还有对科学将把我们导向何处的追问。

由于议员们需要定期去投票，会时而缺席，所以我们对此断断续续地给出了一些支持基础科学并获益的例子。即使是着力于基础科学的研究也经常会产生意想不到的影响其他领域的硕果。我们讨论了蒂姆·伯纳斯 - 李（Tim Berners-Lee）对万维网的贡献，这使得来自不同国家的物理学家可以在大型强子对撞机上进行的联合实验项目中，更加便捷地进行合作；讨论了物理理论的医学应用，比如 PET 扫描，即正电子成像术，这是一种以电子的反粒子来探测人体内部结构的方法；还讨论了超导磁铁的工业化生产所扮演的角色，这些本为对撞机而设计的磁铁，现在也可以用于核磁共振成像（MRI），以及广义相对论在精确测量方面的卓越应用，包括我们已经广泛应用于汽车导航之中的全球定位系统。

当然，有重大意义的科学发现并不一定能在可预期的时间内产生短期的利益。即使它最终可以产生效益，我们也往往不能在最初发现的时候便得知这一点。当本杰明·富兰克林意识到天上的闪电即凡间之电时，他并没有意识到电力将迅速改变整个世界的面貌；而爱因斯坦在提出广义相对论时，也并没有预期它可以应用于任何实际项目。

所以，我们今日首要关注的并非科学具体的实际应用，而是至关重要的纯粹科学。即使在美国科学研究的现状摇摇欲坠，很多人还是认识到了其长期价值。大众对宇宙与时空的观念被爱因斯坦改变了，正如我在《弯曲的旅行》一书中引用的《随时光流逝》（*As Times Goes By*）❶ 的歌词所显示的那样 ❷，人类特有的语言与

❷ 与影片中的版本不同，赫尔曼·赫普费尔德写于 1931 年的著名歌曲《随时光流逝》清晰地以与人们当时所熟悉的物理学新进展相关内容开头: This day and age we're living in/Gives cause for apprehension/With speed and new invention/And things like fourth dimention / Yet we get a little weary from Mr. Einstein's theory。

----

❶ 1942 年美国影片《卡萨布兰卡》的插曲《随时光流逝》（又译《年复一年》），由赫尔曼·赫普费尔德（Herman Hupfield）作词与谱曲。原书注中英文歌词的大意为：时代让我们不安 / 日月如梭、知识飞速发展 / 无论是这些，还是四维空间 / 爱因斯坦先生的观念 / 让我们有些许疲倦。——译者注

思维，随着人们对物质世界理解的变化以及思维方式的进步而变迁。科学家们今日正在研究的课题以及我们对它们的理解，不论是我们对世界的理解，还是对这个体力与脑力相结合的社会本身的理解，都极为重要。

随着之前一些尖端研究计划的提出，我们当下生活在一个不论于物理学而言还是宇宙学而言，都令人极其激动的时代。通过对大量科学发现的介绍，《叩响天堂之门》一书将会拓展我们理解世界的不同方式，不论是从艺术、宗教还是科学的角度出发，最终都会聚焦于现代物理学的目标及方法。最后我要说的是，我们对极小尺度上事物的探索，对于回答"我们是谁""我们从哪里来"这些终极问题而言，非常必要。我们希望了解更多的大尺度结构，它们将会揭示关于宇宙的一切，包括宇宙的起源及其终将面对的命运。本书将讲述我们希望找到什么以及如何找到它们。

这将是一次迷人的历险——欢迎来到科学的世界！

第一部分
宇宙的故事

KNOCKING ON
HEAVEN'S DOOR

01

神奇的科学尺度
KNOCKING ON HEAVEN'S DOOR

在让我最终选择走上物理学之路的各种原因中，最重要的一个是，我希望能做一些可以"千古流芳"的工作。如果这些工作需要大量的时间、精力以及付出，那么我希望它们最终能成为永恒以及真理的代言。和很多人一样，我也认为科学发展经得起时间的考验。

在大学时期，我主修物理学，而我的朋友安娜·布克曼（Anna Büchmann）主修英文。具有讽刺意味的是，她选择文科的理由与我选择理科的理由是相同的。她深深喜爱一个经典故事能得以流传百年的感觉。多年之后，当我和她讨论亨利·菲尔丁（Henry Fielding）的小说《弃婴汤姆·琼斯的故事》（*Tom Jones*）时，我才得知她在读研究生时为我非常喜欢的一本小说的注释工作，贡献过力量。[1]

《弃婴汤姆·琼斯的故事》已经出版 250 多年了，其深邃的主题以及智慧依旧绕梁三日，余音不绝。在我首次访问日本时，我阅读了日本古典文学名著《源氏物语》（*Tale of Genji*），也为其紧凑的行文情节而惊叹，虽然此时距紫式部（Murasaki Shikibu）写下这些文字已经悠悠千年。荷马在约两千年前写下了不朽名篇

《奥德赛》，即便时过境迁，我们依然能够品味奥德赛之旅的传说及其彰显出的人性之美。

科学家很少阅读古老的科学文献，我们往往把这些任务留给历史学家与文学批评家。虽然如此，我们依旧对沿袭前人提出的理论情有独钟，不管这些理论是在 17 世纪由牛顿提出的，还是在 16 世纪由哥白尼提出的。我们弃其巨著，只取其书中所蕴重要理念的精华。

科学当然不是那些一成不变的通用法则（这些法则我们在小学时期就已经接触过了），更不是一系列信手拈来的规则。科学是一种知识的演化体。我们正在研究的很多理论，最终都将被证明是不完备的或是错误的。**科学理念会在我们跨越已知领域与未知版图的边界时发生巨大变化，而在未知领域中，我们也许可以对揭示事实真相的线索有着惊鸿一瞥。**

当追寻永恒不变的理论时，科学家必须面对的矛盾在于：他们此时信奉的理念，彼时会因为新的实验结果或者更好理解的出现，而不断被修正甚至被抛弃。合理而值得信任的知识核心经历过实践的检验，往往被不确定的事物所构成的边界所环绕，而这些正是现代科学研究的疆域。如果被更复杂而有说服力的实验工作所证伪，曾经激动人心的理念及想法将很快会成为明日黄花。

2008 年，当竞选美国总统的共和党提名人麦克·赫卡比（Mike Huckabee）选择背弃科学，站在宗教的一方时，他并没有"完全被误导"——至少按他自己的界定是这样的。这一部分是因为"科学信仰"会发生变化，而基督徒们则把权柄授予一个永恒的、不动如山的上帝。

宇宙的答案

KNOCKING ON HEAVEN'S DOOR

我们所了解的有关宇宙的科学知识正如宇宙本身一样，不断在演化。长久以来，科学家们抽丝剥茧般地剥开事实的外衣，以揭开潜藏在纷呈表象之下的事物本质。在探寻更小尺度上奥秘的过程中，人们的眼界也在不断开阔，知识在随之增长。当逐渐接触到那些难于接近的尺度时，由于未知领域的减小，人们的知识水平得以增加。而随着知识领域的扩大，"科学信仰"也随之进化了。

即便飞速发展的技术让一系列更广泛的观察得以实现，我们也不必直接否定过去曾使用过的理论，毕竟它们曾经对我们可以理解的尺度、能量、速度以及密度，作出了成功的预言。**科学理论是推陈出新的体系，它会把旧知识纳入更加综合的图景，而这个图景产生于一系列更大范围的理论和实验观察。这种变化并不意味着旧理论必然是错的，而只表示当更小尺度上的新要素被揭示时，原有的规则就不再适用了。**因此，知识可以在随时间扩张的同时容纳旧有的理论。学无止境，永远有新的事物等待我们去探索。正如跋山涉水可使人心荡神驰，即便你不可能遍历全球（更遑论宇宙了），格物致知也是丰富我们生命的一种追求。"吾之知也无涯"，这激励着我们继续迈出求知的脚步。

我自己的研究领域，即粒子物理学，正在探索更小的尺度，以研究越来越小的物质组分。现在的理论与实验研究试图揭示潜藏在物质内部的存在。但是，物质并非如俄罗斯套娃一样，不断由更小尺度的相同元素嵌套而成。在不断变小的尺度上进行研究的有趣之处在于，在我们进入新领域时，原有的规则将不再适用。新的基本作用力与相互作用也许会在那些尺度上出现，而这些元素的强度在我们现在所研究的尺度上极其微弱，以至于现有的手段根本无法探测到它们的存在。

尺度让物理学家能够确定与任何特定研究相关的尺寸和能量的范围，它对理解科学的进步以及我们所处世界的诸多方面而言，都至关重要。通过把宇宙按照不同尺度分割为各个可以理解的部分，我们认识到，最佳的物理定律并非必然在一切情形下都相同。我们必须把那些在某个尺度上表现更好的概念，与那些在另一个尺度上更有用的概念联系在一起。采用这种归类方式，我们得以把已知的全部事物都纳入一个统一的图景中。在这个图景中，对不同尺度上事物的描述可以截然不同。

在本章我们将会看到，按照尺度对事物进行分类，对于明晰我们对科学以及其他事物的思考颇为有益。它也可以帮助我们厘清为何在日常生活的尺度下，构建物质基石的一些微妙性质是如此难以被我们注意到。在这个过程中，本章也会详细辨析科学中的"对"与"错"，以及为什么一些明显激进的理论进展也未必会导致我们已经熟知尺度上的巨变。

尺度

物理学家用来确定研究对象尺寸与能量的标准，可以根据尺度的不同对事物分类。不同尺度的事物可能适用不同的物理定律。

科幻界的怪力乱神

人们常常分不清"科学知识的演化"与"没有科学知识"之间的区别。他们误解了一种情况，即我们在完全没有一些可信赖规则的前提下，试图发展新的物理定律。在一次加州之行中，我与编剧斯科特·德瑞克森（Scott Derrickson）的一次交谈，使我明确了一些误解的起源。那时，德瑞克森正在忙于一些电影剧本的创作，这些剧本试图提出科学与一些可能被科学家们归入超自然现象的事物之间的潜在联系。为了避免专业性错误，德瑞克森决定让一位物理学家（也就是我）来帮忙审核他那些富有想象力的故事情节。于是，我们在一个阳光明媚的下午，在洛杉矶的一家咖啡店共进午餐，以交流我们的想法。

由于自知编剧家经常歪曲科学概念，德瑞克森希望他剧中有关鬼魂与时间旅行的故事细节在一定程度上经得起科学的推敲。作为编剧，他需要面对的最大挑战在于，不仅要给观众传达有趣的科学现象，还要把这些现象在电影荧幕上表现出来。即使没有受过正规的科学训练，德瑞克森依旧可以快速接受新鲜事物。所以我向他详细解释了为什么他的故事在物理学上站不住脚，尽管其中某些情节是别出心裁而有娱乐精神的。

德瑞克森却认为，许多科学家今天看来荒谬的现象往往会在将来被认为是正常的："科学家们曾经不是也拒绝承认过相对论吗？""谁曾想到随机性会在基础物理定律里扮演重要角色呢？"❶ 尽管德瑞克森十分尊重科学，且能以史为鉴，但他还是怀疑：科学家们有时不是也会在他们理论的蕴意与适用范围上犯错误吗？

有些批评家甚至更严苛。他们断言，即使科学家已经能作出一系列伟大的预测，这些预测的可靠性也仍然值得怀疑。怀疑者们坚持，即使有着明确的科学证据支持，理论中也总是有未知的隐情或漏洞。也许死者可以复生，或者他们只是进入了一个通向中世纪或者中土世界的时空之门呢？这些怀疑论者不相信任何一件被科学断言绝对不可能发生的事情。

尽管保有开放的头脑以及认识到"吾之知也无涯"是人类的大智慧，然而一个谬论❷深深地隐藏在这种逻辑之中。只有当我们仔细分析上述思想的意义，特别是应用尺度的概念时，问题才变得

---

❶ 这里是指量子力学的哥本哈根解释。——译者注
❷ 这里指的是今日的科学明日可能被证伪，科学始终被怀疑。——译者注

清晰明白起来。这些问题忽略了如下事实：虽然总存在我们不能探及的更小尺度与更高能标，在那些情况下物理定律可能发生改变，但在人类日常生活的尺度上，我们已经足够好地掌握了相关物理定律，而它们也在悠长的岁月中经受住了无数次考验。

当我在惠特尼美术馆遇到编舞者伊丽莎白·斯特布（Elizabeth Streb）时，我们共同受邀在有关创造力的主题上发言，而她显然大大低估了在人类的尺度上，科学知识的基础有多坚不可摧。斯特布提出了一个与德瑞克森问过我的相似问题："物理学家提出的那些卷曲在一个难以想象的小尺度里的小维度，为什么没有在我们的身体运动时（比如跳舞）产生任何影响呢？"

斯特布是一位成功的编舞者，通过对舞蹈与身体动作的了解，她对一些科学基本假设的看法非常有趣。然而，我们不能确认新维度是否存在以及它们所扮演的角色。因为于我们而言，它们太小或者太过"卷曲"了，以至于我们无法探测到。通过上述说明，我想表达的是：我们迄今还未在已观测的尺度上找到任何它们的影响，即使是通过最精细的测量也不能找到。额外维度产生的物理现象不够明显，还无法对人们日常的运动产生任何可见的影响，否则额外维度早就被我们观测到了。因此可以推论出，即使我们对量子引力的理解更进了一步，编舞艺术的基础也不会因此而动摇。在人类日常可及的尺度上，这些微观物理规则的影响微不足道。

当科学家后来被证明出现错误，往往是因为那时他们还未能探索在极小与极大尺度或超高能标、速度这些极端条件下事物的行为。这并不意味着他们像卢德派（Luddites）❶一样对所有可能的进步永远封闭了头脑，而是意味着他们只相信那些对世界进行的最新数学描述，以及那些对可观测的事物和行为的成功预言。那些科学家们断言不可能出现的现象，在他们还没有探索或经历过的尺度与速度下是被允许出现的，事实上也的确出现过。科学家们现在当然不知道那些未来的观点和理论，它们最终将由那些小尺度和高能标下的规律所支配，并成为流行理论——而现在，科学家们对它们还不熟悉。

当科学家们断言"我们已经理解了某些东西"时，他们只是想表达"我们已经有了一套确定的观点和理论，其预言已经在某个确定范围的能标下被很好地检验过了"。这些观点和理论并非必然是永远成立的规则，也并非必定是物理定律中不可动摇的基石，而只是在当前的技术条件允许的参数范围内，很好地符合了已有实验结果。这意味着，这些理论有可能在未来某一天被新理论替代。牛顿定律在日常领域中正确而有效，然而在研究对象的速度接近光速时就会失效，替代它的是爱因斯坦的理论。牛顿定律是正确而不完备的，它的应用被限制在了某个特定范围内。

我们通过进步的测量手段获得更先进的知识，对揭示新的不同概念而言是一个进步。我们现在所知道的许多现象，古人不可能理解或发现，是因为他们受到所处时代观测技术的局限。所以德瑞克森所言不错，科学家们有时确实会犯错误，有些他们认为不可能的现象最终却可能会出现。但这不并意味着世界完全没有

----

❶ 卢德派是 19 世纪初英国手工业者组成的团体，他们反对以机器为基础的工业化，在诺丁汉等地从事破坏机器的活动。——译者注

规则，鬼魂和时间旅行者不会排闼而入，外星生物也不会突然穿墙而出。空间中也许存在着额外维度，但它们可能极为微小，或者"卷曲"起来，或者暂时以某种方式隐藏了起来。总之，这些都可能是我们目前尚未发现它们存在的明显证据的理由。

也许奇异现象的确会出现，但这种现象只会存在于那些难于观察的尺度上，而在这些尺度上的现象往往不能直观地被理解，并有悖于人们的常识。如果它们总是可望而不可即，那么于科学家而言，它们就没有太大的意义；如果它们对我们的日常生活没有产生任何可见的影响，那么于小说家而言，它们也就失去了借题发挥的价值。

怪力乱神实属可能，但更让人容易理解的是，非物理学家们最为关注的总是那些我们可以观察到的现象。正如美国著名电影导演史蒂文·斯皮尔伯格在针对他正在思索的一部科幻电影的讨论会上所指出的那样：一个无法反映在银幕上且我们永远无法感受到角色的奇异世界是无法吸引观众的（图 1-1 给出了一些有趣的证据），只有一个我们可见、可解的新世界才能吸引眼球。抽象理念与文学作品是不一样的，它们的目标不同，即使二者都需要想象力。虽然科学理念适用的那些领域与电影或是我们日常生活中的观察毫不相关，但是对描述物理世界而言，它们却是必要的。

图 1-1

XKCD 漫画，它抓住了隐藏的、小而卷曲维度的实质。

南辕北辙，科学不是魔法

即便所知有限，人们在试图理解晦涩的科学概念时总是希望"走捷径"。这常常又会导致人们对科学理论应用过分热情，而这早已不是什么新现象了。

早在18世纪，当科学家们正在实验室中忙于研究磁现象时，就有妄想家幻想出了"动物磁性说"（animal magnetism）这样的概念——他们认为生物体内存在"维持生命所需的磁流体"。1784年，路易十六为此还专门组建了法国皇家调查委员会以揭露这种伪科学理论，参与者是包括本杰明·富兰克林在内的一批科学家。

18世纪大猜想

KNOCKING ON
HEAVEN'S DOOR

❶ 量子力学在周密设计的系统、测量应用于高度统计学的情形或者装置足够精确以使微小的效应浮现出来时，可以产生宏观效果。然而，这并不意味着我们在处理一些平常现象时，经典理论作为一种良好的近似就不适用了，它决定于第12章提到的"精确度"。有效理论允许近似的存在，并且在近似不适用时提供正确的结论。

如今，这种误导性的应用更多见于量子力学，人们试图把量子力学应用于宏观尺度，而在宏观尺度上，量子力学的某些特定结果会被概率抹平，从而不会留下任何可测量的特征。❶令人担忧的是，许多人相信正能量可以带来财富、健康和快乐，如同朗达·拜恩（Rhonda Byrne）在其畅销书《秘密》（*The Secret*）中所描述的那般。拜恩声称："虽然在学校时我从未学习过科学或者物理学，但是如今只要我想学，就可以很好地理解那些艰深晦涩的量子力学著作。学习量子力学让我在精神层面对《秘密》一书有了更深的感悟。"

然而，便即是量子力学的开拓者、诺贝尔物理学奖获得者，尼尔斯·玻尔（Niels Bohr）也会谦虚地说："如果谁声称自己完全搞懂了量子力学，那么他一定是没有理解量子力学。"在此我也告诉大家一个"秘密"（至少与《秘密》中的秘密一样秘密）：

量子力学被大众严重误解了。我们的语言和直觉都起源于"经典的逻辑推理"（classical reasoning），而这对量子力学并不适用。当然，这不意味着任何光怪陆离的现象在量子力学的框架内都有可能发生。即使对物理定律缺乏更深刻、更基础的理解，我们现在也明白应该如何正确应用量子力学以做预言。量子力学当然永远不会支持拜恩的"秘密"，比如所谓的人与遥远事物或现象之间的相互吸引原理。在那么长的距离上，量子力学的微观原则根本不适用。人们臆想出来的对很多现象的解释与量子力学毫不相干，虽然他们执意把这些解释归于量子力学。我无法靠一直盯着实验装置来改变某个实验结果，量子力学也并非不能作出可靠的预测。事实上，绝大多数测量的精度是被实际条件而非不确定性原理（uncertainty principle）所限制的。

这样的误解是我与马克·维森特（Mark Vicente）之间一次谈话的主题。维森特是电影《我们到底知道多少》（*What the Bleep Do We Know!?*）的导演——这部电影是科学家们的梦魇，影片声称，人类自身的影响对实验非常重要。我不知这次对话终将止于何处，但是那时我有闲暇，因为我正在达拉斯-沃尔斯堡国际机场候机。那次航班因为工程师们必须修补机翼上的一个凹痕而延误了。正如一位机组人员所说，一开始他们认为这个凹痕无关紧要，但是后来"经技术测量"认为它有碍安全飞行。

在候机时，我意识到：如果我想与维森特进行一番详尽的交流，那么我必须了解他制作电影的出发点——这些观点我早已从大量听我演讲的人那里领教过了，他们问了我许多稀奇古怪的问题，而他们都是看了电影之后才提出这些问题的。维森特的回答让我感到惊奇，他得转变相当大。他透露了以下想法：他最初先入为主地提出那些科学概念时，并没有仔细考虑过。而当回顾这些想法时，他觉得它们在本质上更接近于宗教而非科学。维森特最终承认，他在电影中提出的那些概念并非科学。把量子力学现象应用于人类日常经历中也许浅薄地满足了观众的猎奇心理，但它们并不正确。

即便新理论需要开创性的假定，正如量子力学，有效的科学实验与理论推导也最终会证明它们是正确的。科学不是魔法。科学方法、数据以及有效和自洽的探索经历告诉科学家如何拓展其知识面，以把即将可探索到的尺度上的直觉，延拓为适用于相同现象但基于不同观念的知识。

在下一部分中，我们将讨论有关尺度的概念是如何系统地构建不同的理论概念，以及我们又是如何据此把它们合并为一个整体的。

有效理论，忽略细枝末节

从人类可及的最小尺度到广阔无边的宇宙，也许出于随机性与巧合，人类自身的尺度差不多处于中间位置。❶ 与物质的内部结构及其更小的组分相比，我们是如此巨大；而与恒星、星系乃至宇宙相比，我们又是那么渺小。我们最易理解的尺度正是我们平日通过五感以及最原始的测量工具接触最多的尺度，并通过观测与逻辑推导来理解更深远的尺度。这些尺度范围似乎包含了越发抽象以及难于把握的性质，这是由于我们正在逐渐远离直接可见、可接触的尺度。但技术与理论的结合允许我们在一个广阔的尺度范围上建立描述物质性质的理论。

小到大型强子对撞机所发现的微小事物，大到星系与宇宙，已知的科学理论在如此巨大的范围上得以应用。对每一个事物可

❶ 有时，我会引入指数计数法以解释"我们处于 10 的幂次的中间位置"是指什么。宇宙的尺度是 10^{27} 米，这个数字是在 1 后面接 27 个 0，或者说是一千兆兆。人类可想象的最小尺度是 10^{-35} 米。这个数字是小数点后 34 个 0 接一个 1，或者说是百十亿兆兆分之一（从这个描述你能发现指数计数法的方便性了吧）。我们日常的尺度是 10^1。这里的指数是 1，它处于 27 与 -35 之间的合理位置。

能的尺度以及介于中间的尺度，物理定律都有与之对应的一个方面。物理学家需要处理运用到这些广阔领域中的海量信息。即便在小尺度下适用的、最为基本的物理定律，同样可以支配那些大尺度下的规律，然而在实际进行计算时，我们并不使用它们，以免给计算带来困难。当那些额外的结构和基础对于一个已经足够精确的结果来说毫无用处时，我们需要更加现实可行的方法来计算并有效地应用那些更简单的规则。

物理学中最为重要的特征之一是，它可以告诉我们如何鉴别特定测量或预言所对应的尺度范围——这要根据我们已经掌握的精度来进行计算。用这种方式看待世界的优点在于，我们可以集中处理那些与我们关心的现象所对应的尺度、识别出那些在这些尺度上运作的元素，进而发现应用这些组分所遵循的法则。当科学家们建立理论或者进行计算时，时常会对出现在无法分辨的小尺度上的物理学现象取平均值或者干脆忽略（有时是无意的）。我们选择有意义的事实、忽略一些细节、集中处理那些有用尺度下的现象——只有这样，我们才能勉强得到一些进展，才能处理那些原本无法处理的、定义在稠密集（dense set）❶上的信息。

在合适的情况下，忽略细枝末节、集中处理那些我们关心的主题是合理的，这让我们得以不被那些非本质的细节束手缚脚而寸步难行。

　　哈佛大学心理系教授斯蒂芬·科斯林（Stephen Kosslyn）作的一个演讲提醒了我，科学家以及其他人是如何接受信息的。在一个他给听众做的认知科学实验中，他让听众浏览一些逐条罗列在屏幕上的线段。每一

---

❶ 稠密集是一个数学概念，说一个集合在某个拓扑空间内稠密，是指它"几乎占满了整个空间"。作者在这里使用这一数学概念来表达"原本的信息浩如烟海、阅之不尽，我们只能取其中的一些来处理"的意思。——译者注

条线段都有方向，如"北"或"东南"，诸如此类，它们整体构成了一条折线（见图1-2）。他要求听众闭上眼睛，然后描述刚才看到了什么。

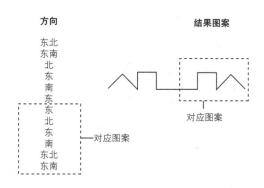

图 1-2

你可以把这张图看作零散线段的集合来记忆，或是看作一个整体来记忆，比如出现两次的 6 条线段的组合。

我们意识到，虽然大脑在某个时刻可以记住某些线段的形态，但要长期记住它们的排列顺序，还是要把它们复原为一个整体的形状来记忆。只有当考虑那个形状的整体而非组成它的那些独立线条时，我们才能将这个图形铭记于心。

对世间任何你所见、所听、所闻、所尝、所感的事物，你都有两个选择，一是近观其细节，二是远观其重要的"大图景"。不论是在赏画、品酒、阅读哲学文献时，还是在为下次出游做打算时，你都会在潜意识里按照自己的兴趣把你的想法分类——这些类别可能是大小、味道、理念、距离，以及那些当时你说不清的元素。

这种抓住核心、忽略次要问题的方法已经应用于各种场合中。

想一想，当使用谷歌地图、MapQuest 或盯着 iPhone 那小小屏幕时，你是怎么做的吧。如果你要远行，那么你必须对目的地有一个大概的了解。当你有了大图景的时候，你会把地图放大，提高分辨率以寻求更多细节。

最开始时，你并不需要那些额外的、有关细节的信息，你只需要一些关于地点的大致信息。当你开始在地图上标出旅行细节时，就会开始关注那些更小尺度上的细节，比如你会调高分辨率以查找你需要的某条具体的街道——而这些细节在你刚开始试图确定目的地的大致位置时并不重要。

当然，你需要的精确度决定了你选择的尺度。我有一些朋友，当他们到纽约旅行的时候并不在意旅馆的具体位置。于他们而言，"街区"这个尺度等级并不重要。但对于熟悉纽约的人来说，这些细节就变得很重要，他们并不满足于"我在市中心"这种描述，而是期待更多细节。纽约本地人在意他们是在休斯敦街（曼哈顿上下城的区分界限）之下还是之上，在意他们是在华盛顿广场公园的东边还是西边，甚至还在意他们与这些地方相距两个街区还是五个街区。

尽管对具体尺度的选择因人而异，但没有人会在美国地图上寻找某家餐馆的位置，他们需要的这些细节即便是在最大的电脑屏幕上都显示不出来。另外一方面，如果仅仅是为了确定某个餐馆的位置，那你也压根不需要那些建筑平面图的细节。**对于特定的问题，你会选择与之对应的尺度**（见图 1-3 所示的例子）。

埃菲尔铁塔

小尺度   对应尺度   大尺度

图 1-3

从不同尺度上会看到不同的信息细节。

类似地，按照尺度把物理规律分类，这样我们就可以集中处理那些我们感兴趣的问题了。我们的桌面看上去是铁板一块，在很多情况下我们这么看是没有问题的。但是，实际上它是由许多原子和分子构成的。这些粒子共同作用，并以我们所熟悉的尺度表现出来——铁板一块。但是，这些原子也并非不可分。它们由原子核与电子构成，原子核由质子和中子组成，而质子和中子又由处于束缚态的更基础的组分——夸克构成。然而，在理解物质的电磁与化学性质的时候，我们并不需要对夸克有所了解（这个科学领域叫作"原子物理学"）。人们在弄清楚原子之下的物质结构之前已经研究了多年原子物理学——正如生物学研究某个细胞时并不需要了解质子中的夸克一样。

宇宙的答案 KNOCKING ON HEAVEN'S DOOR

我现在还记得在上高中时，老师在讲授了几个月有关牛顿定律的内容之后，向整个班级宣布那些定律都是错误的——那一刻，我有一种被背叛的感觉。然而，我的老师并没有正确地表述他的观点。牛顿定律只适用于在牛顿时代可被观测到的尺度和速度。牛顿只考虑那些在他（以及同时代的人）当时可以测量到的精度上可应用的物理定律。在当时的测量条件下，他给出的预测已经非常成功，而并不需要广义相对论中所描述的那些细节。即使在今天，我们在大尺度、低速度、相对低物质密度的情形下作出预测时，牛顿定律依旧适用。当物理学家与工程师们试图研究行星轨道时，他们并不需要了解太阳的详细结构。支配夸克运行的规律，对预测天体的运行并不会产生显著的影响。

试图理解物质最基础的组分对于理解大尺度上的相互作用并非行之有效的方式，因为这些小结构在大尺度上并不起什么作用。

如果过分纠缠于更小的夸克的性质,那么我们在原子物理学上将寸步难行。只有当我们需要了解原子核更多细节的时候,夸克的结构才变得重要起来。在足够合理的近似条件下,我们可以放心地使用化学和分子生物学的结论,而不必考虑原子核的内部结构。伊丽莎白·斯特布的舞蹈动作不会受到量子引力尺度上规律的影响。编舞艺术只受经典物理学定律的支配。

任何包括物理学家在内的人在不需要那些高分辨率细节的时候,都期望一个可以更简洁明了地描述世界的理论。物理学家把这种直观感觉正式化,并根据物理规律适用的尺度和距离把它们分类。对特定的问题,我们使用特定的有效理论(effective theory)。"有效理论"集中处理那些在给定问题的特定尺度上"有效"的粒子和力。我们如此构建理论、方程与观测方式,使它们与我们有可能探测到的尺度相关,而非根据描述更多基础行为的不可测量的参数来描述粒子与作用力。

在更大尺度上应用的有效理论并不会详述隐含在其下、支配小尺度现象物理规律的细节,它只关心那些你可以看到或测量到的事物。**如果某些事物对于你的研究所涉及的尺度而言太过微小,那你就不需要了解它更精细的结构。这种方法并非科学上的自欺欺人,而是排除冗杂信息的一种方法,是一种获得正确答案、了解你工作系统中有什么的"有效"方式。**

有效理论之所以"有效",是因为它把那些不产生任何可测量效应的未知因素有效地忽略掉了。如果那些未知因素只在影响不可觉察的尺度、距离以及分辨率上出现,那么我们并不需要它们来进行成功的预测。当前技术所不能及的现象,并不会在那些已经考虑进理论的因素之外,对测量结果有任何影响。

这就是为什么即使缺少对相对论运动定律以及量子力学对原子与亚原子系统描述的了解,我们一样可以作出足够精确的预测。这真乃幸事,我们显然不可能考虑所有可能存在的细节。如

有效理论

物理学家们把那种简洁明了的直观感觉正式化,并根据物理规律适用的尺度和距离把它们分类。"有效理论"集中处理那些在给定问题的特定尺度上"有效"的粒子和力。

果不忽略无关细节，那么我们将寸步难行。当集中处理那些可被实验验证的问题时，我们所限定的分辨率会使那些其他尺度上的纷乱信息变得不重要。

"不可能的"事情只会在我们没有观测到的环境下发生。那些结果与我们所知的，或至少是已经探测到的尺度无关。那些小尺度上的信息会一直隐藏起来，直到我们发明出分辨率更高、能直接观测到它们的仪器，或者能通过充分精确的测量，从那些表现在较大尺度上的小特征中来区别与鉴定出底层的理论。

科学家在作出预测时，可以合理地忽略那些太小而无法观察的事物。不仅区别那些过于微小的事物与物理过程是不可能的，而且只有当那些尺度上的物理过程的效应能够影响可测量的参数时，才能引起我们的兴趣。因此，物理学家们在有效理论中仅仅描述那些可测量尺度上的事物及其特性，并且只在这些理论所涉及的尺度上用它们处理问题。当你知道了小尺度的细节或某个理论的微观结构时，你一样可以从更加基础、精细的结构来导出那些有效描述。否则，这些细节仅仅是有待被实验验证的未知事物。这些有效理论中较大尺度上的可观测现象并不能给出更为基础的描述，但对于理论预测与实验观测而言，应用它们是非常方便的。

一个有效的描述可以对以小尺度理论再现大尺度观测的结果进行总结，然而小尺度的效应实在是太过微小而无法被观察到。这样做的好处在于，我们可以使用尽量少的参数学习、评估这些物理过程。如果不这么做，我们就会被迫考虑过多的细节。这个更小的参数集合对描述我们感兴趣的物理过程而言十分有效。此外，我们使用的这个参数集合是"普适的"——描述它们并不依赖于蕴含在这些物理过程之下更加细微的细节。为了获得它们的具体数值，我们仅仅需要在那些它们被应用的物理过程中去测量它们。

单一的有效理论可以应用于范围宽广的尺度和能标上。当那些为数不多的参数都已经被测定之后，在那个尺度上的任何结论我们都可以通过计算导出。它给出了一个若干规则和元素的集合，可以解释大量的观测现象。**任何时候我们认为是基础理论的理论，都有可能转变为有效理论——不存在无限精确的分辨率，探索永无止境。然而我们必须相信那些有效理论，因为它们在其所应用的能标和尺度范围内，可以成功地预言一系列现象。**

物理学中的有效理论不仅保留了小尺度上的有效信息，还可以总结出大尺度上的效应，而其结果也许太过微小而不能被观察到。比如，爱因斯坦在发展他的引力理论时提出，我们所处的这个宇宙有可能是轻微"弯曲"着的。在大尺度上的这种弯曲涉及大尺度的空间结构。然而，这些微小的弯曲效应并不影响我们在较小尺度上进行的局域性观测和实验。只有当我们把引力纳入粒子物理学的框架中时，才需要考虑这些效应的影响，而这些影响对于许多我后文要讲的事情而言，都可以忽略不计。在这种情况下，适当的有效理论让我们得以在缺失一些需要实验测定的参数的情况下，依旧可以总结出引力的效应。

有效理论最重要的方面是，它在描述我们可以看到的尺度的同时，也把那些我们忽略掉的尺度（无论大小）做了归类。应用有效理论，我们可以在任何特定的测量中确定动力学的效应（无论已知或未知）有多显著。即使没有那些在不同尺度上的新发现，我们也可以通过数学计算来确定在我们所关心的尺度上，那些新结构对有效理论的最大影响。正如第 12 章所讲，只有当那些底层的物理学现象被揭示出来时，大家才会真正理解有效理论的局限性之所在。

关于有效理论的一个为人所熟知的例子是热力学，它在原子理论与量子理论出现之前就成功地解释了冰箱或引擎是如何工作的。压强、温度和体积这三个参数完美地描述了一个热力学系统的运行状态。即便我们知道这个系统又包含着由原子和分子组成的气体，而这比前面的三个要素所能描述的结构要复杂许多。然而，为了一些特定目的，我们依然集中关注这三个参数，这样可以便捷地描述这个系统的可观测行为。

　　温度、压强和体积都是可以被测量的实在量。它们之间的关系背后所依附的理论已经发展得相当成熟，并且可以用以作出成功的预测。气体的有效理论并未提及底层的分子结构（见图 1-4）。底层的分子元素决定了温度和压强，但不了解原子或分子并不妨碍科学家们放心地使用这些量进行计算。

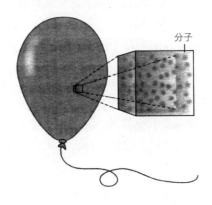

分子

图 1-4
压强和温度可以在更基础的等级上加以理解，这与单个分子的物理性质相关。

　　一旦理解了基础理论，我们就可以把温度和压强归为底层原子的性质，以及可以理解在什么情况下热力学的描述会失效。但在很多情形下，我们依旧可以使用热力学来做预测。实际上，很多现象仅仅从热力学的角度来考虑，是因为我们没有足够的计算能力和存储能力，即使知道它们的存在，我们也无法追寻每一个原子的运动轨迹。有效理论是唯一的方法，它有助于理解一些有关固体或液体的凝聚态物质（condensed matter）的重要物理现象。

这个例子揭示了有效理论的另外一些重要方面。我们有时把"基础"（fundamental）当作一个相对术语。从热力学的角度来看，原子和分子的描述都是基础性的。但从粒子物理学的角度来看，它描述了原子中夸克与电子的细节，原子是组合物，由更小的元素组成。从粒子物理学的角度来看，它就是一个有效理论。

这种从已被充分掌握的知识到前沿知识对科学发展进程的彻底描述，在诸如物理学与宇宙学领域中被应用得最好，因为我们对那些功能单元及其联系有着很明晰的理解。有效理论并不一定能在新领域，譬如系统生物学中生效，因为在分子与更大层级上行为之间的联系，以及那些有关的反馈机制还有待人们去了解。

虽然如此，有效理论的理念依然在很多科学背景中得到了广泛应用。支配生物进化的那些数学方程式并不会因为新的物理结果而变化，我在与数学生物学家马丁·诺瓦克（Martin Nowak）❶的一次讨论中如此回答他所提出的问题。他与同事们可以在不使用更加基础描述的前提下塑造那些参数。他们也许最终与更基础的量相关——物理或者其他的量，但这并不会改变那些数学生物学家用以描述种群行为随时间演化的方程式。

对粒子物理学家来说，有效理论是必要的。我们把简单系统按照尺度分类，然后再把它们彼此联系在一起。事实上，那些尚不明了的底层结构让我们专注于可观测的尺度，并忽略更多基础效应。它们的底层相互作用隐藏得如此好，以至于我们必须付

----

❶ 马丁·诺瓦克，哈佛大学数学与生物学教授、进化动力学中心（PED）主任，是与著名生物学家理查德·道金斯和爱德华·威尔逊齐名的科学巨星。继达尔文之后为进化论作出突破性贡献的第一人，他的研究结果告诉我们：合作是继突变和自然选择之后的第三个进化原则。推荐阅读其经典著作《超级合作者》，这是一部洞悉人类社会与行为的里程碑式科普著作。诺瓦克在书中从生物学、数学、社会学、计算机科学等多学科角度出发，深入剖析并阐述了生物之间"合作"得以达成的五种机制。该书中文简体字版已由湛庐文化策划、浙江人民出版社出版。——编者注

出大量的人力、物力才能把它们搜寻出来。这些可观测尺度上更基础理论效应的微不可查，正是今日物理学家们面临的挑战。如果希望察觉到那些更加基础的物质及其相互作用所产生的效应，那么我们就需要直接探索更小的尺度，或是测量得越发精确。只有通过更高级的技术，我们才能探索那些极小或极大尺度上的事物。这是我们要设计详细实验，以期取得一些进展的原因——正如大型强子对撞机所做的一样。

光学，有效理论的典范

光学理论的历史正是一个有效理论在科学发展进程中应用的典范。在这个过程中，某些观念被抛弃，而另一些被保留，并最终作为良好的近似而应用于特定的领域之内。从古希腊人的时代起，人们就开始研究几何光学。这是有志于物理学研究的学生们在物理学 GRE（即研究生入学考试）中的必考科目。这个理论假定光沿射线或直线传播，进而描述在穿过不同介质的界面时光线的行为，以及如何使用仪器去检测它们。

奇怪的是，事实上并没有人，至少在我过去曾就读以及现在所任教的哈佛大学，都没有人学习经典几何光学。也许高中课程中会涉及一点儿几何光学的内容，然而于全部课程而言，其课程量如沧海一粟。

几何光学是一个过时的学科。它于数百年前因牛顿的《光学》（Opticks）一书盛极一时，并延续到 19 世纪的前 10 年，那时威廉·哈密顿（William Rowan Hamilton）也许是第一个对新现象作出了数学预测。

今日，经典光学理论依然在摄影、医学、工程学、天文学等领域中应用，它依然作为制造镜子、望远镜以及显微镜的理论依据。研究经典光学的学者和工程师们解决了各种物理现象的不同问题。然而，他们只是简单地应用已有的光学理论，而没有发展新的物理定律。

2009 年，我有幸被邀请在都柏林大学做了一场哈密顿演讲——我很多令人尊敬的同事在我之前都曾受邀，这个演讲以哈密顿的名字命名。哈密顿是 19 世纪爱尔兰著名的数学家、物理学家。我承认"哈密顿"这个名字在物理学中实在太常见了，以至于我一开始很可笑地没有把这个名字与那个真实的爱尔兰人联系在一起。但是，我对哈密顿为数学与物理学作出的很多卓越贡献都耳熟能详，这其中就包括几何光学。

> 庆祝"哈密顿日"确实是一件大事。这天的活动包括沿都柏林的皇家运河而下的游行。游行止于金雀花桥，以观看社团中最年轻的成员在桥上写下一些方程式，这些方程式是当年哈密顿在途经该桥、思考自己的理论时灵光乍现而随手写下的推演。我访问了顿辛克天文台（College Observatory of Dunsink，哈密顿也曾工作、生活于此），并观看了一个 300 年前的拥有滑轮的木质结构望远镜。哈密顿于 1827 年从三一学院毕业之后就到那里任职，成为教授、爱尔兰皇家天文学家。当地人如此腹诽：尽管哈密顿有着惊人的数学天赋，而他对天文学毫无兴趣且一无所知。虽然他在理论上贡献卓著，但是他也许把爱尔兰观测天文学的发展进程拖慢了 50 年。

虽然如此，人们依旧设立了"哈密顿日"以表达对这位伟大的理论家卓越贡献的敬意。它们包括光学与动力学、四元数（quaternions，一种对复数的推广）的数学理论，还有其他哈密顿对数学和科学敏锐的预测与坚实的推论。四元数的发明是一件大事。它对向量微积分意义重大，是我们研究三维现象所使用数学方法的基础理论；它也在计算机图形学中得到广泛应用，这直接促进了娱乐产业以及电视游戏的兴盛。任何拥有 PlayStation 或是 Xbox 的人都应该感谢哈密顿对他们娱乐产品的贡献。

在哈密顿诸多重大贡献中，最为耀眼的是他对光学理论的发展。1832 年哈密顿发现，当光线以特定角度射入到有两条独立轴的晶体上时，将会被折射并形成一个中空的出射光锥。因此他预测了关于光线穿过晶体时的内锥折射与外锥折射（internal and external conical refraction）理论。这是一个重大的，也许还是第一个数学科学的伟大胜利，该预测最终由哈密顿的朋友、同事汉弗莱·劳埃德（Humphrey Lloyd）证实。想要证实一个完全由数学预测、从未见过的现象实乃大事，哈密顿也因这一发现而被封为爵士。

当我访问都柏林时，当地人骄傲地向我讲述了哈密顿对几何光学基础卓越的数学贡献。伽利略是观察科学与实验的先驱者，而弗兰西斯·培根则是归纳科学的最早一批拥趸之一。他坚信，人们做预测的出发点建立在先前经验的基础上。然而就使用数学描述一个未知现象而言，哈密顿对锥形折射的预测可谓前无古人。出于这个原因，哈密顿在科学发展上的贡献注定名留青史。

虽然几何光学在今日已不是一个研究对象，但哈密顿的发现依旧重要。所有重要现象都在很久之前被人们理解了。在哈密顿时代之后不久的 19 世纪 60 年代，苏格兰科学家詹姆斯·麦克斯韦（James Clerk Maxwell）等人发展了光学的电磁场理论。虽然几何光学是一个近似理论，但是在光的波长极小以至于其波动效应可以被忽略的情况下，把光描述为以直线传播的光线是非常好的。换言之，**几何光学是一个有效理论，它的有效性被限制在一定范围内。**

这并不意味着，我们要保留历史上曾提出过的一切理论，有一些观点最终被证明是错误的。欧几里得最初对光的描述复活了9世纪伊斯兰科学家艾尔 - 金迪（Al-Kindi）的理论，他认为光是由人的眼睛发射的。虽然古时候的一些科学家，比如波斯数学家伊本·沙（Ibn Sahl），出于错误的前提却正确地描述了一些光现象，诸如光的折射，但有着近代数理知识的欧几里得与艾尔 - 金迪却得出了完全错误的结论。这些理论并没有被吸纳进现代理论，而是直接被摒弃了。

牛顿没有预见到光理论的另一面。他提出了光本质的"微粒说"（"corpuscular" theory），与罗伯特·胡克（Robert Hooke）于1664年、克里斯蒂安·惠更斯（Christian Huygens）于1690年分别提出的光本质的波动说（wave theory）势不两立、水火不容，其间的争论也可谓旷日持久。19世纪，托马斯·杨（Thomas Young）与奥古斯丁·菲涅尔（Augustin-Jean Fresnel）测量了光的干涉现象，明确地证实了光的波动性质。

后来发展起来的量子理论证明，牛顿在某些方面也是正确的。现在，量子力学告诉我们，光是由叫作光子（photons）的单个粒子构成的，它们传播着电磁相互作用。近代的光子理论建立在光量子的基础上，它们是独立的粒子，共同构成光，有着特殊的性质。即使它们是构成光的单独粒子，光子的行为依旧拥有波动性。这种波动性表现为：一个自由光子在空间区域中的任何一点都可以以一个特定的概率存在（见图1-5）。

牛顿的微粒说从光学理论导出结论，但这一理论并不包含任何光的波动本质，这一点与光子对光行为的描述不同。现在我们知道，光子理论是对光行为最基础、最正确的描述，它同时涵盖了光的粒子与波这两方面的特性。量子力学给了我们当前对光的本质及其行为最为基础的描述。它在基础上是正确的，所以得以保留至今。

几何光学
光沿直线传播

波动光学
光以波的形式传播

光子
光以光子的形式传播，光子即表现得像波的粒子

图1-5
几何光学与波动光学是我们对光的现代理解的两种先驱理论，而且至今依然在某些条件下被应用。

量子力学比光学更接近理论前沿。如果人们依旧从光学理论出发去思考新的科学，那他们首先要考虑那些只能通过量子力学说明的新现象。即便现代科学已经不再发展经典光学的理论了，然而它确实包含了量子光学的领域，主要研究光的量子力学性质。激光、包括光电倍增管在内的光学探测器以及把太阳能转化为电能的光电池，都遵循着量子力学的规则。

近代粒子物理学也围绕量子电动力学（QED）的理论叙述，由理查德·费曼（Richard Feynman）等人提出，它把狭义相对论与量子力学进行了结合。应用量子电动力学，我们得以研究单个粒子，包括光子，即光的粒子；还有电子以及其他带有电荷的粒子。我们可以得到这些粒子之间产生与湮灭相互作用的速率。量子电动力学是粒子物理学中常用的理论之一，它在所有科学理论中，给出过有史以来最为精确的预测。量子电动力学与几何光学几乎毫不相干，然而它们在各自适当的有效领域内都是正确的。

每一个物理学领域都使用其对应的有效理论。把旧理念整合入更基础的理论，科学就是如此演化的。旧理念依旧在很多实际场合下被应用，然而它们并不在科学的前沿领域内。虽然本章末只是集中关注了一些若干年来对光的物理解释的特例，但是整个物理学领域都是以这种方式发展的。虽然科学在其发展的前沿存在不确定性，但是这个进程本身却是有条不紊的。特定尺度上的有效理论合理地忽略了一些我们可以确信对特定测量而言没有任何影响的效应，过去科学探索历程中去芜存菁的过程赋予了我们这种智慧和方法。然而，理论会随着我们对更广的能标和尺度范围的深入了解而不断演化，这些进步让我们得以从新的视角来研究那些表观现象之下的基础解释。

理解这个进程可以让我们更好地理解科学的本质，以及鉴赏一些物理学家（与其他领域的科学家）提出的主要问题之美。在第 2 章中，我们将看到，从很多方面来讲，我们今天所使用的方法论都是从 17 世纪开始发展起来的。

02

伽利略的科学求索

KNOCKING ON HEAVEN'S DOOR

今天，科学家们使用的方法基于的是过去很长时间以来各种观测研究的成果，这些研究成果可以证实或证伪不同的科学理论——后者与前者同等重要。这需要我们超越对世界的直觉理解。罗马语中用来表达"think"（思考）这一动作的词根"pensum"从拉丁语的动词"weigh"（权衡）演变而来。看来英语使用者也会"权衡"不同的观点。

很多把科学引入现代表述方法的构词法都在 17 世纪于意大利发展起来，而伽利略在其中扮演了关键角色。他是首先完全领会并推动间接测量（indirect measurements）发展的一批人之一。间接测量使用中间仪器进行测量，以设计以及用实验创建科学理论。此外，伽利略还构想了一系列思想实验，以帮助他建立并逐渐发展自己的理念。

2009 年春天访问帕多瓦大学时，我接触了很多伽利略的深刻思想，这些思想从根本上改变了当时的科学观。我访问那里的第一个原因是为参加一场物理学会议，会议的组织者是帕多瓦大学物理学教授法比奥·茨维纳（Fabio Zwirner）；第二个原因是去接受该市"荣誉市民"的称号。我很高兴能和与会的物理学家同侪以及那些受人敬重的"市民"坐在一起，这其中包括史蒂文·温伯格（Steven Weinberg）、史蒂芬·霍金、爱德华·威滕（Edward Witten）。另外，作为福利，我还有一次学习科学发展史的机会。

那次旅行是在 2009 年，正好是伽利略进行首次天文观测的400 周年。帕多瓦城的居民们对此尤为留心，因为伽利略在作出最伟大研究时恰在帕多瓦大学任教。为了纪念他，帕多瓦城（以及比萨、佛罗伦萨、威尼斯这些在伽利略科学生涯中扮演了重要角色的城市）安排了一系列展览与庆典活动，以表达对这位科学家的敬意。物理学家的会议于阿迪纳铁文化中心（Centro Culturale Altinate，也称圣加埃塔诺酒店）的大厅里举行。这座建筑还为一个引人入胜的展览提供了展位，这个展览用来庆祝伽利略对科学不可磨灭的贡献，彰显他在改变以及重新定义现代科学中不可动摇的地位。

我遇到的大多数人都表达了他们对伽利略成就的敬仰以及对现代科学进展的狂热之情。帕多瓦市的市长弗拉维奥·扎诺那多（Flavio Zanonato）对物理学的兴趣及其深厚的物理学知识大大鼓舞了当地的物理学家。作为这座城市的领导者，他不仅出席了我在一次晚宴上作的公开演讲，并参与讨论了一些科学主题，而且在演讲过程中还以一个对大型强子对撞机中载荷流的精彩提问震惊了听众。

作为荣誉市民庆典的一部分，市长扎诺那多亲自授予了我帕多瓦市的荣誉之钥。这个钥匙十分古怪——它看起来像是只存在于电影之中的事物。它很大，通体银质，雕刻精美。我的一位同事看到它时甚至打趣说："它是从《哈利·波特》的故事中带出来的吗？"它只是一件礼品，并没有开锁的功能，象征着"开启"——不

仅意指城市，在我的想象中还指向一个丰饶而有质感的
知识之门。

除了这把钥匙之外，帕多瓦大学教授马西米拉·巴尔多 - 秋
林（Massimilla Baldo-Ceolin）还授予了我威尼斯纪念奖（也称
奥赛拉奖［osella］）。奖牌上面用意大利文铭刻了伽利略的名言，
这句名言同样被刻在帕多瓦大学物理系的墙上：

> 我认为哪怕脚踏实地地找出物质的一点真相，
> 也比高谈阔论那些于现实毫无意义的空想更有价值。

我和与会的同侪们分享了这句名言，因为这句话确实就像一
个指导原则。**创造性的进展总是始于简单问题**。并非我们回答的
每一个问题都具有明确的意义，然而即便看起来十分缓慢的进
步，也时而会给我们的理解带来翻天覆地的变化。

本章将要介绍，现代测量及技术如何萌芽于 17 世纪时发展
起来的一系列事物，以及那时发展起来的基础理念是如何帮助我
们理解今日的理论以及所使用的实验方法的。过去的 400 年间，
一些大问题会反复被科学家们提及，而随着理论与技术的飞速发
展，一些小问题反而发生了巨大的变化与发展。

科学时代的来临

科学家格物穷理的过程正是他们对跨过已知领域与未知领域
界线的一种尝试。任何时候，我们都是从一个包含了能预测目前
可测量现象的规则与方程的集合出发的，但我们又总是试图进入
当下实验尚不能触及的领域之中。应用数学理论与技术，我们可

以系统地处理一些问题，而这些问题在过去纯粹是出于信仰或者投机而提出的主题。随着更多、更好的观测结果以及被崭新测量方式改良过的理论框架的建立，科学家们得以更加全面地理解这个世界。

当我流连于帕多瓦以及其他那些伽利略留下过足迹的邦城之间时，我更好地理解了他在发展上述思维方式中不可替代的地位。斯科罗维尼礼拜堂（Scrovegni Chapel）——就是从 14 世纪初期开始陈列"欧洲绘画之父"乔托（Giotto di Bondone）壁画的地方，正是这些地点中最著名的一个。这些画值得被人们注意的理由有很多，但其中最让科学家们关心的是，《博士来拜》（*Adoration of the Magi*）一画活灵活现地描绘了 1301 年被人们观测到的哈雷彗星,不得不说这是个奇迹（见图 2-1）。在那幅画的创作时期，哈雷彗星是肉眼可见的！

图 2-1

乔托在《博士来拜》这幅画中描绘了如下情景：14 世纪早期，肉眼可见的哈雷彗星划过天际。

不过，那些画面并不科学。我的导游指着拉久内宫（Palazzo della Ragione）中一幅关于星际景象的画告诉我们，她最初被告知那是银河系，而后来一位经验丰富的导游向她解释，这是由于时代局限而导致的错误理解。在这些作品的创作时期，画家们仅仅会画出他们之所见。那确实是一幅布满了星星的画面，然而与我们的星系却没有半点关系。我们今日所了解的科学在那个时代还没有诞生。

实验观测与思想实验

在伽利略之前，科学依赖于未经仔细考量的测量结果与纯粹的思辨。亚里士多德所发展的"科学"是人们试图理解世界的一种典型方式。数学可以进行逻辑推导，然而那些隐含其中的公理要么被人们无条件地相信，要么由直接的观测得来。

伽利略明确地摒弃了把研究建立在"论文的世界"（mondo di carta）里的想法，他希望研读并学习"自然之书"（libro della natura）。为此，伽利略改进了自己的观测方法，并认识到了实验的力量。他明白了如何构建及使用某些人工环境进而推导出物理定律的本质。通过实验手段，伽利略得以证实以及证伪他能（以数学手段）证明的一系列有关自然本质的假说。而证实与证伪这两个过程同等重要。

伽利略的一些实验使用了斜面，这些斜面非常重要，它们会经常出现在所有基础物理学考试之中。对伽利略来说，斜面并不只是一些教师炮制的课堂问题——正如物理学初学者所理解的一样。事实上，它是一种研究自由落体速度的方法，这种方法延长了物体运动的水平距离，所以伽利略可以精细地测量它们是如何"下落"的。他使用水时计来计量时间，还聪明地在一些特殊时间点加入小铃铛，这使他得以利用自己的音乐天赋来判断球从斜面上滚下来时的速度（见图 2-2）。通过这些有关运动和引力的实验，伽利略、开普勒与笛卡儿共同为经典机械定律打下了坚实的基础，而这些定律在后世由牛顿发扬光大。

单位时间的铃铛声

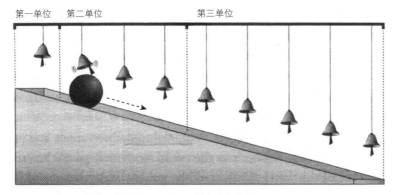

图 2-2
以应用铃铛声记录球体运动过程的手段，伽利略测量了球体从斜面顶端下滚的速度。

17 世纪大猜想

伽利略所发展的科学也超越了他的观测水平。他发明了思想实验，即为了能预测当时还没有人可以进行的实验所做的基于所见之物的抽象理解。其中最著名的预测是：当物体在无阻力的情形里下落时，它们（在相同时间）具有相同的速度。即便伽利略不能真正在理想情况下做实验，也仍然正确地预测了这个结果。他不但正确理解了引力在物体自由下落时的作用，还明白了是空气阻力使这些物体慢了下来。**好的科学理论应该能够正确理解所有因素**。思想实验与实验观测共同帮助伽利略更好地理解了引力的本质。

一个有趣的历史巧合是，牛顿出生于伽利略逝世的次年（如霍金在一次演讲中所言，对自己的生日正好在牛顿诞辰 300 年之后这一点，他感到很高兴）。牛顿作为最伟大的物理学家之一，既传承了之前的科学思想，又把它们发扬光大。设计思想实验与真实实验、理解它们并了解其局限性的传统方法，为今日的科学家们所继承，不论他们生于何日。依赖于尖端技术的现代实验更加精细，这种为了证实或证伪基于假说的预测来制造仪器的理念，明确了今日的科学及其研究方法。

将望远镜对向太空

除了实验，即用来测试其假说的人造条件之外，伽利略另外一个最终改变了科学发展命运的巨大贡献，是对技术潜力的理解与推崇。它的出现使人类对宇宙的观测手段变得越发先进。通过实验，我们可以超越纯粹的推理与思辨；而使用新仪器，我们可以对实验结果去芜存菁。

在科学发展早期，人们依靠感官观察结果。他们凭感觉与触觉目测事物，而不是使用间接的中间仪器以获得那些与直觉不同的客观事实。天文学家第谷·布拉赫（Tycho Brahe）在大量天文数据之中发现了一颗超新星，并精确测量了行星的轨道，这是伽利略登上历史舞台之前最后一个著名的天文学观测结果。第谷在测量时确实使用了一些精密的仪器，比如巨大的四分仪、六分仪以及浑天仪。第谷亲自设计、制造了比前人所制精确度更高的仪器，并得出精确的观测数据，而这些数据让他的弟子开普勒得以推断出行星的运行轨道是椭圆形的。然而，尽管第谷的观测十分细致，但是这些观测却都是通过肉眼进行的，根本没有用到透镜或者其他仪器。

值得注意的是，伽利略对艺术有着极高的洞察力——毕竟他是一位音乐家的儿子，家学渊源。但是即便如此，他也意识到了，使用技术手段作为观测的中间步骤会使他本来已经极具天赋的耳目发挥更大作用。伽利略坚信，借助观测仪器在各种尺度上完成的非直接测量取得的结果，远远超越了那些仅靠感官获得的结果。

伽利略对技术最广为人知的贡献，是他应用望远镜观测恒星的创举。他使用这种仪器改变了我们见科学、见宇宙、见自我的方式。

然而，望远镜并非由伽利略发明，而是于 1608 年由荷兰的汉斯·利伯希（Hans Lippershey）发明。不过这位荷兰人发明它是为了偷窥，因此这个发明在当时又被称作"偷窥镜"。伽利略是第一个意识到这个仪器潜力的人——有了这个仪器，人就可以不再依赖肉眼观测宇宙了。伽利略参照荷兰发明的"偷窥镜"原型，把它升级为了一台放大倍数为 20 倍的望远镜——这个发明在出现后的一年内一直被当作节日庆典上的玩具，是伽利略把它变成了一台科学仪器。

伽利略使用间接的中间仪器辅助测量的开天辟地之举是对以往测量手段的彻底抛弃。它开近代测量方法之先河，并且代表着所有近代科学必不可少的关键进程。人们最初对这种非直接测量有所怀疑。时至今日，仍然有怀疑者质疑大型质子对撞机中的现象，以及卫星或望远镜上计算机中所记录的数据的真实性。但是这些被仪器所记载的数据中，每一比特数据都与我们能直接看到的东西一样精确，从某些方面上来讲，甚至比直接所见的事物更加精确。毕竟，我们的听觉源于作用在耳鼓上的空气的振动，视觉源于作用在视网膜上的电磁波，这些作用最终被大脑加工而形成感觉。这意味着人体也是一种技术的呈现方式——而人体并不可靠，相信所有体验过光学错觉的人都会支持这一观点（例子见图 2-3）。科学测量的美妙之处在于，我们可以明白无误地推断出物理实在性的方方面面，包括基本粒子的本质及其特征。这些目的要通过一些实验来达到，例如今日的物理学家们使用大型而精确的探测器所进行的实验。

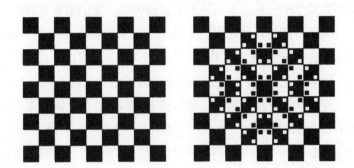

图 2-3
对于确定外在的实在性，人的视觉并不总是最可靠的途径。这里的两个棋盘完全相同，然而右边棋盘上的许多小点让这些棋盘的格子看起来非常不同。

怀疑抽象结论、相信眼见为实是出于人的本能，而科学给我们上了一课，告诉我们如何超越这种人类与生俱来的倾向。使用自己设计的仪器进行测量要比肉眼观测更值得信赖，而且我们可以通过多次重复实验的方法来核实、改进它。

1611 年，教会通过了关于承认间接测量有效性的决议。如汤姆·列文森（Tom Levenson）在其著作《以尺量尺》（*Measure for Measure*）[1] 中所提到的，教会的科学事务当权者们必须确定望远镜的观测结果是否值得信赖。红衣主教罗伯特·贝拉明（Robert Bellarmine）推动教会学者们来决议这个话题，1611 年 3 月 24 日，教会的 4 名首席数学家一致认为伽利略的发现是有效的——望远镜的观测结果精确且值得信赖。

帕多瓦大学赠送给我的另一枚黄铜纪念章之上，精美地镌刻着伽利略核心思想的本质。其中一面是介绍 1609 年，伽利略向当时的威尼斯政府机构以及总督李奥纳多·多纳（Leonardo Dona）介绍望远镜的画面；另一面是一段致辞，大意是：这个事件"标志着近代天文望远镜的诞生"，开启了"人类向地球之外星空探索的革命性事业"，是"跨越天文学时代的一个历史性时刻，使它成为近代科学的起点"。

伽利略对观测方式的贡献直接导致了后续一系列爆炸性的

科学进展。在他不断仰望星空的过程中，伽利略发现了肉眼所不能及的一些新事物。比如，他发现了昴星团（Pleiades）以及茫茫星空中一系列人们从未见过的恒星，它们散布在我们已知的亮度更高的恒星之间。1610年，他在《星辰信使》（*Starry Messenger*）中发表了观测结果，这本书于6个星期之内匆匆写就。在印刷工人处理他手稿的时候，伽利略匆匆完成了研究工作，并且希望作为首位出版有关望远镜书籍的人，得到时为意大利托斯卡纳区（Tuscany）大公科西莫二世·德·美第奇（Cosimo II de' Medici）的关注与支持——这位大公是当时意大利最富有的家族中的一员。

伽利略那见解深刻的观测手段，促使一系列科学成就如雨后春笋般地涌现出来。他采用不同的看待问题的方式，即关注"如何做"而非"为何"。那些只有通过望远镜才能发现的观测细节，让他得出了一些激怒罗马教廷的推论。这些结果使他确信哥白尼的理论是正确的。于伽利略而言，唯一能支持他所有观测结果的世界图景必须建立在如下宇宙学假设之上：太阳而非地球才是我们所处星系的中心，而所有已知行星都围绕着太阳公转。

对木星卫星的观测在这些观测中是最重要的。伽利略观测到，这些卫星时隐时现，在其轨道上围绕木星这颗巨行星公转。在获得这个发现之前，地球固定不动似乎是唯一能解释为什么月球的公转轨道恒定不变的假说。对木星卫星观测的发现意味着，即便木星（相对地球）是运动着的，也并不妨碍它的卫星绕之公转。这便为地球可能处于运动状态，甚至以一个独立的天体为中心在公转，提供了可能性。这些可能现象最终被牛顿的万有引力理论及其对天体之间引力的预测所解释。

为了表达对科西莫二世·德·美第奇的敬意，伽利略给木星的卫星命名为"美第奇星"，而前者在不久之后进一步阐述了他对资助的理解——这也是近代科学的一个关键方面。美第奇家族确实决定了支持伽利略的研究。然而，在伽利略被佛罗伦萨城授予终生资助对象不久之后，那些卫星被重新命名为"伽利略星"，以表达对其发现者伽利略的敬意。

宇宙的答案

KNOCKING ON HEAVEN'S DOOR

伽利略还使用望远镜观测月球表面的山谷与沟壑。在他之前，人们普遍认为，宇宙作为天堂的象征，是完全不变、被绝对稳定的规律所驾驭的。在此之前，源于亚里士多德的盛行观念认为，虽然从地球到月球之间的一切都是有缺陷而易变的，但出于其神性，地球之外的天体是永恒不变的球体。彗星与流星被视作像风和云一样的气象现象，术语"meteorology"（气象学）就起源于此。伽利略详尽的观测结果暗示了，不完美性不仅仅在人类以及月球之间的领域存在着。月球并非一个完美的光滑球体，实际上它与地球的形状十分相似，这超乎人们的想象。由于对月球的这些粗略探索，关于月球到底属于人间独有还是天体的疑问顿时处在风口浪尖之上。地球不再具有独一无二的地位，它只是一个与其他天体没什么两样的普通天体。

艺术史学家约瑟夫·柯纳（Joseph Koerner）向我解释，伽利略的艺术背景使他能够根据光线和阴影来分辨月球上的环形山。伽利略受过的有关透视画法的训练，使他得以理解他所看到的那些突起物。即使它们并非完整的三维图景，伽利略也立即意识到了这些图景背后的意义。他并非意在绘制月表地图，而是想弄清楚月球的结构；而当看到这些图案的时候，他立即就理解了。

支持哥白尼论断第三重要的结论是对金星方位的观测，如

图 2-4 所示。这些观测结果对于断定天体是否围绕太阳运行极为重要。从这个意义而言，地球与其他行星没什么两样——金星显然并不围绕地球公转。

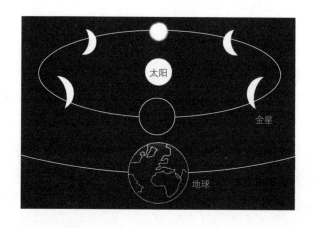

图 2-4
伽利略对金星方位的观测证实了它也围绕太阳公转，而这证伪了托勒密体系（Ptolemaic system）。

从天文学的角度来看，地球并不特殊。其他行星与地球一样，像卫星围绕着它们转动一样，各自围绕太阳公转。此外，即便是地球之外的事物也并非完美无缺。地球的"缺憾"显然是人类刻意丑化的结果。伽利略发现，即便是太阳也有"污点"——太阳黑子。

17 世纪大猜想

KNOCKING ON
HEAVEN'S DOOR

应用这些观测结果，伽利略最终作出了他著名的论断。"地球并非宇宙的中心，地球围绕太阳公转，地球并非宇宙的焦点"——伽利略如此写下这些激进的观点。他用这种方式来对抗教会，即便他后来为了减轻刑罚为监视居住，而宣称自己反对哥白尼主义。

探秘微观世界

伽利略对宇宙在大尺度上的观测与推理的贡献人所共知，而这还不足以描绘他的全部，他也彻底提升了我们对小尺度上事物的认知能力。伽利略意识到，**中间仪器可以如其在大尺度上的作为一样，向我们揭示小尺度上的现象，由此他在两个领域内各自拓展了其边疆。在他著名的天文学研究之外，伽利略还继续发展了其技术以探索微观世界。**

我在帕多瓦城圣加埃塔诺展览的向导是一位年轻的意大利物理学家米歇尔·多罗（Michele Doro），当他肯定地告诉我是伽利略发明了显微镜时，我感到一丝惊奇。

我得说，在意大利之外，大家普遍认为显微镜由荷兰人发明，争论之处仅在于发明者到底是汉斯·利伯希还是扎卡赖亚斯·詹森（Zacharias Janssen）或其父亲。望远镜到底是不是由伽利略发明的无关紧要（实际上几乎不可能由他发明），而显微镜确实是由他发明构造，并使用它来观测微小尺度上的事物。有了它，我们自此可以在以前所不能达到的精度上观察昆虫。

从他写给朋友与同行们的信件中，我们了解到伽利略是第一个写下有关显微镜细节及其潜力的人。这个展览展出了记载着应用伽利略的显微镜可以观察到事物的第一本出版物——这要追溯到 1630 年，弗朗西斯科·斯泰卢蒂（Francesco Stelluti）对蜜蜂进行的详尽研究。

这个展览还指出了，伽利略研究过骨骼，探究了在尺度发生变化的情况下，它们的结构特性会发生什么改变。显然，在他的各种其他洞见之外，伽利略还明确地知道了尺度的重要性。

总之，这个展览确信无疑地展现了伽利略对科学方法与目标的理解——定量研究、可预测性、试图描述确定事物的概念性框架，这些都以精确的规律为指导原则。当这些规则可以提供经过充分验证的对世界的预测时，它们就可以用来预测未知现象。科学家们试图找到能解释所有观测现象的最合理理论。

哥白尼革命恰当地表现了这一点。在伽利略的时代，伟大的观测天文学家第谷·布拉赫出于对太阳系本质的错误理解，作出了不同于伽利略的错误论断。他支持的是一种古怪的、托勒密体系与新体系的混杂学说，即地球是宇宙的中心，但是其他行星按照哥白尼系统的方式围绕太阳公转（图 2-5 是一个对比）。第谷体系的宇宙学以观测为基础，但它却不能作出最恰当的解释。比起伽利略的观念，它更符合耶稣会信仰者的图景，因为第谷理论的前提就是地球静止不动——而这正是为托勒密理论所支持、伽利略的观测结果所反对的。❶

❶ 在宗教审判中，虽然第谷是路德教会的信仰者，然而天主教徒并没有针对第谷的著作提出批判，因为他们需要第谷与伽利略观测结果一致、能支持地球静止不动假说的理论框架。

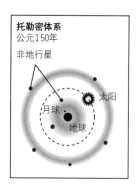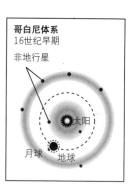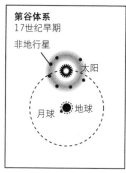

图 2-5

描述宇宙的三种体系：托勒密假定，太阳与月球和其他行星一起围绕地球转动。哥白尼正确地提出，所有行星围绕太阳运动。第谷假定，地球之外的行星围绕太阳运动，而它们与太阳一起共同围绕地球运动。

伽利略意识到，第谷的解释缺乏宏观考虑，并走上了最为正确的道路。牛顿的夙敌罗伯特·胡克后来注意到，哥白尼体系与第谷体系都符合伽利略的数据，"但从追求世界之美与和谐的角度来看，我们不得不信奉哥白尼的论点"[2]，这听起来确实更加简洁优美。伽利略追求理论美感的天性使他获得了正确的结论，当牛顿的万有引力定律解释了哥白尼设定的一致性，并预测了行星轨道的时候，伽利略的猜想也最终被证实了。第谷与托勒密的理论终于被终结了——它们是错误的理论，两人的理论都没有被后来的理论所吸纳。与有效理论的情况不同，这些非哥白尼解释并不能作为任何正确理论的近似。

第谷理论的失败之处在于，它在最初的科学解释中引入了过多的个人主观标准，而这是错误的做法。牛顿力学改变了这种思维方式。科学研究涉及对包含着观测到的结构与相互作用的底层理论及原则的探索。**当我们积累了足够多的观测数据时，一个能合理容纳这些观测结果，并能成功预测基础框架的理论就会胜出。**在任何时候，逻辑的作用都是有限的—— 一些粒子物理学家痛苦地意识到，只有我们正在苦苦等待的那些实验数据，才能最终决定哪些描述宇宙基础本质的理论是正确的。

伽利略为今日科学家所遵循的基本原理夯实了基础。对由伽利略以及其他前辈科学家所创造理论的理解，让我们对科学的本质以及如今一些物理学家经常提到的主要问题的理解更加深刻，特别是对间接观测与实验如何帮助我们弄清正确物理描述的理解。现代科学建立在这些洞察的基础上——技术的应用、实验、理论以及数学推导，都是对试图构建符合观测结果的理论的尝试。更重要的是，伽利略意识到了构建世界物理描述的所有元素之间的相互关系。

今天，我们能够更加自由地思考。随着对宇宙的深入探索以及对可能存在的额外维度与平行宇宙（alternative universes）理论的提出，我们从哥白尼革命出发，并将它发扬光大。随着新理念的提出，人类都越发谦卑，不再以自我为中心。我们的猜想最终要由实验与观测来证实或者证伪。

伽利略引入的间接观测方法，让我们今天能在大型强子对撞机精巧的仪器中看到激动人心的结果。帕多瓦展览最后的环节描述了科学演化到现代的历史进程，甚至介绍了一些有关大型强子对撞机实验的零星片段。我们的向导承认，在这个过程中他完全被弄迷糊了，直到他意识到大型强子对撞机是今天人类发明的、能够探索最小未知尺度的显微镜。

即使今天我们已经能在极高的精确度上进行实验、建立理论，伽利略对如何设计与解释实验的真知灼见，依旧如洪钟大吕一般在我们的耳旁回响。他的遗泽，那些使用仪器以观测肉眼所不能见的对象，以及他对如何正确使用科学方法的洞见，即以实验来证实或证伪科学理念的方式，至今依旧让我们深深受惠。帕多瓦会议的与会者们在思索，近期将要作出的重大发现以及它们的意义是什么，我们似乎看到了跨越崭新的科学门槛的一道曙光。总之，"路漫漫其修远兮，吾将上下而求索"。

03

生于物质世界
KNOCKING ON HEAVEN'S DOOR

　　2008 年 2 月，来自盐湖城犹他大学的教授、诗人凯瑟琳·科尔斯（Katherine Coles）与生物学家兼数学家弗雷德·阿德勒（Fred Adler）组织了一场主题为"一沙一世界"[1]的跨学科会议。这场会议的主题是，尺度在不同学科中所扮演的角色，这是一个让分属不同范围、广泛组别的演讲者与参会者都能产生兴趣的话题。通过把观测结果按照尺度分类这一方法，我们可以理解、组织它们，进而把它们拼凑成一个整体。专家组（包括一位物理学家、一位建筑批评家以及一位英文教授）成员以各自有趣的方式对这一过程作出了贡献。

　　文学批评家、诗人琳达·格里格森（Linda Gregerson）在开幕式上以"sublime"（庄严）一词来描述宇宙。这个词精确地抓住了宇宙为何如此美妙又令人望而兴叹的本质。它们看上去超出了我们的理解和认知范畴，却又那么触手可及，引诱着我们去探

----

[1] 这里的原文是 "A Universe in a Grain of Sand"。由于英国诗人威廉·布莱克（William Blake）的诗篇《天真的预言》（*Auguries of Innocence*）的首句为 "To see a world in a grain of sand, and a heaven in a wild flower"，其通行译法为 "一沙一世界，一花一天国"，出于对会议组织者诗人背景的考虑，译者推想他们在为会议命名时应该是借用了 "a grain of sand" 的典故，所以这里就也译为"一沙一世界"。——译者注

究它们的奥妙。我们获取这些知识面临的最大挑战在于，要让这些关于宇宙不易理解的方面变得更加直观、更易理解，最终变得对我们来说不再陌生。人们希望学会阅读与理解自然之书，并且把这些知识引入可理解的世界中来。

为了揭示生命与世界之谜，人类引入了多种方法，向截然不同的目标激流勇进。**艺术、科学与宗教也许涉及相同的创造性推动力，然而它们在试图于人类知识的深壑之间构建高桥之时，却产生了截然不同的方法与手段。**

所以，在回到现代物理学的世界之前，这一部分接下来将要对比这些不同思考方式之间的差异，介绍一些科学 - 宗教之争的历史背景，提出这些纷争至今尚未被解决的至少一个方面。回顾这些主题，我们将要探索科学的唯物主义论与机械论前提，它们都是科学试图接近真理的本质特征。十有八九，这个思想谱❶的两个极端永远不会改变其观点，但这些讨论却有可能让我们发掘出这些争端的根源。

未知尺度

奥地利诗人赖内·马利亚·里尔克（Rainer Maria Rilke）曾经在《杜伊诺哀歌》（*Duino Elegies*）中写下引人注目的诗句，它写出了我们在面对庄严宇宙时的矛盾心情❷。

----

❶ 这里作者用的原词是 "spectrum"，即数理概念中的 "谱"，大意是指把一些连续量按照某种特征分类之后排列在一起，对这个类别的总称呼。这里作者所指的应该是一个 "把不同思想以与科学、宗教的契合程度来分类而产生的排列方式"，所以这里把这一词汇译为 "思想谱"。——译者注
❷ Rilke, Rainer Maria. *Duino Elegies* (1922)；这里使用的是醉心研究里克尔的林克教授的译法。——编者注

美无非是可怕之物的开端，

我们尚可承受。

我们如此欣赏它，

因为它泰然自若，

不屑于毁灭我们。

在盐湖城的谈话中，琳达·格里格森以微妙、有启发性而又多少令人有些恐惧的语言，作了有关"庄严"主题的演讲。她详述了哲学家康德对"美好"与"庄严"的区分，即认为美好"让我们相信自己造化于天地，是上天的宠儿"，而"庄严"却令人恐惧。她还描述了人们"看到庄严时的不安"，这是出于一种"不匹配"的感觉，即与人类日常互动与知觉之间的不协调。

"庄严"一词再次出现在同事与我在2009年所作的一次有关音乐、艺术、科学的讨论中，这三者当时是一部以物理学为背景的戏剧主题。其中一位导演克莱门特·鲍尔（Clement Power）认为，特殊的音乐片段偶尔展现了美丽与恐惧的共存，这已经为其他人所确认过了。对于鲍尔而言，庄严的音乐是超越了他正常理解力的山巅——这挑战着他已有的理解力。

这种庄严处于人的智力所不能及的层次，并提出了人的智力所不能解决的问题，这正是引人入胜与恐惧共存的原因。庄严的程度随时间而变化，正如我们所熟悉尺度的范围随时间增长一样。然而在任意给定时刻，我们都希望洞悉更多我们现在所能理解的、过小或者过大尺度上的行为或事件。

从很多方面来看，宇宙都是庄严的。它让人好奇，又令人畏惧甚至恐惧，这正是它的复杂本质。然而，这些元素以非凡的方式组合在一起。艺术、科学与宗教都致力于激发人们的好奇心，并以拓展已知领域边界的方式教导着我们。它们都以其不同方式承诺，可以让我们超越个人的狭隘经历，进而进入以及理解"庄严"的国土（见图 3-1）。

图 3-1

斯帕·大卫·弗里德里希
（Caspar David Friedrich）
1818 年 的 画 作《雾 海
中的流浪者》（*Wanderer Above the Sea of Fog*）。
这是一幅有关庄严的标
志 性 画 作。庄 严 是 一 个
在艺术与音乐中会反复
出现的主题。

　　艺术让我们可以用人类知觉与情感的滤镜来探索宇宙。它检
视了人的感官如何与世界对接，以及人可以从这种互动中得到什
么——它强调人们是如何观察与"参与"这个宇宙的。于人类而
言，艺术起着非常重要的作用：它让我们清楚自己的直觉，让我
们知道作为人类如何理解世界。与科学不同，艺术并不追求超越
人类互动之上的实在真理。艺术与我们对外在世界的物理与情感
反应相关，它直接影响人类的经验、需求以及才能，而这些是科
学做不到的。

　　从另一方面来讲，科学寻求的是关于世界客观、可证实的真
理。它对组成宇宙的元素是什么以及这些元素之间如何相互作用
感兴趣。即便是在形容司法调查时，福尔摩斯也以他不可模仿的
风格向华生如此描述科学方法论："侦探行业是或者应当是一门
真正的科学，应该以相同的冷漠无情来对待它。你试图用浪漫主

义为其着色的行为所产生的效果，与试图从欧几里得第五公设 ❶
出发，导出一个爱情或者私奔故事相似……这种情况唯一值得一
提的是，根据结果对原因作出的奇妙推断，让我成功地揭示了事
实的真相。" [1]

无疑，在揭示宇宙之谜上，阿瑟·柯南·道尔爵士与福尔摩
斯有着相似的方法论。科学工作者们试图摒弃在明晰这一图景
时，人类的局限性或偏见，这样他们就可以相信自己所提出的对
现实社会的理解是不偏不倚的。他们使用逻辑推导和共同实验的
方式做到这一点。科学家们试图客观地计算出事情如何发生、基
础的物理框架如何解释他们所观测到的现象。

然而作为候选项，我们必须注意到，福尔摩斯使用的是归纳
而非演绎逻辑，绝大多数侦探与科学家在试图把琐碎的证据拼合
在一起时，都会使用这种思维方式。科学家与侦探从观测结果出
发归纳，以建立一个符合所有观测现象的一致框架。一旦这种理
论被建立，侦探和科学家就开始演绎工作，以预测其他现象及其
关系。然而，至少于侦探而言，那一刻就意味着工作的结束。

宗教是另外一条探索的途径，它也许可以用来回应格里格
森所描述的与宇宙难以接近的方面相关的挑战。17 世纪的英国
作家托马斯·布朗（Thomas Browne）爵士在他的《医生的宗教》
（*Religio Medici*）一书中如此写道："我喜欢在谜中迷失自我，以
重新从零开始继续追寻我的理性。" [2] 对"布朗们"来说，当他们
信仰独居一方的宗教时，逻辑与科学方法对追寻全部真理而言是
不足的。科学与宗教之间最大的差异也许是它们选择提出问题的
方式。宗教关心落在科学领域之外的问题。对那些底层作用设想
的观念，宗教会问"为什么"，而科学会问"如何"。科学并不依
赖于任何有关自然界底层目的的观念。这是一条判断我们是把问

----

❶ 即平行公设，指如果一条直线与其他两条直线相交，若在直线同侧的两个内角之和小于
180°，则这两条直线经无限延长后，在这一侧一定会相交。——编者注

题留给宗教与哲学，还是完全抛弃它们的分界线。

我们在洛杉矶的谈话中，编剧斯科特·德瑞克森告诉我，在《地球停转之日》（*The Day the Earth Stood Still*，由他在2008年根据1951年的版本重新制作）中原本设定了这么一些台词，但是这给他带来了无数困扰，以至于他在事后数日都在深思此事。女星詹妮弗·康纳利（Jennifer Connolly）在片中的角色，是一名描述其丈夫死亡时试图解释"宇宙随机性"的女子。

德瑞克森被这些台词所深深困扰。基础物理定律确实包含随机性，然而它的整体却是对有序性的概述，这样至少宇宙中的一些方面可以被视作可预测的现象。德瑞克森告诉我，在这段台词被删掉之后，他花了几个星期的时间来寻找合适的词汇——"宇宙中立性"。而当我听到电视剧《广告狂人》（*Mad Men*）中的主角唐·德雷柏说出那些台词时，我的耳朵竖了起来，因为这些演绎方式听上去令人十分不爽。

宇宙的答案
KNOCKING ON HEAVEN'S DOOR

一个对任何东西都"漠不关心"的宇宙并非一件坏事——甚至对上面提到的事情而言，算是一件好事。科学家并不寻求宗教经常寻求的那些根本意义。客观的科学仅仅需要我们把宇宙看作中立的对象。确实，科学的中立立场有时确实移除了人类邪恶的烙印，因为它指向人类起源的物质条件而非道德条件。例如，我们现在知道了，从物理学与基因学的本源来考虑，精神病与毒瘾可以被划为"疾病"而非"道德"的范畴。

即便这样，科学也并不专注于所有的道德主题（虽然它也不否认这些）；科学也不追问宇宙行为背后的原因以及人类事务的道德准则。虽然逻辑思考确实有助于我们应付现代世界，以及今日的一些科学家确实以生理学为基础处理有关道德行为的研究，但一般来说，科学家的目的并不决定人类目前道德地位的状况。

上文所提的分界线并非绝对清晰，神学家可以提出科学问题，科学家也可以从一个启迪其内在理念与方向的世界图景下来提出它们——有时甚至是从宗教的图景下。此外，由于科学是由人类创建的，科学家在创建其理论的过程中经常会带有一些非科学的人之本性，比如对"一切问题都必定有一个答案"的信心，或者对特定信仰的情感。当然这些也反映在其他领域中，艺术家与神学家也会受科学家的观测结果与其对世界理解方式的启迪。

这种模糊的分界线并不能抹除掉分界线的两端所追求的终极目标之间的区别。科学家们追求预言性的物理学图景，它可以解释事物如何运作。从本质上来讲，科学与宗教所使用的方法与目标是不同的。**科学强调物理实在性，而宗教强调人类心理学或者社会学的需求或渴望。**

这种最终目的的分歧并不应该成为冲突之源——事实上，它们应该分工合作，原则上井水不犯河水。然而，宗教并不总是满足于讨论有关意义与安慰的问题。很多宗教都企图占有描述宇宙外在实在性的一席之地，这甚至反映在"宗教"这个词本身的定义中。《美国传统词典》(*The American Heritage Dictionary*)对"宗教"的定义是："一种对神性或者超自然力量的信仰，或者一种对其创造者或统治者服从与崇拜的力量。"Dictionary.com网站对"宗教"的定义是："一套信仰体系，它关心宇宙的起因、本质与目的，特别是当问题涉及超人力代言者的产生时；它通常包含虔诚的、仪式性的观测，以及对道德法典的构造，以统治人类事务的道德准则。"这些定义意义下的"宗教"并不仅仅关注人类与世界之间的关系——不管是从道德、情感还是精神层面，还关注世界本身，这使宗教的图景变得歪曲不堪。当科学试图侵犯宗教试图解释的知识领域时，争端就不可避免地产生了。

　　尽管人类生而具有求知欲，然而使用不同方法提出问题、寻求答案，以及具有不同目的的人并没有达成共识。他们为追求真理而作出的努力也没有被明确地划分界线，所以争辩时时发生。当人们运用对自然界的信仰时，就会回到那些对自然的观测结果上，而宗教必须调和这些矛盾。这在早期教会真实发生过，例如，对自由意志与上帝神力之间相容性的调和。于今日的宗教思想家而言，这依旧是个问题。

宗教与科学是否彼此相容

　　宗教与科学并非总是处在相互矛盾的窘境。在科学革命之前，科学与宗教是和平共处的。在中世纪，罗马天主教会对各种与《圣经》不同的解释非常大度，直到科学革命使教会感到自己的统治地位受到了威胁。伽利略为哥白尼日心说提供的证据驳斥了教会有关天堂的教义，在这种背景下，教会感到非常头痛——伽利略的著作不仅公然对抗了教会的权威，而且明确质疑了教会对解释《圣经》不可动摇的专有地位。教士们因此非常痛恨伽利略及其理论。

　　更多并不久远的历史提供了许多有关科学与宗教之间冲突的例子。认为世界正逐渐向无序性演化的热力学第二定律，让相信上帝创造了理想世界的人们非常气馁。进化论也产生了类似的问题，它在最近引发了一系列与智能设计论的"争论"。"正在膨胀的宇宙"这一说法，让那些相信人类生活在一个完美宇宙中的人感到十分困扰，即便如此，作为天主教牧师的乔治·勒梅特（Georges Lemaître）却是宇宙大爆炸理论（the Big Bang theory）的提出者。

一个更有趣的有关科学家挑战自我信仰的例子，是英国博物学家菲利普·戈斯（Philip Gosse）。19世纪早期，戈斯面临一个窘境，即他意识到地球中保留了含有已灭绝动物遗体化石的岩层，这说明地球仅仅存在6 000年的观念值得商榷。在他的著作《地球之脐》（Omphalos）中，戈斯如此解释这个疑难：地球确实是不久之前被创造的。造物主如此安排一些特殊的动物"骨骼"与"化石"，这些动物实际上从未出现过，以误导人们并使人们认为存在一些实际上从未存在过的历史。戈斯设想中的正常世界，应该能够反映出其演化轨迹，即便这些轨迹从来没有真正出现过。

这种解释听上去非常愚蠢，但是"技术地"讲，它是说得通的。然而，除了戈斯之外，似乎没有其他人严肃地对待这个解释。戈斯本人转而研究海洋生物学，以避免这些恼人的恐龙骨骼带来的对他信仰的考验。

令人开心的是，大多数正确的科学理念表面上看起来并不激进，而且随着时间的流逝，它们变得越来越容易为人所接受。最后，科学发现终于盛行起来。今日，没有人会质疑以太阳为中心的学说或是宇宙膨胀学说。然而，至少对于像戈斯一样严肃对待这些问题的忠实信仰者而言，字面的解释依然会引起一系列问题。

17世纪之前，人们很少纠缠《圣经》的字面意义，这使得这个时代之前的争端相对少很多。在午间闲聊时，学者、宗教史学家凯伦·阿姆斯特朗（Karen Armstrong）解释了为何现代科学与宗教之争在早期并不真正存在。宗教文本在很多层级上被阅读，这使得对应的解释去字面化、去教条化，因此变得不那么棱角分明。

在公元5世纪，天主教思想家奥古斯丁明确了这种观点："非基督徒掌握了一些关于地球、天堂以及世界其他部分的事情，也许有关它们的运动以及围绕恒星的运动轨道，甚至有关它们的尺度或者距离。这些知识确实是出于理性与实验得来的。然而，于一个无信仰主义者而言，听一个基督徒对这种事情胡言乱语，而且声称他是从《圣经》中得出这些结论，这不仅失礼而且可耻。我们应该想尽办法避免这种令人尴尬情况的出现，以免无信仰者只看到基督徒的无知，从而展示他们的嘲笑与轻蔑之情。"[3]

敏感的奥古斯丁甚至走得更远。他解释道，上帝故意在《圣经》中引入了一些谜题，以使人们获得解答它们的乐趣。[4]这既指晦涩的字句，又指需要隐喻解释的篇章。奥古斯丁看起来对讨论合乎逻辑与不合乎逻辑这两个问题十分感兴趣，他还尝试解释一些基本的悖论问题。例如，"一个人在没有时间旅行的前提下，如何能完全地理解或者感激上帝的安排呢"。[5]

伽利略本人坚持站在奥古斯丁的立场上。在1615年一封写给时为意大利托斯卡纳大公夫人的克莉丝汀娜·洛兰夫人（Madame Christina of Lorraine）的信中，伽利略写道："首先，虔诚谨慎地讲，《圣经》从不妄语——无论何时它的真正含义都能被人们理解。"[6]他甚至声称哥白尼也如此认为，说哥白尼"从未忽略《圣经》，他非常清楚，就算他的理论被证实了，也不能作为《圣经》错误的依据，直到《圣经》被人们正确地理解了"。[7]

伽利略充满热情地如此引用奥古斯丁的话：[8]

> 任何想要以《圣经》的权威来反驳显而易见的道理的人都不明白，他并非在扮演自己想象的角色。因为他对真理的反驳并非《圣经》的真正含义（事实上这些意义超出了他的理解范围），而是他自己的解释。这些解释并非出于《圣经》，而是他自己想象出来的，并且幻想存在于《圣经》之上。

奥古斯丁假设那些文本总是有其合理的意义，灵活解读了《圣经》。任何从对外在世界观测中得来的明显矛盾都是出于解读者的错误理解，即便那些解释是不明显的。奥古斯丁认为，《圣经》是人类受到神启之后的产物。

分析《圣经》中的字句，至少分析其中的一部分，并把它看作作者个人经验的体现，可以发现，奥古斯丁对《圣经》的解释在某些方面与我们对艺术的定义非常接近。教会不需要原路返回以面对奥古斯丁思维模式中的科学发现。

伽利略意识到了这一点。对于他以及一些有着相似想法的人而言，如果《圣经》中的字句被恰当地解释了，那么科学与《圣经》之间本不该有任何冲突。任何可见的矛盾并非出于科学事实，而是出于人们的理解错误。有时于人类而言，《圣经》是难以理解的，而且肤浅地看，它确实与我们的观测结果相矛盾。但是，根据奥古斯丁的解释，《圣经》从来不会出错。伽利略是虔诚的，即便出于逻辑，他也并不认为他有资格反驳《圣经》。多年之后，教皇约翰·保罗二世（Pope John Paul II）声称，伽利略是反对过他的神学家中最出色的一位。

然而，伽利略也信仰他自己发现的理论。在一堆虔诚的废话之后，他有先见之明地如此考虑：[9]

> 注意，神学家们，如果你们期望通过讨论太阳和地球到底谁静止不动而建立信仰命题，那么你们正在冒的风险是：你们最终必须谴责那些声称'地球静止不动，太阳变化位置'的人为异教徒——而我认为，最终太阳静止不动、地球运动不止将逐渐被物理与逻辑所证实。

很明显，基督教并不总是遵守这种哲学，否则伽利略就不会锒铛入狱，今日的报纸也不会用大量篇幅来报道有关智能设计论的争议了。即便很多宗教执业者有着灵活的信仰，一系列对物理现象的严格解释还是可能证明宗教理论中存在很多问题，而从字面意义来理解《圣经》是一种非常危险的尝试。随着时间的推移，由于技术让我们得以探索新的领域，科学与宗教会有更多的交叉领域，它们的潜在矛盾会只增不减。

今天，世界宗教人口的一个重要平衡方式就是从对各自信仰更加宽容的态度出发，以避免这种冲突。它们并不依赖于对《圣经》严格的解释或是从某个特定信仰出发的对教义的解释。他们相信自己可以在接受严密科学发现的同时，保持自己精神生活的信条不变。

是"上帝的魔力"，还是实实在在的物理关联

我们要面对的本质问题是，宗教与科学之间的矛盾比任何语言与措辞所能表达的都要深刻。即便不去忧心对某个特定文本的字面解释，科学与宗教也各自依赖于彼此不相容的逻辑原则，当我们认为宗教领域通过一个外在之神的干涉作用于我们的世界与存在时更是如此。神的行为并不受科学框架的制约，不论是作用在山上还是你的道德心上。

关键性的比较介于如下两者之间：宗教是社会性或者心理性的一种经验，还是建立在一个经常通过外在干涉影响我们或我们所处世界的上帝基础之上呢？毕竟于一些人而言，宗教信仰是纯粹的私人事情。那些在这条路上摸索的人们也许会满足于成为志趣相投宗教组织的一部分的社会联系感，或者在一个更大的世界背景之下检视自我的精神满足感。这一类人的信仰与他们的个人实践及其选择的生活方式相关。这些共有的目的成为安慰之源。

很多这样的人认为这就是信仰。宗教提升了他们存在的意

义——宗教提供了背景、意义、目的以及一种群体归属感。他们并不把宗教的角色当作一种解释宇宙运作的机制。对宗教，他们只专注于个人的钦佩与怀疑，而这些也许有助于他们与他人和世界之间的互动。很多这样的人会认为，宗教与科学之间可以完美而容易地共存。

宗教不仅仅是一种生活方式或者一种哲学。大多数宗教会有一个总是以神秘方式干涉人类的神，它超越了人们与科学的描述之所能及。这种信仰方式，即使于思想开明、愿意接受科学发展的信仰者而言，也不可避免地会在他们试图调停这种思维与科学指导原则之间的矛盾时陷入窘境。即便是允许上帝或是早期作为"原动力"出现的一种有外在影响的神力存在，从科学的视角来看，上帝可以继续通过一种如春梦了无痕一般的手段，在不留下任何物质性踪迹的前提下干涉人类，这也是令人难以置信的事情。

为了理解这种冲突，更好地理解科学的本质，我们需要更充分地理解科学的唯物主义观点。这种唯物主义的特质告诉我们，科学在一个物质宇宙中应用，以及各种积极影响之间存在的物理关联。第 1 章中介绍过，科学的图景正是建立在这种理念之上。通过它，我们可以在每一个尺度层级上识别所有物质的组分。大尺度上的存在由小尺度上的原料构成。即便我们没有必要通过理解所有基本物理元素的方式来解释大尺度上发生的一切，那些组分也是基本而必要的。引起我们兴趣的现象的物质构成于解释它们本身而言并不总是足够的，然而那些物理关联于解释它们的存在却很有帮助。

一些人转向宗教领域以寻求他们认为科学所不能回答的艰深问题的答案。的确，唯物主义科学观并不意味着我们可以理解一切——事实上，仅仅靠理解所有的基础组分并不能做到这一点。

利用把宇宙按照尺度分类的方法，科学家们意识到，我们不可能立即回答所有的问题。即便我们所知的基本结构是本质的，它也不必立即回答我们已知的全部问题。即便掌握了量子力学，我们依旧使用牛顿定律，因为在描述一个球体如何在地球引力场中下落这一方面，从原子尺度的图景来导出结论是非常困难的。球体无疑由原子构成，但是原子尺度的图景于解释这个球体的运动轨迹并无益处，即便它一定相容于这个图景。

这种思想可以推广到日常生活中的很多现象。我们经常可以忽略底层细节或者构造，即便这些原料是本质的。

我们在驾驶车辆时并不需要掌握车辆的内部工作原理。当我们烹饪食物时，我们仅仅会关注：鱼片是否切得够薄？蛋糕有没有烤熟？燕麦片有没有泡成糊状？蛋奶酥的表面有没有膨起？除非在练习"分子烹调法"，我们是不会关心导致这些变化背后隐藏的原子尺度的结构变化的。但这并不会改变缺少这些实质的食物不可能好吃这一事实。蛋奶酥的成品与它的原料看起来截然不同（见图3-2）。食物中的分子与其他成分虽然在你看来可能不重要，但是于它们的存在而言却是必不可少的。

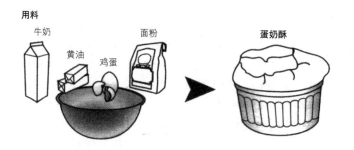

用料

牛奶　黄油　鸡蛋　面粉　　　　蛋奶酥

图 3-2
蛋奶酥成品与组成它的原料看起来非常不同。类似地，物质之间也许有着截然不同的性质，甚至可能各自服从于天差地别的物理定律，但它们同样由更基本的物质构成。

类似地，任何人在被问到"音乐究竟是什么"的时候都会感觉非常惶恐。任何企图描述音乐现象以及我们对它的情感反应的行为，都会不可避免地涉及从原子或者中子之外的层级来审视音乐。即便我们通过耳朵倾听来自乐器的声波来欣赏音乐，音乐也不过是形成声音的空气微粒振动，或是双耳与大脑的生理反应。

这种唯物主义的图景依旧存在，而它底层的理念才是本质的。音乐产生于空气分子。如果没有耳朵对物质现象机械式的反应，那么也就不存在音乐（在真空中，没有人会听到你的大声叫喊）。只是，对音乐的某种知觉与理解是超出唯物主义描述的。如果仅仅专注于那些振动的分子，那么有关我们作为人类如何理解音乐的问题就不会被提出。对音乐的理解蕴涵着权衡和谐一致与不和谐的分量，这种方法与分子及其振动毫不相关。然而音乐需要那些振动，至少需要它们留在我们脑海中的感官印象。

同样地，理解某个动物的全部组分仅仅是我们理解生命产生过程的一小步。如果我们缺失那些组分如何结合起来，进而构成我们日常所熟悉的那些现象的知识，那么我们就不可能理解一切事物。生命是超越基础要素的一种层现现象（emergent phenomenon）。

意识也有可能被归入此类。即便我们没有一个关于意识的综合性理论，思维与情感最终还是扎根于大脑中电学、化学以及物理学的性质。科学家们可以观测到大脑中伴随思维与情感的辩证机械论现象，即便它们不能被一个可以解释其工作机理的统一框架所解释。这种辩证图景是基本的，而于理解世界上的全部现象而言并非必要。

我们并没有被保证可以根据最基础的单位来理解意识，却最终可以指出一些应用在更大、综合性与突发性更强的尺度上的原则。随着科学的进展，科学家就会更好地理解大脑中基础化学与电通道的原理，进而理解它的基础功能单位。最终，意识可能可以作为一种科学家们只有通过辨认与研究那些正确组分来完全理解的现象得以解释。

这意味着，不只是研究基础脑化学的神经科学家才有机会取得进展。关心婴儿的思维与成人思维之间差异的发展心理学家，[10] 或者那些对追问人类思维与狗的思维有何不同的人，也面临着取得进展的大好机会。我认为，正如音乐有很多等级与层次一样，意识也与音乐类似。通过对更高层次的质疑，我们也许会获得一些关于意识本身，以及在对其"基石"（即研究大脑的化学与物理学基础）进行研究时如何提出正确的问题的合理洞见。如同研究一块诱人的蛋奶酥，我们也必须理解自发产生的系统。虽然如此，如果无法对我们身体的物理组分施加影响，就不会产生人类的思维或者行为。

即便物理学比有关意识的理论看起来少了一些神秘感，但它却是通过对不同尺度现象的研究来发展的。物理学家在研究不同的尺度与整体时也会提出不同的问题。把宇宙飞船发射上火星时所提出的问题，与我们追问夸克之间如何相互作用时提出的问题是截然不同的。它们都是合理的问题，然而我们并不能轻而易举地通过其中一个推断出另一个。虽然如此，那些我们送到太空中的物质也是由我们最终希望能理解的基本组分所构成的。

宇宙的答案

粒子物理学家会利用和指出人们平时不会或者不能重视的所有现象，这种唯物主义观点有时会被人们嘲笑为还原主义（reductionist）。有时这些是物理学或生物学的过程，比如飓风或大脑功能；有时它们是宗教现象——在这个领域里，我经常被人们所指的东西搞糊涂，然而我必须承认它是我们从不涉及的领域。物理理论处理从最小到最大尺度上的结构，我们可以通过实验手段来研究它们或者作出假设。随着时间的流逝，我们最终得以建立一个一致的图景，它可以描述某个层级的实在性是如何产生于邻近层级的。这些基本元素于实在性是必要的，然而好的科学家从不声称有关它们的知识可以解决一切问题。我们将继续前行，以寻求对它们的解释。

即便弦理论可以解释量子引力理论，"万物理论"（theory of everything, TOE）的名字依旧不合适。即便物理学家达到了这个几乎不可能达到的目标，即建立一个包罗万象的基础理论，我们依旧需要面对有关很多大尺度现象的问题，它们并不能简单地通过了解基本组分来回答。只有当科学家理解了在比用基本的弦所描述的更大尺度上出现的集体现象时，我们才能希冀解释超导物质、海洋中的巨浪以及生命现象。在科学研究的过程中，我们按照尺度顺序逐一去研究。如果试图了解每一个组分，那么我们必将在比现在已经能掌握的更大的距离与尺度上，审视事物与物理过程。

即便我们聚焦于每一个实在性的层级上以处理不同的问题，唯物主义世界观也是必要的。物理学与其他科学依靠研究世界上已经存在的物质发展。科学的核心依赖于研究出于机械的原因及其效应相互作用的事物。物体由于力作用在其上运动起来，引擎消耗能量以发挥其作用。由于万有引力的作用，行星围绕太阳公转。从科学的视角来看，人类行为也最终需要化学与物理学过程，即便我们目前还不能理解它们如何运作。人的道德选择最终也必须与人的基因与进化史（至少部分地）相关。这些物理构造在人们的日常行为中扮演着重要的角色。

我们也许不会立即处理所有的重要问题，然而那些底层的基础于科学描述而言总是必要的。对一名科学家来说，辩证机械论的元素潜藏于对实在性的描述之下。这些物理关联于世界上任何现象而言都是必要的。即便它们于解释一切事物而言并非必须，却也是必要的。

唯物主义世界观对科学来说非常适合。然而，当宗教借助上帝或者其他外在实体来解释人类或者世界的行为时，它就会不可避免地带来逻辑冲突。问题在于，为了同时认可科学以及控制宇宙与人类活动的上帝（或者任何外在精神体），有关上帝具体在哪些要点上使用他的神性力量，以及他如何做到这些的问题必须得到回答。于唯物主义者而言，出于科学的机械论观点，如果影响我们行为的基因是使物种得以进化的随机突变的结果，那么上帝只能通过创造这种随机突变的方式来影响我们的行为。为了引导我们今日的行为，上帝必须支配那些看上去是随机的，然而于我们的发展而言却是决定性的突变。如果他确实是这么做的，那么他是如何做到的？他应用了一种力，还是传递了能量？上帝操纵了我们大脑中的电过程吗？是他把我们推向一个确定的方向，还是他通过为某个特定个体创造一场雷雨风暴的方式，让这个个体迷途？在更大的层级上来说，如果上帝赋予宇宙目的，那么他如何实现其意志？

问题不在于其中的某些提问看上去很愚蠢，而在于从我们理解的科学来看，这些问题看起来根本就不存在与之一致的合理答案。"上帝的魔力"怎么可能得以运作？

很明显，那些愿意相信上帝可以干涉人间的人，希冀上帝能在危难关头帮助他们或者改变世界，而这些呼吁从某种意义上来说必将引入非科学思维的祈求。即便科学并不需要告诉我们事情发生的原因，我们也知道事物确实在运动以及彼此发生相互作用。如果上帝不产生任何物理影响，那么物体就不会移动。即便是我们最终依赖大脑中电信号运动的思维也不会受到影响。

如果这样的影响在宗教中是固有的，那么逻辑与科学的思维就会指出，必须有一个使这些影响得以传播的机制。一个涉及不可见、不可知却可以影响人类活动与行为或者世界本身的力量的宗教，或者精神信仰制造了这么一种局面，即一个信仰者要么坚持信仰而放弃逻辑，要么完全不关心这个问题。

这种水火不相容的事实就像一个方法论与理解中逻辑的僵局，深深地打击了我。史蒂芬·杰·古尔德（Stephen Jay Gould）提出的"互不重叠的管辖区"（那些涵盖经验宇宙的科学与扩大到道德拷问的宗教）却交织在一起，而且确实也需要面对这些棘手的矛盾。尽管信仰者们也许会把科学目前还不能回答的一些有关人性深刻而基本的有趣问题降级到宗教的范畴，然而当我们谈到物质与活动的时候——不管这些问题是与大脑结构还是与天体有关，我们还是身处科学的领域之中。

这是一条鸿沟

科学与宗教之间的不相容性并非一定会困扰信仰者。在一次从波士顿到洛杉矶的航班上，这种事情就发生了。

当时我的邻座是一位年轻的演员，他曾经接受过分子生物学的训练，然而他本人却对进化论有一些不同于常人的理解。在开始当演员之前，他曾经在城市学校中协助科学教学三年。当我遇到他时，他正从奥巴马的就职典礼上返回，洋溢着热情与乐观主义，并希望通过努力把世界改造得更加美好。除了继续在演员事业上有所发展之外，他还有一个把教授科学与科学方法的学校开遍全球的大志向。

然而，话锋一转，我们的交流变得不可思议起来。他计划的课程中至少有一门涉及宗教。宗教是他生活中很重要的一部分，他认为人们应该作出自己的选择。但这并不是最大的不可思议之处。他开始解释他的信仰，即人类由亚当传承下来，而非起源于猿类。我难以理解，一个受过分子生物学训练的人怎么能不相信进化论。这种矛盾甚至比任何我上文提到的通过上帝的干涉实现对唯物主义宇宙的违背还要深刻。他告诉我，他可以领会科学并理解其中的逻辑，然而这些只是人类把事情糅合在一起的一种手段——我不理解他想表达什么。在他看来，"人类"逻辑推理的结论并不值得信赖。

这种变化加深了我对如下问题的理解：为何当试图回答有关调和科学与宗教之间矛盾的问题时，我们总是寸步难行？基于经验、由逻辑导出的科学与具有启示性本质的信仰在各自试图接近真理的尝试上，有着截然不同的方法。只有当你以逻辑为规则时，你才能导出矛盾。逻辑试图解决悖论，然而很多宗教都依靠悖论存活。如果你信仰启示性的真理，那么你就自动脱离了科学的范畴，矛盾自然也就如无源之水一样不存在了。一个信仰者可以从他自己的视角提出完全荒谬的解释世界的方式，这种方式可以与科学相容，只须引入"上帝的魔力"就可以做到这一点。或者正如我飞机上的邻座所做的，他们可以简单地决定保持这种矛盾而生活下去。

然而，上帝也许有一种避免逻辑矛盾的方法，科学却没有。宗教拥趸们希望接受某种宗教的解释，它有关世界如何运作，以及科学思想如何被迫面对一个科学发现与不可见、不可知的事物之间巨大的分歧——这是一条鸿沟，它在根本上不能被逻辑思维的方法所跨过。他们别无选择，只能暂时忽略掉有关信仰事物的逻辑（至少是字面意义）解释，或者干脆不关心这种矛盾。

不管选择哪种方式，都保留了他们成为一名学识渊博科学家的可能性，以及宗教的确可以给人的心理带来很多好处。然而任何虔诚的科学家都必须面对挑战其信仰的科学。大脑中负责宗教的那部分区域，不可能与管理科学的那部分区域同时运作——它们显然是不相容的。

04

物中之妙
KNOCKING ON HEAVEN'S DOOR

我第一次听到"叩响天堂之门"这种表达是 1987 年在加州奥克兰的一场音乐会上，它是一首由鲍勃·迪伦（Bob Dylan）与感恩而死乐队（Grateful Dead）共同献唱的歌曲的名字。不言而喻，本书的主题与这首歌曲所指大有不同，虽然迪伦和杰里·加西亚（Jerry Garcia）的歌声依旧在我脑海中回荡。这个表达典出于《圣经》，却与《圣经》中的寓意不同，虽然本书的主题就这个理解而言，的确玩了一些文字游戏。在《马太福音》中写道：

> 你们祈求，就给你们；
> 寻找，就寻见；
> 叩门，就给你们开门。
> 因为凡祈求的，就得着；
> 寻找的，就寻见；
> 叩门的，就给他开门。

根据这些言辞，人类可以追求知识，然而最终的目标却是找到接近上帝的途径。人类对世界的好奇心以及积极的探求只不过是通向"神圣"的敲门砖——宇宙本身是次要的。也许答案即在前方，不然信仰者们也许会在追寻真理之路上加力策马奔腾。然而，如果没有上帝，那么知识就成为不可接近或者不值得追求的。人类不能自己来做这一切——我们不是最终的主宰。

这本书的主题将探讨科学中各种不同的哲理与目标。**科学并非被动的理解或者信仰，有关宇宙的真理本身就是结果。**科学家们满怀向往地走近知识之门，即我们已知知识领域的边缘。我们质疑、探索；事实与逻辑的力量迫使我们在必要的时候改变世界观。我们仅仅相信可以直接由实验证实的事物，或者可以由实验证实的假说推论出的事物。

科学家们已经掌握了有关宇宙的很多规律，却自知还有更多东西亟待探索，其中一些超出了现代实验手段之所能及，甚至超出了人能想象的任何实验手段。尽管人自身具有局限性，但每一次的新发现却都让人们在通向真理的阶梯上上升一步。有时，这样的一小步可以使我们看待世界的方式发生翻天覆地的变化。虽然明白雄心壮志并非总能得偿所愿，但是科学家们依然在坚持不懈地寻找更多理解世界的方式，比如技术上的进步，以把更多构成世界的要素纳入我们的视野之中。之后，我们会寻求更加全面的、能够容纳新信息的理论。

关键问题是：谁有着这个才能，或是权柄，来寻找这些答案呢？人们应当自行探究，还是应该相信更高的学术权威？在进入物理学的世界之前，这一部分将通过科学与宗教视角的对比作为尾声。

谁是"权威"

我们已经看到，17 世纪，不断发展的科学思想使基督徒对待知识的态度发生了分裂，这导向了延续至今的、存在于不同概念框架之间的争端。然而，科学与宗教的第二个隔阂之源是所谓的"权威"。在教会的眼中，伽利略声称的独立思考、独立理解宇宙的能力，脱离了基督教信仰的轨道。

作为科学方法的先驱，伽利略摒弃了对权威的盲目信任，代以亲力亲为地观测和解释观测结果。根据观测结果，他会改变自己的观点。通过这种方式，伽利略解除了手脚的束缚，开拓了一种获得关于世界知识的全新方法，这种方法将造就人类对自然更深的理解力以及影响力。然而，尽管（确切地说是因为）他的主要发现得以出版，伽利略却身羁南冠。他公开发表的那些有关太阳系的结论，即地球并非宇宙的中心，使当时的宗教政权感到恐惧，因为这动摇了他们对《圣经》的严格解释。在伽利略与其他促成了科学革命的独立思想者们的努力之下，任何对《圣经》中人类天性、起源与行为字面意义上的解释都成了被驳斥的对象。

伽利略生不逢时，他的激进思想把他推向了反宗教改革运动（Counter-Reformation，即天主教对新教分支的反击）的风口浪尖之上。宗教改革家马丁·路德（Martin Luther）提倡独立思考与直接从阅读文本来解释《圣经》，而非深信不疑地接受教会的解释方式，使天主教会感到了深深的恐惧。伽利略支持路德的观点，甚至又把它向前推进了一步，他拒绝相信权威，甚至明确地驳斥了天主教会对宗教文本的解释。[1]他的近代科学思想建立在对自然直接观测的基础之上，进而尝试提出最合适的假说以解释所有这些结果。尽管伽利略对天主教有着忠诚的信仰，然而在教士的眼中，他充满好奇的理念、方法与新教徒相类。伽利略就这样无端卷入了一场宗教战争，受到池鱼之殃。

具有讽刺意味的是，反宗教改革运动也许恰巧促成了人们支持哥白尼日心说宇宙观。天主教会希望确保他们的历法是可信的，这样每年的宗教庆典就可以在正确的时间举行，宗教仪式也会得以正确地维持。哥白尼正是被教会要求修正罗马儒略历（Julian calendar）❶，以使它与行星和恒星的运动更相容的天文学家之一。正是这个特定的研究项目让他积累了一系列观测数据，并最终作出了激进的断言。

路德本人不同意哥白尼的理论，而且直到伽利略更进一步的观测以及之后牛顿的万有引力定律最终证实了这些之前，没有谁支持哥白尼的理论。然而，路德确实接受了当时其他一些天文学与医学的发展，他认为这些与不加偏见地欣赏自然之美是一致的。路德并不必然是一位伟大的科学拥护者，然而他带领的革命却创造了一种思维方式、一种交流与接纳新生观念的气氛，这促进了近代科学方法的形成。也要感谢印刷术的发展，使得科学与宗教的理念得以快速传播，减弱了天主教会的权威性。

路德认为，俗世的科学工作与宗教研究有着同样的潜在价值。科学家们也对此抱有同感，比如伟大的天文学家开普勒。开普勒曾经致信他在图宾根大学的导师迈克尔·马斯特林（Michael Maestlin）。信中提到："我希望成为一名神学家，长久以来我生无所息。然而现在，我在进行天文学研究，观察如何通过我的努力，使上帝在天文学中得到赞美。"[2]

在这种图景下，科学是一种承认上帝惊人的本性、它所创造的事物以及事物如何运作的解释正在被丰富与被完善的方法。科学成为一种理解被上帝创造的理性、有序宇宙的更好方法，进而可以帮助人类。尤其是，早期近代科学家们并不拒绝宗教，而是以分析他们的研究成果作为一种赞扬上帝造物伟大的形式。为了寻求科学的启示与宗教的神启，他们既阅读自然之书，又阅读上帝之书。他们研究自然的方式是一种承认与感激其造物主的形式。

----

❶ 凯撒大帝制定的日历，在西方国家一直使用至以阳历取代为止。凯撒的名字叫儒略·凯撒（Julia Ceasar），所以该历法名为"儒略历"。——编者注

在更近的年代，我们也偶尔听到这种观点。巴基斯坦物理学家阿卜杜勒·萨拉姆（Abdus Salam）由于对建立粒子物理学标准模型的贡献，荣获 1979 年诺贝尔物理学奖。他在获奖致辞中宣称：

> 伊斯兰教中神圣的穆罕默德如此强调，对科学与知识的追求是每一个穆斯林（不论男女）应尽的义务。他要求他的追随者不断求知。很显然，他的脑海中既有宗教知识，也有科学知识，更有对科学探索国际主义精神的强调。

人们为什么关心这些

尽管第 3 章中已经描述了一些本质的不同之处，然而某些宗教信仰者却喜欢把他们大脑中主管科学与宗教的区域分开，以继续把理解自然的图景作为一种理解上帝的方法看待。很多不积极追寻科学的人也乐于看到科学进展摆脱了镣铐。然而，科学与宗教之间的鸿沟依旧在美国以及世界其他地方存在着。它偶尔会触及某些要点，这些要点会导致暴力，或至少会干扰教育。

从宗教权威的观点来看，对宗教的挑战（比如科学）有很多值得质疑的理由，其中有一些完全无关真理或逻辑。于那些当权者而言，作为一张底牌，总是可以以祈求上帝的方式来证明他们的观点合理。任何形式的独立调查对他们而言都显然是潜在的威胁。窥探上帝的秘密会侵蚀教会的道德力量以及世俗统治者的权威。这样的质疑也会成为谦卑与共同信仰的障碍，甚至会使人忘记上帝的重要性。难怪宗教权威有时会为此忧心。

然而，为什么持有这一观念的不同个体会自发结盟为共同体呢？于我而言，真正的问题并非宗教与科学之间的区别，这些区别已经在先前的章节中被合理地勾勒过了。重要的问题是：人们为什么如此关心这些问题？为何如此多的人怀疑科学家与科学进展？为何这些围绕着权威的争端常常喷薄而出，甚至一直持续到今日？

凑巧，我是剑桥大学科学、艺术与宗教圆桌讨论的参与人之一，这个圆桌讨论是哈佛大学和麻省理工学院成员的系列讨论之一。我参加的第一场会议主题有关 17 世纪诗人乔治·赫伯特（George Herbert）与新无神论者，这些讨论使我对这些问题的理解获益良多。

由文学家转为法学教授的斯坦利·菲什（Stanley Fish）是最重要的演讲者，他以概述新无神论者的观点以及他们对宗教信仰的敌意开始了他的演讲。新无神论者包含了克里斯托弗·希钦斯（Christopher Hitchens）、理查德·道金斯（Richard Dawkins）❶、山姆·哈里斯（Sam Harris）、丹尼尔·丹尼特（Daniel Dennett）等人。他们都在畅销书中以尖锐的批评性言辞表达了对宗教的反对之情。

在简洁地介绍了他们的观点之后，菲什开始批评他们对宗教理解的缺乏，这个视角似乎意在吸引那些易于接纳不同观点的听众。而作为一名无信仰者，我觉得我是这场讨论中的少数派。菲什认为，如果新无神论者们考虑到宗教信徒面对的那些必须依靠自己解决的挑战，那么他们会有更强的理由。

----

❶ 理查德·道金斯，英国著名演化生物学家、无神论者。他改变了无数普通人看待生命的方式，也受到了无数赞誉和攻击。想了解他更多传奇故事，推荐阅读其唯一中文版自传《道金斯传》，感受这位无神论斗士的传奇一生。该书中文简体字版已由湛庐文化策划、北京联合出版社出版。——编者注

信仰需要不断的探询，许多宗教都要求这建立在严守教规的基础上。然而在同时，很多宗教，其中包括一些新教分支，却呼吁信徒拒绝，甚至主动镇压自由意志。法国著名宗教改革家约翰·加尔文（John Calvin）如此说："人类在本质上倾向于欺骗性地孤芳自赏。这正是上帝的真理要求我们内审的原因，它要求一种认知，使得我们可以放下所有对自身能力的自信、剥夺我们在所有情况下的自负，并最终让我们变得谦卑。"[3]

这些特别的言辞主要应用于道德议题上，然而这种对外在导向规律的信仰却是非科学的，我们很难确定界线应当划在哪里。

这种在对知识的渴求以及对人类骄傲不信任之间的挣扎，在各种宗教作品中回响，其中包括为菲什与其他圆桌会议参会者探讨的赫伯特的诗篇。这场剑桥会话详细讨论了赫伯特与知识以及他与上帝之间联系的内在争端。于赫伯特而言，自发产生的理解是一种罪孽深重的、骄傲的标志。约翰·弥尔顿（John Milton）也在其作品中提出了相似的警告。即便他坚信知识探索的必要性，他也在《失乐园》（*Paradise Lost*）中让拉斐尔如此训诫亚当：

> 汝对天上星辰之运动毋须抱有好奇，因其不需汝之信仰。

惊奇的是（至少于我而言），出席圆桌会议的来自哈佛大学和麻省理工学院的知名教授认为，赫伯特的尝试是一种自我牺牲，并认为压制个性、调节自身来适应这种更加伟大的力量是一件好事。（任何熟知哈佛大学与麻省理工学院教授的人也会对这种所谓的自我否定感到震惊。）

也许"人类是否能独立自主地发现真理"这个议题才是科学与宗教之争的核心问题。我们今日所闻的有关科学的消极态度，是否部分根植于那些由赫伯特和弥尔顿发表的被公认为极端的信仰？我不确认我们是不是对"世界为什么会成为这个样子"这个主题讨论了太多，包括"谁有指出事物本质的权柄"以及"我们应当信任谁的结论"这些问题。

宇宙本身是谦卑的，大自然隐藏了它大部分有趣的谜题。科学家们却傲慢地认为我们可以揭开一切问题的面纱。我们格物穷理的过程究竟是一种亵渎，还是仅仅是人类的一种自负？爱因斯坦与另一位诺贝尔物理学奖获得者戴维·格罗斯（David Jonathan Gross）把物理学家描述为与上帝对弈，以获得有关自然如何运作这个大问题答案的人。格罗斯所指的显然不是字面意思（更明显不是出于谦逊而如此说），他意识到，人类能凭直觉来感受周围的世界是一种多么不可思议的能力。

这种不相信自己有能力指出事物本质的遗泽也在人类其他领域中继续着，我们可以在幽默故事、电影以及很多政治观点中看到它。在我们所处的这个滑稽的、时而反智的时代中，对事实的真诚和尊重在某种程度上已经不流行了。某些人否定科学的成功程度是惊人的。在一个聚会上，我曾经遇到过某个明确向我强调她不相信科学的人。所以我问她：你是否与我同样乘坐电梯到达11层？你是否使用电话？你是如何收到电子请柬的？

很多人依然认为，对事实与逻辑表现出热情是一种令人尴尬或至少令人感觉奇怪的行为。反智、反科学的一个源头也许是一种憎恨，是对认为能够把握世界轨迹的人狂妄自大行为的憎恨。一些潜意识里认为我们没有权力肩负巨大智力挑战的人认为，那些力量属于凌驾于我们能够掌握的事物之上的领域。这种奇怪的反自我、反进步的趋向在广场和地方俱乐部中时有可闻。

于某些个体而言，认为人类可以解读世界这一观念是一种乐观主义的源泉，它会导向对更好的理解力与影响力的领会。然而于其他人而言，技艺精湛、学术渊深的学术权威与科学本身却是恐惧之源。人们根据如下标准为自我划分种类，一类是有能力从事科学工作、评价科学结论的人，另一类是在科学思想面前感到被冷落与无力，因此把这种追求真理的努力视为狂妄自大行为的人。

很多人都希望得到承认并体验到归属感。每个个体都要面对的问题是：在这个世界上，科学与宗教谁更有控制力？在哪个领域你能找到被信任、被理解以及舒适的感觉？你选择信仰，还是选择为自己找到事物答案的人们，或至少信任选择这么做的人们？人们需要的答案与引导是现在的科学所不能提供的。

宇宙的答案

科学已经告诉了我们很多有关宇宙由什么构建，以及宇宙如何运作的知识。当科学家把所有已知事物放在一起时，他们在漫漫时间长河中积累下来的那些图景竟然出人意料地吻合在一起。科学理念导向正确的预测。所以，一些人选择相信学术权威，而另一些人在悠长的生命中意识到了一些科学课程的重要性。

当探索那些我们尚不能立即进入的领域时，我们同时也在不断地超越人类直觉，然而我们还没有发现"世界以人类为中心"的科学事实。在意识到（以科学的观点来看）我们只是在一个随机运作的宇宙中，于随机尺度、随机位置上出现的事物集合中的一员时，哥白尼式的革命会周而复始地出现。

人类的好奇心与满足这种求知若渴的欲望而进行探究的能力，使人类变得极为特别。人类是一个天生会提出问题并系统性地、抽丝剥茧一般寻求答案的物种。人们质疑。互动、交流、提出假说和抽象理论；在这一切的基础上，人们最终得到对自己所处之地以及宇宙更深刻的理解。

这并不意味着科学要回答一切问题。认为科学可以解决人类的一切问题，那你就大错特错了。然而这却意味着，科学工作曾经是，将来也是一份有价值的追求。我们还不知道所有问题的答案。**然而，倾心于科学的人们，不论他们是否具有宗教信仰，都试图叩响天堂之门，寻求一切未知的答案。**本书第二部分将要介绍他们迄今为止已经找到了什么，以及目前科学领域的前沿是什么。

第二部分
进入物质世界

KNOCKING ON
HEAVEN'S DOOR

05

谜般的梦幻之旅
KNOCKING ON HEAVEN'S DOOR

即便古希腊哲学家德谟克里特在2 500年之前就发现了原子，走上了正确道路的开端，然而并没有人正确地猜测到物质真正的组分是什么。某些应用在小尺度上的物理理论太过于反直观，如果没有实验结果迫使科学家接受它们全新而令人惊惶的假设，哪怕是最有创造性、头脑最开放的人都不能想象出它们的样子。当20世纪的科学家拥有了探测原子尺度上的事物的技术时，他们屡次发现物质的内部结构与理论的预期相悖。以事实碎片拼合出假设的方式，其魔幻程度超越了我们在任何舞台剧中之所见。

对于现今粒子物理学家所研究的极小尺度上所发生的事情，任何人都很难描绘出一幅准确的视觉图像。构成我们称为物质的那些材料的基本组分，与我们直接从感官获得的经验大不相同，这些组分在我们不熟悉的物理规律支配下运作。随着尺度的减小，支配物质的性质看起来如此不同，以至于它们看似分属完全不同的宇宙的一部分。

在不熟悉不同组分的前提下，试图理解陌生的物质内部结构而产生的很多概念混淆，在各种理论得以最便利地应用的不同尺度范围之内出现。为了更全面地理解物理世界，我们需要知道存在什么，还需要对这些被各种理论所描述的尺度有一些基本的概念。

稍后我们将探索与空间相关的不同尺度，这是我们的一个终极前沿。本章将首次看向物质的内部，从我们熟悉的尺度出发，终结于物质的内景——这是另一个终极前沿。从我们日常涉及的尺度到某个原子的内部（量子力学在此必不可少），到普朗克长度（Planck scale，这个长度上引力与其他已知力的强度相似），我们将要探索已知事物以及它们如何彼此结合在一起。让我们来浏览一下物质内部结构的迷人风景吧，这些风景是物理学家与其他领域的学者在漫漫时间长河中积累下的心血结晶。

从人类到宇宙

我们的旅程始于人类尺度，即我们日常所见、所及的尺度。粗略地说，1 米是衡量人体的尺度：婴儿的尺度大约是它的 1/2，而成人的尺度大约是它的 1.5~2 倍。如果选取银河系尺度的 1/100 或者蚂蚁腿的长度作为我们日常测量的基本尺度，那才是怪事呢！

虽然如此，任何根据特定人类个体来定义的标准物理单位都不会是普适的，因为度量衡必须是人们共同理解、共同支持的。❶所以 1791 年，法国科学院制定了一个统一标准。1 米被定义为半周期为一秒的单摆摆长，或者沿着地球子午线 1/4 圆长度（即赤道到北极的长度）的一千万分之一。

两种定义都与我们人类不大相关。法国人只是想找到一个客观的测量标准，使人们一致同意并且能够方便地应用。他们更倾向于采用两条定义中的后者，以排除由于地表各处引力 ❷ 的不同而产生的微小误差。

这种定义太过随意。它的提出者希望使 1 米的测量变得清晰、

❶ 例如，在古希腊，长度单位斯塔蒂亚（stadia）的长度各地不一、四时不一。

----

❷ 确切地说，应该是重力加速度。——译者注

标准，每个人都认可它的定义，然而一千万分之一这个数字与这个理念并不相符。按照法国人的定义，度量衡应该是某种可以舒适地握在手里的东西。

大多数人的身高都可以被近似为两米，然而没有人会认可可以被近似为 3 米甚至 10 米。1 米是一个人的尺度，我们对这个尺度上的事物情有独钟，至少在这个范围内我们有能力观察它们并作出反应（我们会对数米长的鳄鱼敬而远之）。我们理解这个尺度上适用的物理规则，因为我们在日常生活中不断见证着它们的发生。我们的直觉建立在一生中对物体、人类与动物的观察之上，它们的尺度可以合理地以米为单位来衡量。

有时我感觉到，我们平时处理的尺度范围非常别扭。NBA 运动员乔金·诺阿（Joakim Noah）是我堂亲的朋友，我和堂亲俩人总是乐此不疲地评论他的身高。我们总会盯着门框上记录着他随着年龄的增长身高发生变化的标记，屡屡惊叹他在篮球比赛中的"盖帽"。乔金的身高令人着迷。然而事实上，他的身高只比人类平均身高高出约 15%，而且他身体的运动方式与任何其他人都基本一致。精确的比例也许有所不同，这有时会带来体力上的优越性，有时则不会。然而他的肌肉与骨骼所遵循的规则与你我的大致相同。

牛顿于 1687 年提出的运动定律，在描述当在给定质量的物体上施加力时物体的行为依旧有效。它既适用于我们身体中的骨骼，也适用于乔金掷出的篮球。应用这些法则，我们可以计算出球从出手到落地时的轨道方程，也可以预测水星围绕太阳公转的轨道。牛顿定律告诉我们，在任何情况下物体都将保持其速度不变，除非有力作用于其上。这些作用力根据物体的质量不同而赋予其不同的加速度。任何作用力都会引起等值、反向的反作用力。

在我们能够充分理解的尺度、速度与密度范围内，牛顿定律都很好地被应用着。仅仅在被量子力学改变了其规则的极小尺度、（狭义）相对论适用的极高速度，以及广义相对论支配的极高密度（比如黑洞）这些情况下，事情才会有所不同。

任何取代牛顿定律的新理论的效应在正常的尺度、速度和密度情形下都太过微小，以至于我们观测不到。然而，我们可以应用计算与技术进入这些我们将碰到极端情况的领域。

一场小尺度的旅行

在接触到新的物理组分与物理定律之前，我们还需要沿着通往小尺度的道路走上一段路程。在一米尺度与原子尺度之间的范围上还存在很多事物。很多在日常生活与生命本身之中接触的事物都有一些重要的特征，我们只能在探索更小的系统时才能注意到它们，因为在那里不同的行为或子结构才能凸显出来（图 5-1 是与本章相关的一些尺度）。

当然，我们熟悉的很多事物都只是由一些单一的基本单元累次叠加而来，这些事物并没有太多我们感兴趣的细节或是内部结构。这些外延系统（extensive systems）像砖墙一样构建。我们可以用增减砖块的方式把墙变得更高或者更矮，然而那些基本单元却是相同的。从很多方面来看，一堵高墙与一堵矮墙其实并没有什么区别。这种缩放的观点在很多由重复的基本组分叠加而成的大型系统上都会用到。这能应用在很多大型组织体上，比如计算机内存条是由大量完全相同的晶体管构造而成的。

另一种应用在不同大型系统上的缩放是指数级增长，当关联而非基本元素决定一个系统行为时，它便会出现。即便这样的系统也由许多相似的单元叠加而来，它的行为却依赖于它们之间关联的数量，而不仅是其基本单元的数量。这些关联并不只是像砖块一样存在于某个组分的邻域之上，而是可以作用在其他单元上从而延拓到全局系统。由很多突触联结组成的神经系统、存在很多相互作用着蛋白质的细胞、由大量联网的计算机构成的互联网，这些都是鲜活的例子。这些都是值得研究的主题，而某些物理学的分支也要研究这些自发产生的宏观行为。

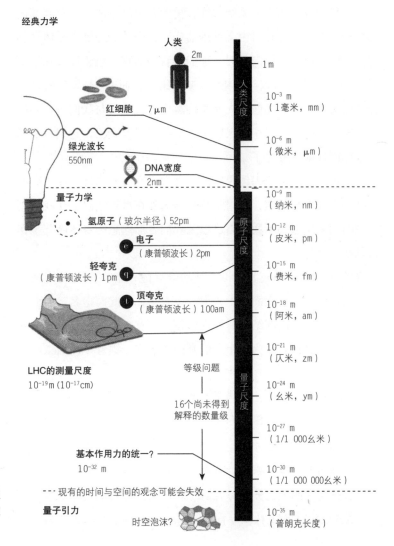

图5-1

一场小尺度上的旅行以及用以描述它们的长度单位。

基本粒子物理学并不研究这种复杂多元的系统，它致力于找出物质的基本组分以及它们所遵循的物理定律。**粒子物理学是对基本物理量及其之间相互作用的研究。那些更小的组分当然与复杂的物理行为相关，后者则包含很多有趣的相互作用的组分。**然而，确认那些最小的基本组分以及它们行为的方式才是我们所关注的对象。

与科学技术和生命系统一样，更大系统的个体组分也有其内部结构。例如，计算机由微处理器构成，而微处理器由晶体管制造。当医生研究人体内部时，他们会看到器官、血管以及在解剖时遇到的其他由细胞与 DNA 构造的组织，而 DNA 只能通过更先进的技术看到。那些内在元素的运作方式绝对与我们所看到的表象完全不同。在更小的尺度上，那些元素改变了，它们所遵循的规则同样随之变化了。

由于一些人类感兴趣尺度的生理学研究史与物理定律研究史在某些方式上相类似，在讨论物理学与外在世界之前，让我们用一些时间来思考一下我们自己以及我们更加熟悉的身体内部工作机制吧。

领骨（collarbone）是一个其功能只能在解剖学的角度被理解的有趣例子。它表面看上去像一个衣领，因此而得名。然而科学家在探查人体内部结构时发现，领骨上有一个像钥匙模样的部位，因此它又被命名为一个我们常用的名字：锁骨（clavicle）。

17 世纪早期，生理学家威廉·哈维（William Harvey）做了一系列志在探寻人类和动物心脏、血管系统细节的细致实验之前，没有人理解血液循环或者连接动脉与静脉的毛细血管系统。虽然哈维是英国人，但他的药学知识是在帕多瓦大学习得的。在那里，哈维从导师西罗尼姆斯·法布里休斯（Hieronymus Fabricius）那里获益良多。法布里休斯也对有关血液流动的课题感兴趣，却误解了静脉及其瓣膜所扮演的角色。

哈维不仅改变了我们对实际事物图景的认识，即从动脉到静脉再到毛细血管的枝状网络，血液在越来越小的尺度上循环；他还发现了一个重要的过程。在人们真正看到血液在细胞之间流入流出时，没有人能明白它的形式。哈维的发现并不只是一种分类法：他发现了一个全新的系统。

然而，哈维当时没有能看到这些毛细血管的技术工具，这个成就由马尔切洛·马尔比基（Marcello Malpighi）在1661年首次完成。哈维的意见包括了一些建立在理论探讨之上的假说，而这些假说不久之后就被实验证实了。即便哈维对此进行了详尽的说明，他对自己理论的坚信程度也不如后世显微镜使用者们如列文虎克（Leeuwenhoek）那般。

循环系统中有血红细胞的参与，这些内部元素仅有7微米长，它大致是一米的十万分之一。它是一张信用卡厚度的1/100，与雾滴的尺度相当，是我们肉眼能见最小尺度（略细于一根头发丝）的1/10。

血流与血液循环并非医生随着岁月的推移而可以解读的唯一事物，对人类内部结构的探索也没有终结在微米尺度上。从那之后，全新的元素与系统在越来越小的尺度上不断被发现，不管是人体系统，还是无生命的物理系统。

下到1/10微米的尺度，即一米的一千万分之一，我们可以看到DNA这一编码基因信息的基本生命基石。这个尺度依旧是原子尺度的1 000倍，此时分子物理学（即化学）已经开始扮演重要的角色了。即便没有完全被理解，与 DNA 共同出现的分子层级进程也蕴含于遍布地球的丰富生命广谱之下。DNA 分子包含数以百万计的核苷酸，因此无疑它们遵守量子力学所支配的原子规则。

DNA 本身可以被归入很多尺度中。它们具有扭曲的螺旋分子结构，因此人类 DNA 的总长度可以以米来计量。然而 DNA 的宽度仅有一微米的 2‰，即 2 纳米。这略小于微处理器上最小的晶体管门电路，后者的大小约为 30 纳米。单独的核苷酸长度仅有 0.33 纳米，与水分子尺度的量级差不多。基因的长度是核苷酸的 1 000~100 000 倍，对基因最有用的描述牵涉到问题的类型之广远多于单个的核苷酸。因此，DNA 在不同的尺度上以不同的方式运作着。关于 DNA，科学家们提出了许多问题，并且在不同的尺度上建立了不同的理论。

在描述小单元共同构成可见的大尺度结构时，生物学与物理学有一些相似之处，然而生物学牵涉的内容远比理解生命系统的个体组分要广泛。生物学的目标更加雄心勃勃。即便我们坚信隐藏在人体工作机理之下的是物理定律，机能性的生物学系统却曲折复杂，它往往有着难以预料的结果。理解这些基本单位与错综复杂的反馈机制非常困难，而当它们以遗传密码的形式组合在一起时，问题就更复杂了。即便我们已经掌握了有关基本单位的知识，解决一些更加复杂的突现科学问题依旧是一件艰深的任务，尤其是那些要为生命负责的问题。

物理学家也是这样，理解了个体子单位的结构并不意味着能理解更大尺度上的过程，然而大多数物理系统就这些方面而言，比生物学系统简单。即便组合结构可能极为复杂，而且有着与小单位截然不同的特性，反馈机制和演化而来的结构往往并不影响什么。于物理学家而言，找到最简单、最基本的组分才是重要的目的。

在人体与原子之间

当我们离开生命系统的机理，"跋山涉水"以寻求能够理解基本物理元素本身的尺度时，我们将立即停在原子尺度，即 100 皮米（1 皮米 =10^{-12} 米）上，它大约是一米的一百亿分之一。原子的精确尺度难于确定，因为它包含着永不停息地围绕原子核旋转的电子。但习惯上，我们把电子到原子核的距离称为原子的尺度。

人们想象出各种解释那些小尺度上物理过程的图景，然而它们必须以类比为基础。我们别无选择，唯有应用我们所熟悉的、日常生活中大尺度上的语言，以描述那些呈现出奇异、反直觉行为的完全不同的结构。

想以我们最惯常使用的生理学基础，即感官与人类尺度上的手工灵敏度，忠实地画出原子的内景是不可能的。例如，视觉需要借助电磁波组成的光才能使现象变得可见。那些光谱中的光波波长分布在 380~750 纳米的范围之内，这比尺度仅有 1/10 纳米的原子要大多了（见图 5-2）。

图 5-2

即便与最小的可见光波长相比，一个单独的原子也只是一个微粒而已。

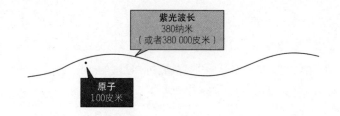

这意味着，试图以观测可见光的方式直接通过肉眼了解原子的行为，犹如试图戴着拳击手套穿针引线。这些问题牵涉到的波长迫使我们使用那些过度延展的、分辨率永远不够的光波，以将更小尺度上的信息模糊掉。所以从本质上来讲，我们是不可能在字面意义上"看到"夸克甚至质子的——我们没有准确看到那里存在什么的能力。

然而，混淆我们描绘现象的能力以及我们对其实在性的信心，是科学家们所不能承受的错误。不能看到或者不能在脑海中想象，并不意味着我们不能推断出物理元素或者在那些尺度上正在发生的物理过程。

从我们假设的原子尺度的优越地位来看，世界会变得无比奇妙，因为这个尺度上的物理定律与以我们熟悉的尺度上适用的物理定律截然不同。原子的世界与人眼可见的物质世界是全然不同的（见图 5-3）。

原子的组成部分

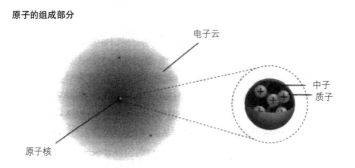

图 5-3
原子由原子核与围绕原子核旋转的电子构成；原子核由带一个单位正电荷的质子与不带电的中子构成。

人们已经发现的最震撼的事实是，原子内部空无一物（当然，其间存在电磁场，然而实际上并不存在真正的物质）。原子核，即原子的中心，其半径是电子绕其旋转的轨道的万分之一。原子核的平均大小约是 10^{-14} 米，即 10 费米。氢原子核的大小是这个数值的 1/10。与原子半径相比时，原子核的大小可以类比为与太阳系相比时，太阳的大小。原子的内部几乎是"空的"。原子核的体积只有原子体积的一万亿分之一。

这与我们把拳头打在门上或者用吸管饮用冷饮时所见到或者触及到事物时的感觉完全不同。感官让我们相信物质是连续、致

密的。然而在原子尺度上，我们发现物质的内部却空空如也。这仅仅是因为我们的感官将小尺度取了平均值，因此物质都看似是连续、致密的。然而，在原子尺度上却并非这样。

"几乎空无一物"并非原子尺度上事物唯一令人惊奇的特质。曾经在物理学界兴风作浪，今日依旧困扰着物理学家与非物理学家们的事情是：即使是最基本的牛顿物理学的前提假设也在那些小尺度上失效了。物质的波动性与不确定性原理，即量子力学的关键元素之一，对理解原子中的电子是十分关键的。它们并非如我们经常刻画的那样，沿着确定路径的简单曲线运动。根据量子力学，不可能以任意的精确度同时确定一个粒子的位置和动量，这是能够建立物体随时间运动轨迹规律的一个必要前提。由维尔纳·海森堡（Werner Heisenberg）于 1926 年提出的海森堡不确定性原理告诉我们，已知的位置精确度限制了人们能测量到的动量最大精确度。❶ 如果电子拥有经典意义上的轨道，我们就能同时精确地知道它的速率和运动方向，进而得知它在任意时刻的位置，而这与海森堡不确定性原理相悖。

量子力学告诉我们，在原子中，电子并不占据任何我们在经典图景中所主张的确定位置。取而代之的是概率分布的描述，它告诉了我们电子在原子空间中任意一点出现的概率，而这是我们能得知的全部信息。我们可以求出电子的坐标随时间变化函数的平均值，然而任何特定的测量都受不确定性原理的支配。

请牢记，这些概率分布并不是随意的。电子不可能具有任意的能标或者概率分布。没有适用于描述电子轨道的经典方法，它只能用概率论的术语来描述，然而这些概率分布却是精确的函数。应用量子力学，我们可以写出电子波函数的解，它可以告诉我们在空间中任意一点电子出现的概率。

另一个在经典牛顿物理学视角看来不可思议的原子性质是，原子中的电子只能占据固定的、量子化的能标。电子轨道仅仅被

❶ 在低速时，动量近似于物体质量与速度的乘积。不过对接近相对论速度下运动的事物而言，动量等于能量除以光速。

它的能量所决定 ❶，那些特定的能标与相伴的概率必须符合量子力学的规则。

电子的量子化层级对理解原子而言很重要。20 世纪早期，一条促使经典规则发生根本性变化的线索是：在经典图景下，电子围绕着原子核旋转的结构是不稳定的。电子会在旋转中不断辐射能量，并很快掉入原子核中。这不仅与实际原子的情况不符，更不可能允许稳定原子的存在以产生我们所知的物质结构。

量子力学开拓者尼尔斯·玻尔于 1912 年面临着一个充满挑战的选择：是放弃经典物理学，还是放弃他相信的观测事实？玻尔睿智地选择了前者，并且假设经典定律在电子这一小尺度上不再适用。这是量子物理发展中的一个关键性洞见。

当玻尔在这个限定的领域放弃了牛顿定律之后，他提出了电子只能占据特定能标的假设，这是根据他提出的一个叫作轨道角动量（orbital angular momentum）物理量的量子化条件而作出的。玻尔认为，他的量子化规则只适用于原子尺度。这些规则与我们在宏观尺度（例如计算地球围绕太阳公转时）所用的大不相同。

从技术上来讲，量子力学同样适用于那些更大的系统。然而其效应过小，以至于我们无法测量或注意到。当你观测地球公转轨道或者任何有关的宏观事物时，都大可以忽略量子力学效应。

----

❶ 这里的说法不是很确切，能标可以存在简并的情形，同一个能量本征值也可以对应多个不同的波函数，即不同的电子轨道。——译者注

这些效应在所有这样的测量中都大致相同，所以根据它们作出的预测与经典力学的结果完全相符。正如第 1 章中讨论过的，对宏观尺度上的测量而言，经典预测通常是很好的近似，好到你甚至不能辨别出事实上量子力学才是更深的底层结构。经典预测非常像高分辨率电脑屏幕上的文字与图像。隐藏于它们之下的是像素点，这对应着量子力学支配的原子子结构。然而，那些文字或者图像本身才是我们通常想要看到的对象。

量子力学催生了一种范式的改变，而它只在原子尺度上才明显。尽管玻尔的假说比较激进，但他并不需要放弃所有已知知识。玻尔并没有认为牛顿定律一无是处，只是简单地认为经典物理定律不适用于原子中的电子。虽然原子本身的量子效应不可忽略，然而由大量原子构成的宏观物质却服从牛顿定律，至少在任何人都能测量其预测的成功性方面是这样的。牛顿定律并无错误，我们并没有在其所适用的领域抛弃它。然而在原子领域，牛顿定律并不适用，在导向量子力学新规则发展的可观察的惊人领域中，它同样不适用。

进入原子核内部

我们的"旅行"将来到原子核本身的尺度上，将继续看到不同描述、不同基本组分，甚至不同物理规律的突现。然而，基本量子力学的范式却岿然不动。

在原子内部，我们将在 10 费米的尺度上探索内部结构，这是原子核的尺度，即一纳米的十万分之一。以我们目前测量所能及的观点来看，电子是最基本的——这意味着，似乎没有构成它的更小组分。然而，原子核并不是最基本的事物，它由被称为核子的更小组分构成。核子包括质子和中子，质子带有正电荷，而中子是电中性的，既不带正电荷也不带负电荷。

一种理解质子与中子本质的方式是，认识到它们也不是最基本的。伟大的核物理学家、科普作家乔治·伽莫夫（George Gamow）对质子与中子的发现感到非常兴奋，他认为这是最后的"边界"，并认为不会存在更小的子结构。他如此说：[1]

> 取代经典物理学中一大堆'不可分的'原子概念的是，我们仅仅保留三种本质上不同的实体：质子、电子与中子……因此，我们似乎已经触及到了有关构成物质基本元素研究的底线。

这种言辞多少有点目光短浅，不过更确切地说，它也没目光短浅到极致。确实存在更深层的子结构，即质子和中子更基本的组分，然而这些基本元素却很不容易被找到。想要找到它们，我们就必须研究比质子和中子更小的尺度，而这需要比伽莫夫作出他那不准确预言的时代已有技术更高的能量或者更小的探测器。

如果我们想要进入原子核内部，在一费米的尺度上看质子与核子——这比原子核本身约小 10 倍，那么我们就要遇到默里·盖尔曼（Murray Gell-Mann）与乔治·茨威格（George Zweig）假设存在于核子内部的事物了。盖尔曼创造性地把这些单位命名为"夸克"——以他自己的说法，灵感来源于詹姆斯·乔伊斯（James Joyce）《芬尼根守灵夜》（*Finnegans Wake*）中的语句（"向马克老大三呼夸克"）。核子中的上夸克与下夸克是更小尺度上更基本的事物（图 5-4 中包含了其中的两个上夸克与一个下夸克），一种被称为强相互作用力（又称强核力，strong nuclear force）的力把它们结合在一起，形成了质子和中子。尽管名称泛泛，然而强相互作用力却是自然界中一种特别的作用力，它与已知的电磁相互作用力、引力相互作用力，以及我们稍后将要讨论的弱相互作用力（又称弱核力，weak nuclear force）在同一层次上。

强相互作用力

又称强核力，是作用于强子之间的力，是质子、中子结合成原子核的作用力。后来进一步得知，强相互作用力是夸克之间的相互作用力。

强相互作用力被如此命名是因为它的作用确实很强——我的一位物理学家同僚如此说过。即便这听上去有些幼稚，然而这的确是事实。这就是夸克总以例如质子与中子这种结合体的形式出现的原因，因为其他直接影响都被这种强相互作用力抹平了。这种作用力太过强大，以至于如果缺少其他影响，那些强烈地相互作用着的组分就不可能被发现。

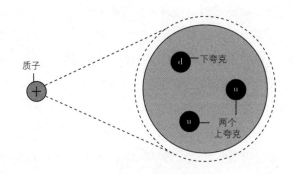

图 5-4

质子的电荷由三个价夸克（valence quarks， 即两个上夸克与一个下夸克）携带。

我们永远不可能分离出单独的夸克。似乎所有的夸克都携带着一种胶水，它们在长程作用时会变得黏稠无比——传递强相互作用力的粒子出于这个原因被称为胶子（gluon）。你可以想象一条橡皮圈，只有当你拉伸它的时候才有弹性力的出现。在质子或中子的内部，夸克可以自由运动，但当你试图把一个夸克移出很长的距离时，就需要额外的能量。

即便这种解释是完全正确、合理的，在使用这种解释时也要极为小心。人们不由得把夸克想象为一些被束缚在一个口袋里的东西，存在一些真实有形的障碍导致它们不能从中脱离。事实上，确实有一个描述原子和系统的模型在本质上把质子和中子精确地处理为这个样子。然而，这个模型与我们稍后将要提到的其他模型不同，它并不是针对真实发生的事情提出的假说。它的目的仅仅是为了在某个范围的尺度和能标上进行计算，那些范围内的力太过强大，我们熟悉的方法都不适用于它。

质子与中子都不是香肠，质子中的夸克并没有包围着它的

"人造肠衣"。**质子是在强相互作用力的作用下，由三个夸克稳定结合而成的。在强相互作用力的作用下，三个小夸克运动一致，看上去像同一个事物，即质子或者中子。**

另一个有关强相互作用力与量子力学的重要结果，是质子或中子中创造出的额外虚粒子（virtual particle）。量子力学允许这种粒子的存在，它们并不能长久地存在，然而在特定的时间都可以提供能量。按照爱因斯坦著名的质能方程 $E = mc^2$，质量等同于质子与中子中的能量，并非仅仅由夸克本身携带，还涉及那些把它们结合在一起的束缚。强相互作用力就像把两个球捆绑在一起的橡皮圈，它本身也携带能量。"解放"出这些内蕴的能量就允许了新粒子的产生。

只要新粒子的净电荷为零，质子中的能量可以产生新粒子这一事实就不违背任何已知的物理定律。例如，产生虚粒子的时候，带有正电荷的质子不可能突变为中性粒子。

这意味着，任何时候只要载有非零电荷的夸克产生，就必然有与夸克质量相同但是带有相反电荷的反夸克（antiquark）粒子产生。事实上，夸克 - 反夸克对都可以产生或者湮灭。例如，夸克与反夸克都可以产生光子（传递电磁相互作用力的粒子），光子又可以产生另一个粒子 - 反粒子对（见图 5-5）。它们的总电荷为零，即便粒子对可以产生或者湮灭，质子内部的总电荷却永远不变。

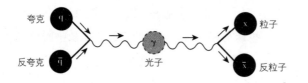

除了夸克与反夸克之外，包含着被创造出虚粒子的质子海（proton sea）也包含胶子。胶子是传递强相互作用力的粒子，这个过程类似于带电粒子之间通过交换光子来传递电磁相互作用力。胶子（总共有 8 个不同的类别）在传递强相互作用力时也有类似

虚粒子

由质子或中子的相互作用所创造。虚粒子并不能长久地存在，但在特定的时间点上可以提供能量。

图 5-5

能量足够高的夸克与反夸克可以湮灭而转变成能量，进而产生其他带电粒子及其反粒子。

的表现。它们在强相互作用力作用的载荷粒子之间交换，而这种交换的过程使夸克之间相结合或者相排斥。

然而，与光子不同，胶子本身受强相互作用力的支配，而光子本身不带电荷，所以并不直接受到电磁相互作用力的作用。因此，光子可以传递长程作用力，所以我们才可以在数里之外接收到电视信号；而胶子如夸克一样，在相互作用的过程中并不能行进太远。胶子只能在小如质子的尺度上结合事物。

如果我们以教科书式的严谨目光来审视质子且仅仅关注带有质子荷的元素，就会认为质子主要由三个夸克组成。然而，质子所包含的东西远比三个对其电荷有贡献的价夸克（两个上夸克与一个单独的下夸克）要多。在对质子荷有贡献的三个夸克之外，质子的内部是一片虚粒子的海洋，它们包括夸克-反夸克对与胶子。越接近质子，就能找到越多的虚夸克-反夸克对与胶子，真实的分布取决于我们探测它时所使用的能量。今天，我们把质子对撞在一起的能标上，可以找到它们的精确能量数值，这些能量由各种不同类型的虚胶子、夸克与反夸克携带。对决定电荷而言它并不重要，因为这些虚粒子的总电荷为零。然而正如我们稍后将要看到的，当需要得知质子中精确存在的事物以及携带能量的媒介是什么时，它们对预测质子对撞的结果来说，却是必要的（图 5-6 描绘了质子中更复杂的结构）。

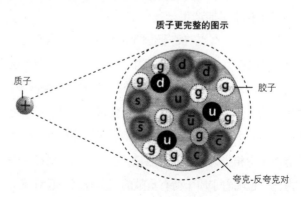

质子更完整的图示

图 5-6

大型强子对撞机在很高的能标上把质子对撞在一起，每个质子都包含三个夸克以及也参与对撞过程的很多虚夸克和胶子。

既然我们已经来到了由强相互作用力结合在一起的夸克尺度上，我已经可以讲述在更小的尺度上将要发生什么了。夸克之中还有其他结构吗？电子之中呢？直到现在，我们还没有证据证实这样的事情存在。至今还没有任何实验给出更深子结构存在的证据。在我们的物质内部结构之旅中，夸克与电子就是终点站了——至少迄今为止是这样的。

　　然而，大型强子对撞机探索使用的能标比过去高 1 000 倍以上，因此我们可以在以往千分之一的尺度上，而这正是与质子质量相关的尺度。大型强子对撞机把两个加速到极高能标的质子束对撞在一起，这达到了前所未有的能标，堪称是里程碑式的壮举。大型强子对撞机中的质子束包含数千束以千亿计的严格校准的质子，它们被集中在极小的空间区域中，并被送到地下隧道中环行。1 232 个超导磁铁排列在加速环的两端以把质子束缚在束管中，电场则把它们加速到极高的能标。其他磁铁（精确数量是 392 个）精细调节粒子束的取向，以避免两个粒子束彼此绕行与相撞。

　　之后（这一步是所有作用将要发生的一步），磁铁引导两个质子束在加速环中以精确的轨道环行，这样它们就可以在一个比人类头发丝宽度还小的区域内对撞了。当对撞发生时，这些被加速质子的某些能量将会体现为质量——正如质能方程式 $E = mc^2$ 所告诉我们的那样。在激烈的对撞并释放出的能量之时，比以往更重的新基本粒子可能产生。

　　当质子对撞时，夸克与胶子也偶尔在小区域、高能标内发生对撞，这有点像藏在气球中的石子，当气球对撞时这些石子也会撞在一起。大型强子对撞机提供的能量足够让我们感兴趣的事件发生，即对撞质子的个体组分撞到一起，其中就包括了对质子荷有贡献的两个上夸克与一个下夸克。然而在大型强子对撞机的能标下，虚粒子也带有质子中相当大的一部分能量。在大型强子对撞机中，虚粒子的"海洋"也随着于质子荷有贡献的三个夸克一起对撞。

当它发生的时候，粒子数与粒子类型也会发生改变，而这是整个粒子物理学的关键。大型强子对撞机中的新结果会向我们揭示在更小尺度与距离上发生的事情。除了可能存在的子结构之外，它还将告诉我们在更小尺度上物理过程的其他方面。大型强子对撞机的能标是短距离实验的最前沿，至少在可见的未来是如此的。

技术之上

现在，我们对小尺度上应用现代甚至存在于想象中的技术的旅行的介绍已经走到了终点。然而，现代人类探索能力的极限并不足以抓住现实的性质。即便看上去我们顽强地发展了探索更小尺度事物的技术，然而我们也可以试着从理论与数学的论据出发，来推导那些小尺度距离上的结构与相互作用。

自希腊时代到现在，我们已经走过了很长的一段路。我们现在意识到了，如果没有实验证据，就不可能确定在那些我们希望理解的极小尺度上存在着什么。虽然如此，即便是缺少观测结果，理论的线索也可以为我们引路，并可以启示我们发现物质与力在更小尺度上的可能行为。我们可以提出一些可能存在的假说，来帮助解释与关联那些在可测量尺度上的现象，即便我们并不能直接触及那些基本组分。

我们现在还不知道，现有的理论推演中到底哪一个是正确的，甚至它们有可能都不正确。然而，即便缺乏接近极小尺度的直接实验手段，我们已经观察到的尺度限制着可以长久存在的事物，因为基本理论最终必须能解释我们已经看到的事物。即便是在更大的尺度上，正是实验结果限制着可能发生的事件，并把我们推向明确而特定的方向。

因为还没有探索过那些能标，所以我们对其并不熟稔。人们甚至猜测，在大型强子对撞机实验的能量到更高的能量、更短的距离之间的尺度与能量是一片荒漠，并没有太多我们感兴趣的内容存在。也许这种观点是想象力匮乏以及工作数据缺乏的体现，然而对大多数人而言，下一个我们感兴趣的尺度必然与统一理论相关。

一个有关更小尺度事物最迷人的推断牵涉到短程作用力的统一。这个概念同时在科学界与大众的想象力中闪耀着星星之火。根据这种推想，我们所处的世界并没有显露出基本的底层理论，这个理论可以把所有已知的力（至少是引力之外所有已知的力）简洁而漂亮地统一在一起。自我们理解自然界中存在不止一种基本作用力以来，很多物理学家都认真地试图找到这种统一理论。

一个最有趣的推断由哈沃德·乔吉（Howard Georgi）与谢尔登·格拉肖（Sheldon Glashow）❶ 在 1974 年提出。他们认为，虽然我们在低能标下观测到了三种引力之外强度不同的基本作用力（电磁相互作用力、弱相互作用力、强相互作用力），但是有可能在高能标下仅有一种作用力，其强度是固定的（见图 5-7。注意，该图与一种比乔吉 - 格拉肖理论更精确的统一理论版本相契合，各条线几乎汇于一点，但仍只差一步之遥。这种有缺憾的统一理论不久之后随着对作用力强度更精确的测量而被证实）。这唯一的力被称为"统一力"，因为它包含三种已知的力。这种推想被称作大统一理论（Grand Unified Theory, GUT），因为乔吉和格拉肖认为这个名字很有趣。

----

❶ 两人共同提出了第一个大统一理论，其中谢尔登·格拉肖是热播美剧《生活大爆炸》（The Big Bang Theory）的主角之一，呆萌天才理论物理学家谢尔登·库珀（Sheldon Cooper）的人物原型。——译者注

图 5-7

在高能标下，三种已知的非引力作用力也许有着相同的强度，因此也许可以被统一为一种力。

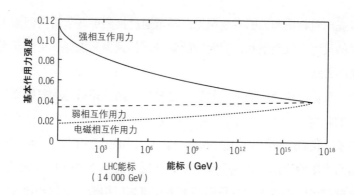

❶ 尽管非常相近，我们现在知道了，大统一并不会出现在标准模型中。然而，大统一却可以出现在标准模型的改进模型中，例如第 17 章将提到的超对称模型。

这种作用力强度收敛的可能性并非无意义的推断。根据量子力学与相对论所做的计算预示着情况可能的确如此。❶ 然而它可能出现的能量尺度远远高出我们通过粒子对撞机实验所能达到的。统一力出现的尺度大约是 10^{-30} 厘米。虽然这样的尺度是人们不可能直接观测到的，但是我们却可以寻找一些大统一理论的间接结果。

一种可能性是观测质子衰变。乔吉与格拉肖在夸克与轻子（lepton）之间引入了相互作用的新理论，并认为质子将会衰变。从两人理论的特殊性质出发，物理学家们可以计算出质子衰变的速率。迄今，我们还没有观测到任何支持大统一理论的实验证据，这排除掉了两人的特殊假定。这并不意味着大统一理论必然是错误的。有可能这个理论比他们已经提出的模型更细致、微妙。

这种对大统一理论的研究，决定了我们如何把知识延拓到超越我们能直接观测到的领域中。使用这些理论，我们可以试着推断出通过实验已经断定的、到现在为止还不能达到的能标。有时我们运气比较好，因为设计良好的实验可以让我们检验自己的推断与数据相吻合，或者检验我们是不是太过幼稚。在大统一理论的情形下，有关质子衰变的实验让科学家们得以间接地研究尺度太小以至于不能直接观测到的相互作用。那些实验让科学家们得以检验他们的理论。一个由这些例子得到的经验是，我们偶尔可以提出对物质和力的有趣洞见，甚至通过推测那些乍看与问题无关的尺度，找到把我们对实验的解释延拓到更高能标、更广泛现象的方法。

我们理论之旅的下一站，也是最后一站，是被称为普朗克长度的尺度，即 10^{-33} 厘米。为了对这个尺度的微小给出一个直观印象，我们这样类比：这个尺度与质子大小的比例正如质子与罗得岛州大小的比例。在这个尺度上，即便是最基本的时间与空间观念都有可能不再适用。我们甚至不知道如何构造一个探测比普朗克长度更小尺度的思想实验，这是我们所能想象到的最小尺度。

对在普朗克长度上进行实验探索的匮乏，并非只是出于我们有限的想象力、技术水平甚至是资金，那些更小尺度上的不可探索性也许是出于物理规律的限制。如我们在下一章中将要看到的，量子力学告诉我们，越小尺度的探测就需要越高的能量。然而，当束缚在一个小区域中能量过大时，物质就会塌缩成为黑洞——在这一点上完全由引力统治。于是，黑洞将吸入更多的能量，这让黑洞变得更大而非更小——这与我们更熟悉的宏观情形类似，而量子力学在这个领域并不占主导地位。我们尚且不知道任何探索比普朗克长度更小尺度的方法，即便提供更高的能量也没有用。传统空间观念非常有可能在如此小的尺度上不再适用。

在我最近作的一个演讲上，在我解释了粒子物理学现在的状况以及一个有关额外维度的可能性质之后，有听众提醒我，我可能忘记了一种我提过的有关人们时空观念局限性的观点。我被问及，我如何可以调停有关额外维度的解释以及时空观念在普朗克长度不再适用的观念。

对于空间（也许还有时间）不再适用的推断仅仅发生在不可观测的小到普朗克长度的尺度上。现在我们观测所能及的最小尺度是 10^{-17} 厘米，所以在可观测的尺度上，认为几何图形是光滑平整的并不悖于任何观念。即便是空间观念本身在普朗克长度附近不再适用，这个尺度也远小于我们目前之所能及。当我们在更大、可观测的尺度上观测平均值时，光滑、可分辨的结构的出现并不 会产生任何矛盾。毕竟，不同尺度的事物通常表现出不同的行为。爱因斯坦也会言及，在大尺度上，空间的几何结构是光滑的。然而他的观点在小尺度上可能并不适用——只要它们足够微小且必须服从在大尺度上可以忽略的效应，而在大尺度上，那些更基本的新要素没有我们能观测到的可分辨的效应。

不管时空观念是不是失效了，我们的方程都可以确切地告诉我们普朗克长度的一个决定性特征，即在这个尺度上，原本在我们能测量的尺度上作用于基本粒子时强度微不足道的引力会成为一个很强的力，其强度可以与我们已知其他力的强度比肩。在普朗克长度上，根据爱因斯坦的相对论提出的标准引力方程将会失效。与知道如何作出能很好地符合观测结果预测的更大尺度不同，当我们把它们同时应用在这个小区域中时，相对论与量子力学并不能很好地相容。我们甚至不知道如何试着作出预测。广义相对论建立在光滑的经典几何学基础之上。在普朗克长度之上，量子涨落（quantum fluctuation）让空间变得沸腾，这会产生大量的时空泡沫，让我们所惯用的引力方程无以为继。

为了处理普朗克长度上的物理预测，我们需要一个新的理论框架，它必须把量子力学与引力理论融合到一起，这个新的综合性理论就是量子引力理论。统治普朗克长度的物理规律必须与在可观测的尺度上得到验证的物理规律截然不同。对这个尺度的理解必须引入令人信服的科学范式变化，正如由经典物理学过渡到量子力学时产生的变化一样。即便我们在最小的尺度上不能进行任何观察，我们也有机会通过日益发展的理论推演，得知一些有关引力、空间与时间的基本理论。

其中最流行的理论被称为弦理论。早期的弦理论是用基础弦取代基本粒子而构建的。我们现在知道，弦理论也引入了许多弦

量子涨落

不确定性原理允许存在全空无一物的空间（即纯粹空间）中随机地产生少许能量，前提是该能量会在很短的时间内重归消失。

之外的基本事物（我们将在第 17 章详细介绍），它的名字也有时会变迁为更广泛（然而定义不那么明确）的术语，即 M- 理论。这个理论是现在解决量子引力问题最有希望的理论。

　　弦理论面临许多在观念上与数学上的挑战。现在还没有人知道如何构建能回答所有问题的弦理论，而这些问题都是我们希望量子引力理论可以回答的。此外，弦理论的尺度 10^{-33} 厘米有可能超出了我们能想象出来的任何实验之所能及。

　　所以，一个合理的问题是：从合理花费时间与资源的角度来看，引入弦理论是合理的吗？我经常被问及这个问题。我们为什么要研究一个实验所不能及的理论呢？某些物理学家在数学和理论物理上都已经找到了足够一致的理由。那些人认为他们可以重现爱因斯坦在发展广义相对论时的那种成功，这大部分基于纯粹的数学与理论物理推导。

　　另一个研究弦理论的动机（我认为它很重要）是，它可以为我们在可观测的尺度上思考新观念，提供新的方法。其中的两个观念分别是超对称理论与额外维度理论（我们将在第 17 章中探讨）。如果牵涉到粒子物理学中的问题，那么这些理论确实有着可供验证的实验结果。事实上，如果确定的额外维度理论被证实，并可以解释大型强子对撞机能标上的现象，即便是弦理论的证据也有可能在更低的能标下出现。超对称性或额外维度理论的发现并不会被弦理论证实，然而它们却是通过缺乏直接实验结果时，仅靠思想抽象工作有效性的一个有力确证。当然它也会是研究中实验功用的确证，即便那些研究原本是由看似抽象的观念出发得来的。

06

"眼见"为实
KNOCKING ON HEAVEN'S DOOR

 只有在可以"看到"物质内部结构的工具被发明出来之后，科学家才得以解读物质的构造。"看到"这个词并非指直接观察，而是人们用以观测肉眼所不能见的尺度的间接测量技术。

 这往往很复杂。尽管实验结果往往充满挑战而且不直观，其实在性却毋庸置疑。物理定律（即便是在小尺度下）可以指出可测量的结果，而这些结果最终将被更高级的研究所发现。现在有关物质及其相互作用的知识是多年来的灵感、创新和理论发展的顶峰，使我们可以始终如一地解释各种实验结果。通过由伽利略在数个世纪前提出的间接测量方法，现在的物理学家们已经推断出了物质的核心是什么。

 我们接下来将要探索粒子物理学的现状以及引导我们至今日之态的理论洞见与实验现象。无疑，当我罗列出组成物质的要素及其发现方式时，这种描述看上去会像一张清单。当我们注意到不同尺度上这些不同要素行为之间的差异时，这张清单就变得更加有趣了。**你所坐的椅子最终可以被还原成这些元素，但这个过程本身却复杂无比。**

 正如理查德·费曼俏皮地描述他的一个理论时所述[1]：

> 如果你不喜欢它，那么就去别处——也许其他宇宙的规则会更加简单……我将要告诉你的理论是适用于人类的，他们为了理解这些理论付出了无比艰辛的努力。如果你不喜欢它们，那这真是糟透了。

也许你认为一些我们相信是事实的东西太过冗杂或者疯狂，以至于你不愿意接受它们。然而你的这种想法并不会改变自然界的确如此运作这一事实。

我们需要更小的波长

小尺度似乎很奇怪，因为它是人类所不熟悉的。我们需要探测器以观测小尺度上发生的事情。你正在阅读的这一页书（或者电子屏幕，如果你看的是电子版）的样子与真实存在于物质核心的事物极为不同。这是因为人类的"观看"这一特定动作需要依赖可见光。这些光由围绕着居于原子中央原子核在其轨道上旋转的电子发出。在图 5-2 中，可见光的波长是不足以让我们看到原子核内部样子的。

我们需要更高级的手段（或者变得更冷漠，这取决于你如何看待这件事）来探测核子在小尺度上所发生的事情。我们需要更小的波长。要相信这一点并不难。我们来想象一种虚构的光波，它的波长与宇宙等长，这种波的任何作用都不可能提供任何足以确定事物空间位置的信息。除非这种波之中有能决定宇宙结构的更小的振动，否则我们就完全无法以这种波长的波为媒介来确定特定位置上的任何事物。**这有点像用一张网覆盖一堆东西，然后试图在一团杂乱中找到被藏于其下的钱包的准确位置。你不可能找到钱包，除非你在更小的尺度看向内部，在更高的分辨率下去找它。**

使用光波，你需要其有着正确间隔的波峰与波谷，即我们试图决定的不论什么事物尺度的变化，以确定某个事物的位置或者它的大小与形状可能的样子。你可以认为波长就是这张网的大小。如果除了它里面有一些东西之外我们一无所知，那么我就可以确定，只有当我们试图寻找的东西的大小与这张网同样大时，我们才能确定它。如果想要获得更多的信息，你需要一张更小的网，或者其他在更灵敏的尺度上搜寻更多变化的手段。

量子力学告诉我们，波函数描述了在任何给定位置找到某个粒子的概率。这种波函数可能与光相关，或者是量子力学告诉我们的被单个粒子秘密携带的那种波。那些波的波长告诉我们使用粒子或者辐射探测小尺度时可能获得的结果。

量子力学还告诉我们，波长越短，需要的能量就越高。这是因为它与频率相关，而这直接决定能量 ❶，所以频率最高、波长最短的波携带的能量最高。因此，量子力学把高能标与小尺度联系在一起，只有在高能标下运作的实验才能探测到物质的内部运作机理。如果我们希望探测物质的基本核心，那么这就是我们需要把粒子加速到极高能标探测器的最基本理由。

量子力学的波函数关系式告诉我们，足够高的能量可以让我们探测到小尺度上的事物，以及相应尺度上发生的相互作用。只有使用更高的能标（因此必须有更短的波长），我们才能研究那些更小的尺度。量子力学中的不确定性原理告诉我们，小尺度与大动量相联系，而狭义相对论为我们提供了能量、质量与动量之间的关系，它们一起使得这些联系变得精确起来。

在这些的基础上，爱因斯坦告诉我们，质量与能量是可以相互转化的。当粒子之间碰撞时，它们的质量可以转变为能量。所以在更高的能标上，根据 $E = mc^2$，更重的物质可以产生出来。

----

❶ 波速 = 波长 × 频率，而根据波动力学创始人、物质波理论创立者路易·德布罗意（Louis V. de Broglie）的理论，$E = hv$，v 为频率。——译者注

这个方程意味着，更高的能量 E 允许具有更高质量 m 的更重粒子产生，而这种能量是普遍存在的，它可以产生任何在运动学上可以理解（或者说足够轻）类型的粒子。

我们目前能达到的能标越高，能达到的尺度就越小，而那些创造出来的粒子是理解在那些尺度上所适用的基本物理定律的关键。任何在小尺度上突现的新高能粒子与相互作用都保留着解码所谓粒子物理学标准模型的线索，这描述了我们目前对物质最基本元素及其相互作用的理解。我们现在要考虑一些标准模型中的关键发现，以及目前应用的一些把已有知识向前推进一步的方法。

把电子"扯开"

每一次原子内部之旅的目标——绕核旋转的电子、质子与中子中被胶子"黏"在一起的夸克，都成功地在高能标与伴随的小尺度上被实验探测到了。我们已经知道，通过因为带有相异电性而存在的吸引力，原子中的电子被束缚在原子核附近。这种吸引力赋予这个束缚态系统（原子）的能量比那些带电的组分在孤立状态时的能量之和要低。因此，为了把电子孤立出来以供研究，我们必须提供足够的能量以把它们电离（ionize），这意味着把电子"扯开"以获得自由。一旦电子被孤立，物理学家们就可以研究它更多的性质，比如它的质量与它带有的电荷。

原子核（原子中除去电子之外的部分）的发现更加奇妙。在一个粒子物理学实验中，欧内斯特·卢瑟福（Ernest Rutherford）与他的学生通过往薄如蝉翼的金箔上发射氦原子核，而发现了原子核的存在。那些 α 粒子 ❶ 拥有足够的能量，以让卢瑟福辨认出原子核中的内部结构。卢瑟福与他的同事们发现，他们发射到

----

❶ 即氦原子核。由于那时原子核尚未被发现，故称 α 粒子。——译者注

金箔上 α 粒子的散射角有时比理论值要大很多（见图 6-1）。他们本期待 α 粒子应该如被发射到一张薄纸上一样被散射，然而实际情况却是，这些薄纸的内部好像有一些坚硬无比的石头。用卢瑟福自己的话来说就是：[2]

> 这是我一生中最难以置信的发现。这就像你向一张薄如蝉翼的纸上发射了一个 4.5 米口径的炮弹，而它反弹回来并且打到了你身上一样不可思议。经过仔细考量，我意识到这种反弹的散射一定是单次碰撞的结果，而当我试图计算时，我发现不可能在那样巨大的数量级上产生任何有意义的结果。除非认为系统是这个样子的：大部分原子的质量都被集中在一个很小的原子核里。就是那时，我产生了'原子具有一个载荷、微小而质量极大的原子核'的想法。

图 6-1

卢瑟福实验中在金箔上散射的 α 粒子（我们现在知道它就是氦原子核）。某些 α 粒子散射角预期之外的偏差说明，在原子的中心存在着一些集中的质量——这就是原子核。

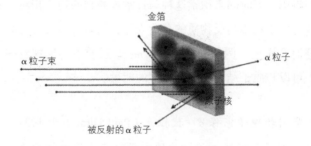

发现质子与中子中夸克的实验手段在某些方面与卢瑟福的方法非常类似，然而它需要比卢瑟福用过的 α 粒子还要高的能标。这种更高的能标需要粒子加速器，以把电子与质子加速到足够高的能标并发射出去。

第一个环形粒子加速器被命名为"回旋加速器"（cyclotron），这是因为那些粒子被加速的路径是环形的。欧内斯特·劳伦斯（Ernest Lawrence）于 1932 年在加州大学建造了第一台回旋加速器。这台机器直径不到 0.3 米，按照现代标准，它是非常无力的，它能提供的能量远远不够我们寻找夸克所需的。这个成就只有当加速器的技术发展到一定水平时才会被人们达成（沿着这条路走下去的技术也会导致一系列的重要发现）。

在夸克与原子核的内部结构被发现之前，埃米利奥·塞格雷（Emilio Segrè）与欧文·张伯伦（Owen Chamberlain）于 1955 年在劳伦斯伯克利实验室（Lawrence Berkeley Laboratory）的高能质子同步稳相加速器（Bevatron）上就发现了反质子（antiproton），并因此共同获得了 1959 年的诺贝尔物理学奖。高能质子同步稳相加速器比回旋加速器更加精细、复杂，它可以把质子加速到 6 倍于其静质量的能量 ❶——这足以产生质子 - 反质子粒子对。高能质子同步稳相加速器中的质子束轰击靶并（根据 $E = mc^2$）产生奇异物质，其中包括反质子与反中子（antineutron）。

反物质（antimatter）在粒子物理学中扮演着很重要的角色，所以我们将用一点时间来探索这种与日常观测到的物质相对应的重要事物。由于物质与反物质的总荷为零，物质在与其对应的反物质相遇时会湮灭。例如，根据 $E = mc^2$，反质子（反物质的一种形态）可以与质子结合并化为纯粹的能量。

> 英国物理学家保罗·狄拉克（Paul Dirac）于 1927 年在试图寻找描述电子行为的方程时首次用数学方法"发现"了反物质。他唯一能写下的与已知的对称原理（symmetry principle）相容的方程暗示了，带有与已知粒子相同质量、相异电荷粒子的存在，这种粒子之前从未被人们发现过。
>
> 狄拉克为他的方程绞尽脑汁，最终认为这种神秘

反物质

指反原子核由反质子与反中子组成的带负电荷的物质。由于物质与反物质的总荷为零，物质在与其对应的反物质相遇时会湮灭。

---

❶ 根据质能方程 $E = mc^2$，在高能粒子中往往不区分质量与能量。而且实际研究中一般应用令 $c = hbar = 1$ 的自然单位制，这样 $E = mc^2 = m$。因此，这里说质量等于能量是没有问题的。——译者注

的粒子必然存在。美国物理学家卡尔·安德森（Carl Anderson）于 1932 年发现了正电子（positron），这证实了狄拉克的主张："方程比我更加可信。"反质子（显然更重）在 20 多年之后才被人们发现。

反质子的发现不仅对确认它们的存在而言十分重要，而且对确证于解释宇宙运作规律的物理定律而言，基本的物质 - 反物质对称性也是必不可少的。毕竟，世界是由物质而非反物质构成的。绝大多数日常物质的质量是由质子和中子，而非其反粒子所携带的。这种物质与反物质的不对称性对世界有着决定性的地位，然而我们还不知道它是如何出现的。

发现夸克

1967—1973 年，杰尔姆·弗里德曼（Jerome Friedman）、亨利·肯德尔（Henry Kendall）与理查德·泰勒（Richard Taylor）做了一系列实验，确证了质子与中子中夸克的存在。他们在直线加速器（linear accelerator）中完成实验。这种加速器与回旋加速器和高能质子同步稳相加速器不同，它只能沿着一条直线加速电子。这个加速器中心被命名为斯坦福直线加速器中心（SLAC），它位于帕洛阿尔托（Palo Alto）。经 SLAC 加速的电子会辐射出光子。这些高能（因而波长很短的）光子与原子核中的夸克相互作用。弗里德曼、肯德尔与泰勒测量了逐渐增加对撞能量时相互作用的变化率。如果原子核没有内部结构，那么这个变化率应该逐渐递减；如果原子核存在内部结构，变化率依旧会减少，然而其减少的速率会变缓许多。在卢瑟福发现原子核数年之前，这些散射结果（在这种情况下是光子）就表现得非常不同，这暗示着质子并不只是一个没有内部结构的质点。

虽然如此，即便是有在必要能标下进行的实验结果的支持，想要辨认出夸克也并非一件轻而易举的任务。理论与技术都必须确保实验的特征信号可以被预期与理解。由理论物理学家詹姆斯·布约肯（James Bjorken）与理查德·费曼所做的见解深刻的实验与理论分析指出，实验确定的变化率支持原子核中存在内部结构的假说，因此确证质子与中子的内部结构——夸克就被发现了。弗里德曼、肯德尔与泰勒因此获得了 1990 年的诺贝尔物理学奖。

没有人能通过肉眼直接观察到夸克或是它的性质，可行的方法必然是间接的。即便如此，观测结果也确证了夸克的存在。在理论预期、测量到的性质与起初解释本质的夸克假说之间的一致，确证了它们的存在。

随着时代的发展，物理学家与工程师们发明了各种越来越先进的加速器，它们在越来越大的尺度上运行，把粒子加速到越来越高的能标上。越大、越好的加速器可以产生具有越来越高能标的粒子，它们被用来探索更小尺度上的结构。其发现确证了标准模型，因为标准模型中的每个元素都一一被发现了。

固定靶实验与粒子对撞机

发现了夸克的那类实验，即被加速的一束电子束被直接发射到固定物质上的实验，被称为固定靶实验（fixed-target experiment），其目标靶很容易被击中。

目前最高能标的加速器与此不同。它们涉及两个粒子束的对撞，每一束都被加速到极高的能标（图 6-2 是一个对比）。如我们所想象的，两束粒子必须被高度集中在一个小区域里，以保证

固定靶实验

指将被加速的电子束发射到固定物质上的实验。目标很容易被电子束击中。

对撞能发生。这极大地减少了我们预期发生的对撞数量,因为一个粒子束更可能与一大块物质,而非另一束粒子发生相互作用。

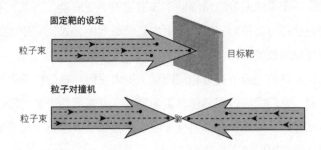

固定靶的设定

粒子束 —————————————→ 目标靶

粒子对撞机

粒子束 ————————————→ ←————————————

图6-2
某些粒子加速器在粒子束与固定靶之间形成相互作用,另一些则把两束粒子对撞在一起。

粒子束 - 粒子束对撞有一个很大的好处。这些对撞可以达到非常高的能标。

> 爱因斯坦曾经提到过对撞机比固定靶实验更加风靡的原因:这与系统的不变质量(invariant mass)相关。虽然爱因斯坦因相对论而成名,他却认为更应将其命名为"不变理论"。其理论的真正要点是,找到一种避免被特殊参考系误导的方法,以找到决定系统特征的不变量。

这个理念可能在一些空间性质(比如长度)上于我们而言更加熟悉。固定物体的长度取决于它在空间中如何被定位。事物具有固定的尺寸,且不随着人的观测而改变;而坐标系不同,它由事先确定的任意坐标轴与方向构成。

相似地,爱因斯坦发明了一种描述事件的方法,它不依赖于观测者本身的位置或动量。不变质量是对物体总能量的一种衡量。它告诉我们,在已知系统中能量的情况下,可能产生的物质有多重。

为了确定不变质量的数值,我们可以提出如下的问题:**假使**

系统是静止的（完全没有速度或者动量），那么它将带有多少能量？ 如果一个系统没有动量，那么我们就可以应用方程 $E = mc^2$。因此，一个系统的静能量等同于知道它的不变质量。当系统不处于静止状态时，我们需要一个更加复杂版本的公式，它依赖于动量与能量的数值。

假定我们把两个具有相同能量、等大反向动量的粒子束对撞在一起，它们碰撞过程的总动量为零。这意味着整个系统已经是静止状态的。因此，全部能量（两个单独粒子束中每个粒子的能量之和）都可以转变为质量。

固定靶实验则大不相同。入射粒子束有很大的动量，而靶本身没有动量。并非所有能量都可以用来产生新粒子，因为这个由靶与入射粒子束共同构成的复合系统依旧在运动。由于这种运动的存在，并非所有对撞中的能量都可以用来产生新粒子，因为还有一部分能量以与动量相关的动能形式存在着。最终，有效能量大致只有入射粒子束与靶能量乘积的平方根的数量级。这意味着，如果我们把入射质子束的能量增大 100 倍，并把它与一个静止的质子碰撞，产生新粒子的有效能量只会增长 10 倍。

这告诉我们，在固定靶与粒子束 - 粒子束对撞之间存在着巨大差别。粒子束 - 粒子束对撞的能量远远高于粒子束 - 固定靶碰撞，你大概会预期前者约是后者的两倍。然而这个猜测是以牛顿思想为出发点的，并不适用于接近光速运动的相对论性粒子。固定靶碰撞与粒子束 - 粒子束对撞相比，能量的差异远大于之前简单的猜想，因为在近光速的情形下，相对论进入了舞台。当想要达到高能标时，我们别无选择，唯有使用粒子对撞机，把两束粒子加速到极高的能标而碰撞在一起。同时加速两束粒子可以获得更高的能量，因此可以产生更强烈的碰撞。

大型强子对撞机正是粒子对撞机的一个例子，它把被磁场约束而瞄准的两束粒子对撞在一起。决定对撞机（比如大型强子对撞机）性能的主要参数是参与对撞粒子的类型、加速之后能拥有的最高能标、对撞机的发光度（luminosity，指结合的粒子束的强度以及出现的事件数）。

哪种对撞机才是最佳选择

一旦我们确定了同时使两束粒子参与对撞，相比固定靶实验就可以提供更高的能量（因此可以探索更小的尺度），接下来的问题就是用什么来进行对撞了。这引发了一些有趣的选择。特别地，我们必须决定要加速哪些粒子以参与对撞。

使用地球上轻而易举就能获得的物质无疑是个好主意。从原则上讲，我们可以尝试把不稳定的粒子对撞在一起，比如很快就会衰变为电子的 μ 子，或者如顶夸克这种很快就会衰变为其他较轻物质的重夸克。

在这种情况下，我们必须首先在实验室中制造这些粒子，因为它们并不是随手可得的。但是，即便我们可以制造它们，并且在它们完全衰变之前就把它们加速到所需能标，我们依然必须要确保衰变过程中产生的辐射被安全地转移。这些问题并非不可逾越的天堑，尤其是 μ 子，它形成粒子束的可能性还在研究之中。然而它们确实产生了我们在处理稳定粒子时不会面对的困难。

所以，我们必须做一个直截了当的选择——直接选择那些地球上存在、不衰变的稳定粒子。这意味着我们会选择轻粒子，至少是束缚稳定态的轻粒子，比如质子。我们还希望这些粒子带有电荷，这样就可以方便地使用电场来加速它们。这使得质子和电子成为可选项，它们都是大量存在的、可以很便捷地找到的粒子。

我们应该选择哪个呢？它们各有利弊。电子的好处在于它可以完全地碰撞，而且它毕竟是基本粒子。当使用电子碰撞其他物体的时候，电子并不会把它本身的能量分给许多其自身的子结构。正如我们目前所知，电子之下没有更多的子结构。由于电子的不可分割性，我们可以非常精确地把握它与其他物体碰撞过程中所发生的事情。

对质子而言就不是这样了。让我们回顾一下，在第 5 章中我们提到，质子是由被强相互作用力束缚在一起的三个夸克构成的，胶子在夸克之间被交换以把整个体系"黏"在一起。当质子在高能标下参与碰撞时，你感兴趣的能产生一些重粒子的相互作用一般只涉及质子中的单一粒子，比如单独的夸克。

夸克显然不会携带质子的全部能量。所以，即便质子可能带有极高的能量，夸克带有的能量却相对较少。它依然可以具有相当可观的一部分能量，只是这个数值依然不及假设质子可以把它的全部能量集中到那个单一夸克上所能具有的。

除了这些之外，涉及质子的对撞是非常麻烦的。这是因为质子中的其他组分依然闲置在那里，即便它们不参与我们所关心的超高能标对撞。余下的那些粒子之间依然存在着强相互作用力（这个名称非常恰当），这意味着会存在一些围绕并扰乱你感兴趣的相互作用的一团乱麻。

那么在这种情况下，为什么要使用质子进行碰撞呢？理由是：质子比电子更重。事实上，质子的质量比电子约大 2 000 倍。这有助于我们把质子加速到极高的能标。为了获得如此巨大的能量，电场围绕着一个环存在，这样粒子就可以在一圈接一圈的旅程中逐渐被加速。具有加速度的粒子会产生辐射，而且粒子越轻，辐射越大。

这意味着，即便我们乐于使用具有超高能标的电子进行碰撞，也不会在短期之内实现这个目标。我们可以把电子加速到非常高的能标，然而高能电子在被进行环形加速的时候会把自身的很大一部分能量辐射出去。（这就是斯坦福直线加速器中心用来加速电子的加速器是直线加速器的原因。）所以，从纯粹能量与发现粒子潜力的角度来看，都是质子胜出了。质子可以被加速到极高的能标，以至于即便是它的子组分，如夸克与胶子，其所带能标都高于被加速的电子。

事实上，物理学家们从各种类型的对撞机（如质子对撞机与电子对撞机）上发现了粒子的很多性质。使用电子束进行对撞的对撞机无法在高能质子加速器所达到的高能标上运作。然而对撞机上用电子束进行的实验取得了比质子对撞机更精确的测量结果，其精确度远超人们的想象。特别是20世纪90年代，斯坦福直线加速器中心与欧洲核子研究中心的大型正负电子对撞机（Large Electron-Positron collider, LEP，这个直截了当的名字不时令我莞尔）在确证粒子物理学标准模型的预测时，表现出了惊人的准确性。

这种电弱精密测量（precision electroweak measurement）实验开拓了许多使用电弱作用（electroweak interactions）知识可以预测的不同物理过程。例如，它们测量了携带弱相互作用力粒子的质量、衰变为不同粒子的速率以及探测器前段与后段的不对称性，这揭示了弱相互作用力的更多本质。

电弱精密测量明确地应用了有效理论的观念。当物理学家们做了足够充分的实验，以确定下来标准模型中为数不多的几个参数，比如每种基本作用力的相互作用强度之后，其余的事情就都变得可以被预测了。物理学家们会核实所有这些测量的一致性，以及这些数据的偏差，以确定还有什么没有找到的元素。迄今所知的所有测量数据都很好地契合于标准模型，然而依旧没有居于背后的、我们想要知道的线索。唯一可以确定的是，不管它是什么，在大型正负电子对撞机的能标下效应都必须非常微小。

这告诉我们，想要获知有关更重粒子与更高能标相互作用的信息，就需要直接考察比我们在大型正负电子对撞机与斯坦福直线加速器中心中达到过更高的能标上的相互作用过程。至少在可见的未来，电子对撞不可能达到我们所需的能标，这个能标可以确定如下问题：什么事物赋予粒子质量？为什么它们的质量是现在这个数值，而不是别的？回答这些问题需要质子对撞。

这就是物理学家们决定在一条建于 20 世纪 80 年代，用来放置大型正负电子对撞机的隧道中加速质子而非电子的原因。欧洲核子研究中心最终停止了大型正负电子对撞机的运行，以为下一个庞然大物——大型强子对撞机的准备开路。**质子并不会辐射出那么多能量，大型强子对撞机可以更高效地把质子加速到更高的能标。**然而，质子的对撞比只涉及电子的对撞复杂许多，充满了实验上的挑战。但是，在粒子束中加入质子，我们就有可能达到所需的足够高的能标，这个能标可以直接揭示我们数十年间孜孜以求的结果。

粒子还是反粒子

在决定使用什么进行碰撞之前，我们还有一个问题需要回答。毕竟，对撞牵涉到两束粒子。我们已经确定了，一束高能粒子由质子组成。然而另外一束粒子由什么构成呢？是质子，还是它的反粒子——反质子呢？质子与反质子质量相同，因此辐射速率也相同，所以必须以其他的标准来区分它们。

显然，自然界中的质子数目更多。我们在周围看不到反质子，是因为它们会和环境中大量存在的质子相互作用而湮灭，转变为能量或者更基本的粒子。那么，为什么要考虑使用反粒子束进行对撞呢？我们怎么获得它们呢？

答案相当多。反粒子的加速过程更加简单，因为磁场可以把粒子、反粒子导向两个不同的方向。然而最重要的理由与可能产生的粒子有关。

粒子与反粒子的质量相同，电荷相反。这意味着，入射的粒子、反粒子与纯粹的能量带有的总电荷相同——即一无所有。根据 $E = mc^2$，这意味着粒子与其自身的反粒子可以转变为能量，能量也可以创造其他的粒子 - 反粒子对，只要它们不过重，或者最初的粒子 - 反粒子对的相互作用过强。

原则上，这些被创造的粒子可以是新颖而奇异的，它们的电荷可能与标准模型中的粒子不同。对撞的粒子与反粒子没有净电荷，奇异粒子与它的反粒子也没有。所以，即便奇异粒子的电荷可能与标准模型中的粒子不同，原则上来说，只要粒子与其反粒子的总电荷为零，这个粒子 - 反粒子对就有可能产生。

让我们把这个推论应用到电子上。当把两个带有相同电荷的粒子（比如电子）对撞在一起时，我们只能制造出与参与对撞的系统总电荷相同的事物。它可能产生一个带有双倍电子电荷的事物，也有可能产生两个像电子一样的不同物体，每一个都带有相当于一个电子带有的电荷。这是一个相当强的约束。

把两个带有相同电荷的电子对撞有很强的限制。另一方面，使用粒子与反粒子对撞创造了很多新途径，而这些途径是使用同种粒子对撞所不能达到的。因为可能出现的新末态非常多，电子 - 正电子对撞比电子 - 电子对撞更有潜力。例如，涉及电子及其反粒子（即正电子）的对撞会产生大量不带电粒子，比如 Z 规范玻色子（gauge boson）（这正是大型正负电子对撞机的工作方式）以及许多足够轻而能够产生的粒子 - 反粒子对。虽然使用反粒子进行对撞会付出不菲的代价，因为它们难以储存，但是我们的收获更大——我们发现了期望之物，即与参加对撞粒子的电荷不同的奇异粒子。

不久前,迄今为止最高能标的对撞机使用一束质子与一束反质子进行了对撞实验。这当然需要一种制造、存储反质子的方法。高效地存储质子的方法是欧洲核子研究中心已经取得的最为显赫的技术成就之一。在更早的时期,欧洲核子研究中心建造大型正负电子对撞机之前,实验室就制造了一些高能质子与反质子束。

欧洲核子研究中心进行的质子-反质子对撞实验中最重要的成就,当属传播电弱作用力的电弱规范玻色子的发现,其发现者卡洛·鲁比亚(Carlo Rubbia)与西蒙·范德梅尔(Simon van der Meer)因此获得了 1984 年的诺贝尔物理学奖。与其他基本作用力一样,弱相互作用力也由粒子传播。传播弱相互作用力的粒子被称为弱规范玻色子,包括带正电或带负电的 W 矢量玻色子(vector boson)与电中性的 Z 矢量玻色子,这三种粒子负责传播弱相互作用力。

> 我依然认为两种 W 玻色子与 Z 玻色子是"天杀的矢量玻色子"(bloody vector bosons),这个说法源于一位英国物理学家。当时他酩酊大醉,步履蹒跚地来到访问学者(包括我在内)与暑期学生的集体宿舍,排闼直入,口中喃喃重复着这几个词。同时,他还表达了对美国科学统治地位的关心之情,并且前瞻了人类未来在欧洲可能作出的第一个主要发现。当欧洲核子研究中心于 20 世纪 80 年代发现了两种 W 矢量玻色子与 Z 矢量玻色子时,粒子物理学标准模型(弱相互作用力是其必不可少的一部分)就被实验证实了。

范德梅尔发现的存储反质子的方法是实验成功的关键,很显然，这是个艰巨的任务，因为反质子极易与随处可在的质子结合而湮灭。在被范德梅尔称为随机冷却（stochastic cooling）的方法中，粒子束的电信号驾驭着一个可以过滤掉动量过高粒子的装置，最终把整个粒子束"冷却"下来，使它们不能快速移动，因此不能立即逃逸或是撞击承载它们的容器，这样即便是反质子也可以被储存。

质子 - 反质子对撞机的理念并不只流行于欧洲。这种类型最高能标的对撞机叫作 Tevatron，它建造于伊利诺伊州的巴达维亚（Batavia）。Tevatron 的能标可以达到 2TeV（2 000 倍于质子的静能量）。❶ 质子与反质子对撞在一起，产生其他粒子，而我们可以详细研究它们。Tevatron 发现的最重要的事物是顶夸克，它是标准模型中最重，也是最后一个被找到的粒子。

然而，大型强子对撞机与欧洲核子研究中心中的第一个对撞机或者 Tevatron 都有所不同（表 6-1 简述了不同对撞机之间的比较）。大型强子对撞机使用两束质子，而非质子束与反质子束进行对撞。大型强子对撞机如此选择的理由十分巧妙，值得我们在此讨论。最取巧的对撞方式是让参与对撞粒子的净电荷为零。这种类型的对撞我们已经在之前的章节中讨论过了。如果有足够的能量，那么在净电荷为零的情况下，就可以产生任何粒子与它的反粒子。如果两个电子对撞，不管产生什么，它的净电荷一定是 –2，这限制了很多可能结果的出现。也许你会认为，让两个质子对撞是同等的下策。毕竟，两个质子的净电荷是 2，这似乎并没有什么本质区别。

如果质子是基本粒子，这个说法确实是正确的。然而，正如我们在第 5 章里所讨论过的，质子是有其子结构的。质子由夸克构成，它们被胶子束缚在一起。即便三个带有电荷的价夸克（两个上夸克与一个下夸克）是存在于质子内部的全部事物，事情也没有那么美好——任意两个价夸克的净电荷都是非零。

❶ 粒子物理学家以电子伏为单位衡量能量，在本书中我也将通篇使用这一单位。1 电子伏（eV）是一个自由电子被 1 伏特的电势差加速时，所能获得的能量。一般情况下，我会使用 GeV 与 TeV 这两个单位。1GeV 即 10 亿电子伏，1TeV 即 1 万亿电子伏。

表 6-1	不同对撞机之间的比较		
加速器名称 / 建造年代 / 实验室及地理位置	对撞粒子	加速器形状	能标大小
斯坦福直线加速器（SLC） 1989 年 SLAC，加州门洛帕克	电子 & 正电子	直线加速器 $e^- \cdots \blacktriangleright\ \blacktriangleleft \cdots e^+$	100 GeV 3.2 km
Tevatron 1983 年 费米实验室，伊利诺伊州 巴达维亚	质子 & 反质子	环形加速器 $p \blacktriangleright\!\!\blacktriangleleft \bar{p}$	1 960 GeV 6.3 km
大型电子 - 正电子对撞机 （LEP/LEP2 代）* 1989 年 /2000 年 CERN，瑞士日内瓦	电子 & 正电子	环形加速器 $e^- \blacktriangleright\!\!\blacktriangleleft e^+$	90 GeV/ 209 GeV 26.6 km
大型强子对撞机（LHC） 2008 年 CERN，瑞士日内瓦	质子 & 质子	环形加速器 $p \blacktriangleright\!\!\blacktriangleleft p$	7 000 GeV~ 14 000 GeV 26.6 km

*注：LEP 被升级为了 LEP 2 代。

　　质子带有的绝大部分质量并非源于夸克自身的质量。质子的质量主要取决于把质子束缚为一个整体的能量。具有极高动量的质子同样具有极高的能量。除了三个载荷的价夸克之外，与这些能量共存的是质子中包含一片夸克、反夸克与胶子的海洋。这意味着，如果你试图探测高能质子，你不仅将找到三个价夸克，还有一片净电荷为零的夸克、反夸克与胶子的海洋。

　　因此，当考虑质子对撞时，在应用属于电子对撞的那些逻辑时，我们必须加以小心。我们感兴趣的事件是那些子结构对撞的结果。这些对撞涉及子结构，而非质子的载荷。即便夸克、胶子的海洋对质子的净电荷并无贡献，但它们各自确实带有电荷。当质子被对撞在一起时，有可能质子中的某个价夸克撞上了另一个，然而这个碰撞的净电荷却非零。只要这个事件的净电荷不消失，我们感兴趣的、涉及正确数目电荷的事件就会出现，然而这个对撞并没有零净电荷的对撞所具有的广泛能力。

然而，由于虚粒子海洋的存在，很多有趣的碰撞都有可能发生。夸克可能撞上反夸克，胶子可能撞上胶子，这与零净电荷的对撞大有不同。当质子被对撞在一起时，某个质子中的夸克有可能撞上另一个质子中的反夸克——虽然这在大多数情况下不会发生。所有可能发生的过程（包括那些来自粒子海碰撞的过程），都在我们针对大型强子对撞机中发生了什么的疑问中扮演着重要的角色。**事实上，质子被加速到的能标越高，粒子海中的对撞就越有可能发生。**

质子的总电荷并不能决定可能产生的粒子，因为质子的其他部分避开了碰撞，一往无前。质子不参与碰撞的部分把质子其余的净电荷带走了，它们在粒子束管中消失了。这正是帕多瓦市长扎诺那多提出过的巧妙问题，即，在大型强子对撞机的质子对撞过程中，质子的电荷去了哪里。这与质子具有子结构的本质以及对撞的高能标都息息相关——后者保证了只有已知最小元素（夸克、胶子）直接进行对撞。

因为只有质子的一部分参与了对撞，以及那些部分可能是以零净电荷对撞的虚粒子，所以质子 - 质子对撞机与质子 - 反质子对撞机之争并没有那么重要。以往，在更低能标的对撞机上，使用反质子参与对撞以保证我们感兴趣的结果会出现绝对物有所值；而在大型强子对撞机的能标下，这并非是一个显而易见的选择。在大型强子对撞机将达到的高能标上，质子很重要的一部分能量是由夸克、反夸克、胶子的海洋所携带的。

服务于大型强子对撞机的物理学家与工程师们最终决定，使用两个质子束而非一束质子与一束反质子进行对撞。❶这让产生很高的光度（意味着更多对撞的发生）变得更加可能。而且，制

❶ 具有讽刺意味的是，在 丹·布 朗（Dan Brown,《达·芬奇密码》的作者）的著作《天使与魔鬼》中表达了对反物质的关注，而大型强子对撞机是欧洲核子研究中心使用纯粹的正物质进行对撞的第一个对撞机。

造质子束比制造反质子束要容易许多。

所以，**大型强子对撞机是质子 - 质子对撞机，而非质子 - 反质子对撞机**。它有着极大的潜力，许多更加轻而易举就可以完成的质子 - 质子对撞将在它上面完成。

07

寻找宇宙的答案
KNOCKING ON HEAVEN'S DOOR

2009 年 12 月 1 日早上 6 : 00，在巴塞罗那机场附近的万豪国际酒店，我十分不情愿地起床以赶上早班机。那时，我刚刚参加了一个小西班牙歌剧的首映式，剧本由我撰写，是有关物理学与科学探索的。那个周末虽然让我很满意，但我非常疲倦，期望早点回到家中。然而，我的行程却被一个令人愉快的惊喜暂时拖延了。

那天早上，酒店放在我门口的报纸上的头条新闻赫然写着"原子加速器刷新能标新纪录"。一般情况下，头条新闻的内容都是关于灾难或者某些旋兴旋灭的猎奇事件的报道。然而这次，"大型强子对撞机前几日在创纪录的能标上运行"这件事情取而代之，成了那天最重要的新闻。在那篇文章的笔锋中，大型强子对撞机里程碑式的成就所带来的兴奋之情显而易见。

几周之后，当两束高能质子真正对撞之后，《纽约时报》在头版上以一整版的篇幅发表了一篇题为《对撞机创下新纪录，欧洲走在了美国的前面》的文章。[1] 前几日新闻报道中的能标纪录，很快就要成为近 10 年来大型强子对撞机将要创立的一系列里程碑中最早的一块。

大型强子对撞机正在探索我们目前研究过的最小尺度。与此同时，人造卫星与天文望远镜正在探索宇宙的最大尺度，研究宇宙膨胀的加速度，并探查作为大爆炸遗留物的宇宙微波背景辐射的一些细节。

我们现在已经对"宇宙的构成"这一主题有了很多了解。然而，在绝大多数理解的过程中，随着知识的增长，会出现更多问题，其中一些问题还暴露了我们理论框架中的一些重要空白。尽管如此，在很多情况下，我们都能足够好地理解那些缺失环节的本质，以知晓需要寻找什么、如何寻找。

让我们更进一步看看什么即将来临吧——实验有了什么结果？我们期望通过它们找到什么？本章包含了本书其余部分将要探索的一些主要问题以及物理学的研究内容。

超越标准模型，粒子质量如何非零

粒子物理学标准模型告诉了我们，应当如何预测那些构成轻粒子的行为，它也可以描述具有相似相互作用的更重的粒子。通过与构成我们身体或者太阳系的粒子所参与的相同的力，那些重粒子与光、原子核相互作用。

物理学家已经对电子，以及比电子更重而载荷相同的粒子（μ 子与 τ 子）有所了解。我们知道，那些被称作轻子的粒子与被称为中微子（neutrino）的中性粒子（不带电，因此不直接参与电磁相互作用）结对，仅仅通过弱相互作用力实现相互作用。弱相互作用力负责把中子转变为质子的放射性 β 衰变（和一般

弱相互作用力

又称弱核力，是由 W 及 Z 玻色子的交换（即发射和吸收）所引起的。这种发射最有名的就是 β 衰变。

意义上的原子核 β 衰变）以及一些存在于太阳上的核反应过程。**所有标准模型涉及的事物都要经历弱相互作用力。**

我们还了解了在质子与中子中找到的夸克。夸克同时经历弱相互作用力、电磁相互作用力以及强相互作用力。强相互作用力是在质子与中子之内把夸克约束在一起的力，它涉及很多复杂的计算，然而我们却理解它的基本结构。

夸克、轻子与强相互作用力、弱相互作用力、电磁相互作用力共同构成标准模型的实质（图 7-1 为粒子物理学标准模型简图）。

图 7-1
粒子物理学标准模型中的元素描述了物质的已知基本元素及其相互作用。上夸克与下夸克参与强、弱、电磁相互作用力，载荷轻子参与弱相互作用力与电磁相互作用力，而中微子只参与弱相互作用力。胶子、弱规范玻色子与光子传递这些作用力，希格斯玻色子还没有被找到。

使用这些材料，物理学家已经成功预测了迄今为止所有粒子物理学实验的结果。我们已经很好地理解了标准模型中的粒子以

及它们之间的力如何相互作用。❶ 然而，依旧有一些谜题被遗留了下来。

这些挑战的主要问题是：**如何把引力纳入标准模型中？**这是一个大型强子对撞机有机会去探索，然而不可能确保解决的大问题。即便从最近在地球上取得成就，以及未来将要处理的下一个谜题的视角来看，大型强子对撞机的能标已足够高；但是想要最终回答有关量子引力的问题，它还是太低。为了回答量子引力的问题，我们必须研究极小的尺度，在那些尺度上，引力效应和量子力学效应将会同时出现——而这个尺度远远超出了大型强子对撞机之所能及。如果我们足够幸运，并且引力确实在定位与质量相关的粒子问题上扮演了重要角色，那么我们将能更好地回答上面这个问题，大型强子对撞机也许能揭示有关引力和空间本身的重要信息。否则，对任何形式的量子引力理论（包括弦理论）的实验验证，都有可能还差得很远。

然而，在这一点上，引力与其他基本作用力的关联是唯一尚未得到回答的问题。**我们理解中的另一个重要空缺，也是大型强子对撞机最终准备解决的问题是：基本粒子如何获得质量？**这听起来是一个很奇怪的问题（除非你读过我的《弯曲的旅行》一书），因为我们倾向于认为：物体具有质量是天经地义的——这是一个粒子固有的、不可剥夺的性质。

从某种意义上来讲，这个观点是正确的。质量、电荷与相互

---

❶ 本书写作于 2011 年，这个说法是作者在当时对客观情况的真实判断。2012 年 7 月 4 日，欧洲核子研究中心宣布大型强子对撞机的紧凑 μ 子线圈探测到质量为 125.3±0.6GeV 的新粒子（超过背景期望值 4.9 个标准差），超环面仪器测量到质量为 126.5GeV 的新粒子。而在 2013 年 3 月 14 日，欧洲核子研究中心发布的新闻稿表示，先前探测到的新粒子正是希格斯玻色子。2013 年，因为 "次原子粒子质量的生成机制理论，促进了人类对这方面的理解，近来经欧洲核子研究组织属下大型强子对撞机的超环面仪器及紧凑 μ 子线圈探测器所发现基本粒子而获得证实"，彼得·希格斯（Peter Higger）与弗朗索瓦·恩格勒（François Englert）共同获得诺贝尔物理学奖。彼时，希格斯已是 84 岁高龄，距他提出希格斯机制的 1964 年时隔近 50 年，闻讯后的希格斯泪流满面。他终于在有生之年赢得了其生命与实验结果的赛跑，见证了自己的理论最终得以验证。——译者注

作用分别是确定某个粒子的性质之一。粒子总是具有非零能量，然而质量却是一个内蕴性质，它可以取很多包括零值在内的可能值。**爱因斯坦的一个主要洞见是：在静止时，粒子质量的数值可以决定它能量的数值。但粒子的质量并不总是取非零值。那些零质量❶的粒子，比如光子，从来都不会静止。**

然而，基本粒子具有非零质量是它们拥有的内蕴性质，也是一个巨大的谜团。并非只有夸克、轻子与弱规范玻色子（传递弱相互作用力的粒子）具有非零质量。实验物理学家测定了它们的质量，然而即便是最简单的物理规律也不允许它们具有质量。如果我们假定粒子确实具有那些质量，那么标准模型的预言将会成立，但我们却不知道它们最初是从哪里来的。显然，最简单的规则不适用，某些更加微妙的事情存在着。

粒子物理学家相信，非零质量仅仅因为在早期宇宙中，某些事物在希格斯机制的过程中会引人注目地出现。这个机制得名于物理学家彼得·希格斯，他率先发现了质量如何产生。至少 6 名物理学家提出了相似的观点，所以，也许有时你会听到"恩格勒 - 布绕特 - 希格斯 - 古拉尔尼克 - 哈根 - 基博尔机制"这种表述，而我坚持使用"希格斯玻色子"这一名称。[2] 这个理论是一种相变（phase transition，也许与液态水沸腾而变成蒸汽的相变类似），它的发生改变了宇宙的本质。然而在更早的时候，没有质量、乘着光速之辖呼啸的粒子在不久之后——在涉及希格斯场（Higgs field）的相变之后，就具有了质量，而且速度慢了下来。希格斯机制告诉我们，基本粒子如何从缺乏希格斯场的零质量，获得我们实验中测量到的非零质量。

---

❶ 即静质量。——译者注

如果粒子物理学家们是正确的，而且希格斯机制确实在宇宙中运行，那么大型强子对撞机将会揭露出一些泄露宇宙秘密的迹象。在它最简单的成就中，这种迹象是一个粒子——即著名的希格斯玻色子。在更详尽的、希格斯机制参与其中的物理理论中，希格斯玻色子也许会伴随着其他具有相似质量的粒子出现，也有可能完全被其他粒子替代。

除了希格斯机制如何生效之外，我们还希望大型强子对撞机能找到一些有趣的事物。它也许会是希格斯玻色子，也可能是某个更奇异理论的证据，比如"技术色"（technicolor，我们将在稍后讨论它）。或者，它还可能是一些完全无法预料到的事物。如果一切都按计划进行，那么大型强子对撞机上的实验将要辨明，到底是什么让希格斯机制生效的。不管它找到了什么，这个发现都将告诉我们一些有关粒子如何获得其质量的一些有趣的事情。

粒子物理学标准模型漂亮地运行着，它描述了物质最基本的元素及其相互作用，其预言在很高的精度上被反复验证。**希格斯粒子是标准模型中最后一个尚未找到的部分。❶** 我们现在假定粒子拥有质量。然而当理解了希格斯机制时，我们也会明白质量是如何产生的。我们将在第 16 章中进一步探讨的希格斯机制，对更令人满意地理解质量而言是很重要的。

希格斯机制

物理学家彼得·希格斯和其他几位物理学家共同发现的一种物理机制。这一机制解释了基本粒子获得非零质量的原因。

❶ 标准模型到底是否应该包含可能存在的、在中微子质量中扮演重要角色的、非常重的右手征中微子，还是一件不明确的事情。

粒子物理学中还有另外一个更大的谜题，大型强子对撞机也许有助于解开它。大型强子对撞机上的实验有可能阐明被称为粒子物理学"等级问题"的答案。希格斯机制专注于为什么基本粒子具有质量的问题，而等级问题关心为什么它们具有的质量是现在这个数值。

粒子物理学家们不仅相信质量的出现是因为弥漫在宇宙中的"希格斯场"，还相信我们知道在粒子从零质量变为非零质量的过程中出现的能量。这是因为，希格斯机制以某种可预测的方式赋予某些粒子质量，而这种方式只取决于弱相互作用力的强度以及质量转变过程中出现的能量。

奇怪的是，从根本理论的视角来看，这种能量转变并不真的合理。如果你把量子力学与狭义相对论的结论放在一起，那么你确实能计算出对粒子质量的贡献，但是理论值远远高出实测值。建立在量子力学与狭义相对论基础上的计算告诉我们，如果没有进一步的理论，那么质量远比现在的实测值要大——事实上，要大出 10^{16} 倍。只在某些物理学家所谓"精细调节"的一派胡言中，这两个理论才不矛盾。

粒子物理学的等级问题是对物质的基本描述提出的最大挑战。我们想要知道，物质为什么表现得与我们的预期大不相同。出于量子力学的计算让我们相信，它们应该比决定其质量的弱能标要大很多。我们在表面上最简单的标准模型版本中，对弱能标理解的无能为力是通往完整理论的一块绊脚石。

可能的情况是，一个更有趣、更精妙的理论包含了这个最简单的模型——于物理学家而言，比起"精细调节"过的理论，这将是一个更加引人入胜的理论。尽管已经有了一系列雄心勃勃的问题追问到底哪个理论解决了等级问题，大型强子对撞机还是很有可能充分地理解它。量子力学与相对论不仅支配了对质量的贡献，还支配了新现象一定会在其上出现的能标。这个能标正是大型强子对撞机将要探测的。

我们预期，在大型强子对撞机上将要出现一个更有趣的理论。当新的粒子、力或者对称性出场时，有关质量之谜的理论也将呈现出来，这是我们希望大型强子对撞机实验揭开的最大秘密之一。

这个答案本身非常有趣，然而它也有可能是洞察自然其他方面本质的一把钥匙。对这个问题最有启发性的两个答案包含了时空对称性的推广，或者对空间概念本身的修正。

本书第 17 章将进一步告诉我们，空间有可能包含比我们熟知的上 - 下、左 - 右、前 - 后这三个维度更多的维度。特别是，它可能包含完全看不到的维度，而这些维度是理解粒子性质与质量的关键。如果情况确实是那样，那么大型强子对撞机就将以某种形式的粒子为这些维度提供证据，这些粒子被称为卡鲁扎 - 克莱因（Kaluza-Klein, KK）粒子，它们在高维时空中穿梭。

不管到底是哪个理论最终解决了等级问题，它都将在弱能标下提供实验可观测的证据。一系列理论逻辑将把在大型强子对撞机上找到的东西与最终解决这些问题的事物联系在一起。它可能是我们预料到的某些东西，也可能不是，但不管怎样，它都将非常精彩。

探秘暗物质

除了那些粒子物理学问题之外，大型强子对撞机还有助于阐明宇宙中暗物质的本质。暗物质是参与引力作用，但既不吸收光也不发射光的物质。我们看到的每一件事物——地球、你正坐着的椅子或者是你的长尾小鹦鹉宠物，都是由与光相互作用的标准模型中的粒子构成的。

我们已经理解的可见的、与光互动的物质以及它们的相互作用，只包含宇宙中占总量 4% 的能量密度。大约 23% 的能量由某种叫作"暗物质"的东西携带，它的存在还没有被确认。

暗物质

暗物质是参与引力作用，但既不吸收光也不发射光的物质。它能够穿越电磁波和引力场，是宇宙的重要组成部分。

暗物质的确是一种物质。也就是说，它在引力的作用下聚集成团，从而（与正常的物质一起）形成某些结构体，例如星系。然而，与我们熟悉的物质（比如构成我们人类、构成天上星星的物质）不同的是，它既不发射光也不吸收光。因为我们通常通过被发射或者吸收的光来看到事物，所以暗物质不容易被"看到"。

事实上，"暗物质"这名字并不恰当——所谓的"暗物质"并不真正是暗的。"暗的"物质吸收光线，当光线被吸收时，我们可以真正看到"暗的"物质。从另一方面来讲，暗物质不以任何可观测的方式与光相互作用。从技术角度说，"暗"物质实际上是透明的。不过我将继续使用人们已经习惯的称谓来描述这种奇异的物质。

我们通过引力效应得知了暗物质的存在。但是，如果不能直接看到它，那么我们就不会知道它的性质。它是由大量微小的全同粒子（identical particle）构成的吗？如果是，这些粒子的质量几何？如何进行相互作用？

也许我们很快就会对暗物质了解更多。引人注目的是，大型强子对撞机也许处在了正确的能标上，它可以产生可能是暗物质的粒子。暗物质的关键准则在于，宇宙应该正好包含了精确数量的暗物质，以形成我们现在所观测到的引力效应。换言之，"残留密度"（relic density），即宇宙模型中预言的、存留到今日的能量储存数值必须与测定值相符。而惊人的事实是，如果你有一个稳定的粒子，其质量符合大型强子对撞机将要探索的弱能标（根据 $E = mc^2$），其相互作用也涉及那个能标下的粒子，那么它的残留密度应该处于可能成为暗物质的大致范围之内。

因此，大型强子对撞机不但可以给我们提供一些有关粒子物理学问题的洞见，还可以给我们提供一些今日的宇宙中有什么、一切是如何开始的线索。这些已经成为宇宙科学一部分的问题可以告诉我们宇宙是如何演化的。

就基本粒子及其相互作用而言,我们理解了惊人的宇宙历史。然而,同样就粒子物理学而言,一些大问题依旧存在。主要问题有:

- 暗物质是什么?
- 神秘的"暗能量"(dark energy)又是什么?
- 是什么导致了早期宇宙的体积在一段时期之内以"宇宙暴胀"(cosmological inflation)的形式呈指数级增长?

当下是一个极好的观测时间,它也许可以告诉我们这些问题的答案。暗物质研究是粒子物理学与宇宙学交叉区域最前沿的研究方向。暗物质与普通物质(我们可以由探测器制造的物质)的作用极度微弱,微弱到我们现在还没有找到任何引力效应之外的暗物质存在的证据。

因此,当前的研究只能期望"天降神迹",**虽然暗物质几乎不可见、几乎不与其他已知物质相互作用,但相互作用的强度还没有弱到完全无法探测。**这种说法并非仅仅是我们的一厢情愿,它建立在计算的基础上。我们在上文中曾经提到过这种计算,它指出:稳定的、相互作用的、与大型强子对撞机将要探索的弱能标相关的粒子,其密度与暗物质相符。我们希望,即便现在还没有确认暗物质的存在,在不远的未来我们也会有很大的机会探测到它。

但多数宇宙学实验并不在加速器中进行。地球上专门向外部空间探索的实验主要用于确定、增强我们对宇宙学问题可能解决方案的理解。

例如,天体物理学家们把人造卫星发射到太空中,这样就可以在一个不被地表附近的灰尘以及物理、化学过程遮蔽的环境中观测宇宙。地球上的望远镜与实验在一个科学家们可以更直接控制的环境里给了我们一些额外的洞见。这些在太空与地球进行的实验已经做好准备，以阐释"宇宙为什么会是现在这个样子"这一问题。

我们希望，这些实验中某个充分强的信号（我们将在第21章中讨论）可以让我们破译暗物质之谜。这些实验可以告诉我们暗物质的本质，并且阐明它的相互作用与质量。与此同时，理论物理学家们正在努力思索所有暗物质的可能模型，以及如何使用所有已知的探测方法以研究暗物质到底是什么。

暗能量，比暗物质更神秘的存在

普通物质与暗物质还不能提供宇宙中能量的总量——它们总共只占 27%。比暗物质更神秘的存在是被称为"暗能量"的东西，它构成余下 73% 的能量。

暗能量

暗能量是宇宙学及物理学领域的一种猜想。它是一种充溢空间的、增加宇宙膨胀速度的难以察觉的能量形式。

暗能量的发现是 20 世纪末期意义最深远的一记"警钟"。尽管我们对宇宙的演化尚有很多不清楚之处，但我们已经在所谓的"大爆炸理论"及其补充理论"宇宙暴胀"（宇宙体积呈指数级增长的某个时期）的基础上，对宇宙的演化过程有了非常深刻的了解。

大爆炸理论与一系列观测结果相符，包括对宇宙中微波辐射的观测，即从大爆炸时残余下来的微波背景辐射。宇宙原本是一个炎热、致密的火球。但在 137.5 亿年之后，它大幅地变得稀疏、冷却，留下了今日仅有 2.7K 的、冷却下来的辐射——仅比绝对零度 ❶ 高出几摄氏度。大爆炸理论中暴胀的其他证据可以通过对早期宇宙演化过程中产生的大量原子核的研究，以及对宇宙膨胀

---

❶ 绝对零度就是 0K，等于 −273.15℃。——译者注

本身的测量来找到。

那些我们用以计算出宇宙如何演化的根本方程由爱因斯坦在20世纪早期提出。这些方程告诉我们，在给定物质分布或能量分布的前提下，如何导出引力场。它们可以应用于描述太阳与地球之间的引力场，也可以用来描述整个宇宙。就一切情况而言，为了导出这些方程的结果，我们必须知道周围物质与能量的分布情况。

令人震惊的观测结果是，对宇宙特征的现有测量结果需要引入某种不被物质携带的新能量形式来解释。这些能量不由粒子或者其他组分携带，也不像通常的物质一样聚集成团。它不随宇宙的膨胀变得稀薄，而是保持恒定的密度不变。由于这些遍布宇宙的、谜一般的能量，宇宙正在缓慢加速膨胀，即便这些能量没有物质载体，一片空无。

爱因斯坦最初提出了一种被他称作"普适常数"（universal constant）的能量形式，之后被其他物理学家称作"宇宙学常数"（cosmological constant）。不久之后，爱因斯坦就认为这是一个错误概念。他试图用这个概念解释"为什么宇宙是稳态的"这一想法的确是走上了歧途。宇宙确实在膨胀，在爱因斯坦提出这个观点后不久，爱德温·哈勃（Edwin Hubble）就证实了这一点。膨胀不仅真实存在，现在看来，它的现有加速度还与爱因斯坦于1930年提出的、而又很快抛弃掉的有趣能量类型密不可分。

我们想要更好地理解谜一般的暗能量。针对这一点的观测被设计为可以确认如下问题的答案：暗能量到底只是爱因斯坦最先提出的那种背景能量，还是某种随时间改变的新能量形式；或者是某种人们完全没有预料到，以至于我们现在甚至不知道如何去推断其性质的事物？

寻找更多问题的答案

这只是一个关于我们现在正在研究什么的示例（虽然是重要的例子）。除了我已经描述过的那些，更多的宇宙学研究还在筹划之中。引力波探测器将探测从吞噬一切的黑洞中传出的引力波，以及其他令人兴奋的、涉及大质量与高能标的现象。❶宇宙微波实验将要告诉我们宇宙膨胀的更多细节，对宇宙射线的寻找将告诉我们有关宇宙内容的新细节，红外线探测器也许可以找到宇宙中更新奇的事物。

在某些情况下，我们将足够好地理解观测结果，以知晓对物质与物理定律的底层本质而言，它们意味着什么。对于其他情况，我们将要花费大量的时间以揭露其蕴意。不管发生了什么事情，理论与实验数据之间的相互影响将把我们带往对环绕着我们的宇宙的更高级解释，并把知识扩张到我们目前尚不能及的领域。

某些实验也许很快就会有结果，另一些可能会在多年之后才会有结果。当实验数据产生后，理论物理学家们将不得不重新考虑，有时甚至需要放弃已提出的解释，这样我们就可以改善并正确应用我们的理论。这听起来很令人沮丧，但事情并不像你想象的那么坏。当实验结果引领着研究方向、保证我们确实有所进展

---

❶ 想了解更多有关引力波及宇宙现象的知识，推荐阅读天体物理学巨擘、引力波领域大师基普·索恩（Kip Thorne）的著作《星际穿越》。该书被誉为"媲美《时间简史》的巨著"，并荣获国家最高图书奖第十一届文津图书奖。该书中文简体字版已由湛庐文化策划、浙江人民出版社出版。——编者注

时，我们渴望能预期一些线索，以帮助我们回答问题——即便接受那些新结果有可能意味着我们要放弃旧观念。我们的假说最初根植于理论的一致性与优美性，然而，正如我们接下来将看到的遍及全书的理念：是实验结果，而不是死板的信仰，最终决定了什么是正确的。

第三部分

大型强子对撞机的传奇历程

KNOCKING ON
HEAVEN'S DOOR

08

一个约束它们的加速环
KNOCKING ON HEAVEN'S DOOR

　　我不是一个爱说大话的人，因为我发现，伟大的成就往往会为它们自身代言。

　　在美国，言不由衷的溢美之词往往会给我带来麻烦。人们滥用"最……"等表述方式，就好像不用"最"的单纯赞美之词，会被误读为似褒实贬的春秋笔法。我经常被建议，在我的研究资金申请陈述中应该适当加入一些漂亮的行话或者修饰词，以避免任何形式的误解。但是，就大型强子对撞机而言，我不吝冒着巨大的风险说：毫无疑问，大型强子对撞机是一个惊人的成就。它有着神秘的权威与美丽，它是人类技术的结晶。

　　在本章，我们将着手探究这种令人难以置信的机器；在下一章，我们将进入到其如过山车一般的构造历程。之后几章，我们将进入记录着大型强子对撞机所创造事物的世界中。最终，我们将要专注于大型强子对撞机本身。它分离、加速高能质子，并把它们对撞在一起，以期解释物质内部的新世界。

大型强子对撞机，惊为天人的艺术品

我第一次看到大型强子对撞机时，就为它体现的一种敬畏感而惊奇——尽管我之前已经见过了许多粒子对撞机与探测器，但它的尺度却远远不同。我们进入仪器内部，戴上安全帽，走入、穿过大型强子对撞机的隧道，在一个最终将放置 ATLAS（A Toroidal LHC ApparatuS，超环面仪器）探测器的深井面前停下，并最后走到了实验仪器本身面前。它还在建造之中，这意味着超环面仪器还没有如它运行时那样被覆盖起来——我们可以窥见它的全貌。

即便在一开始时，包括我在内的科学家们都对这个难以置信的精密的技术奇迹感到惶恐——它更像一件艺术品；然而我依旧难以遏制住自己的激动之情，拿出了照相机到处拍照。很难用语言来描述它的复杂性、一致性与巨大的"体格"，以及那些交错的线条与交叠的颜色。总之，唯一的印象是：它令人敬畏。

看到这件艺术品的人都会有相似的反应。当艺术收藏家弗朗西斯卡·冯·哈布斯堡（Francesca von Habsburg）观看大型强子对撞机时，她带来了一名职业摄影师。这名摄影师的摄影作品美轮美奂，曾刊载于《名利场》杂志上。当出身于书香门第的电影制作人杰西·迪伦（Jesse Dylan）首次看到大型强子对撞机时，他将其描绘为一件卓越的艺术品—— 一个他希望与他人分享其壮美的"终极成就"。迪伦制作了一期视频，以表达他对大型强子对撞机以及在其上进行的实验之壮丽的感叹之情。

演员、科学爱好者艾伦·艾尔达（Alan Alda）在主持一场有关大型强子对撞机的座谈会时，把它与古代世界的某座奇观联系了起来。物理学家戴维·格罗斯把它与金字塔相比。PayPal、特斯拉汽车公司的联合创办人以及太空探索科技公司 SpaceX（制造把机械与货物运输到国际空间站中的火箭）的创办者、工程师、企业家埃隆·马斯克（Elon Musk）如此评论大型强子对撞机："这无疑是人类最伟大的成就之一。"

我经常听到各行各业的人们都如此评论大型强子对撞机。网络、高速汽车、绿色能源、太空旅行都是今日应用科学中最为活跃且令人振奋的领域。然而，着手理解宇宙的基本定律却是一个独立的范畴，它予人深刻的印象，又令人震惊。艺术爱好者与科学家们都想要理解世界、解释它的起源。你也许会对"人类最伟大成就"的本质有所争议，但我想，任何人都不会质疑，我们能做的最卓越的事情是：**深思并研究隐藏于简单事物之下的复杂本质**。只有人类承担着这样的责任。

我们将在大型强子对撞机中研究的对撞过程类似于大爆炸后第一万亿分之一毫秒内的过程。这个过程将会告诉我们在宇宙形成的早期，有关物质与相互作用力的本质以及超小尺度的一些事情。你可以把大型强子对撞机看作一个超级显微镜，它可以让我们在极小的尺度上看到粒子与相互作用力——这个数量级是一毫米的一亿亿分之一。

大型强子对撞机通过创造地球上能标之高前所未有的高能粒子对撞，来进行这些小尺度研究——这个能量的上限是位于伊利诺伊州巴达维亚的对撞机 Tevatron 的 7 倍。正如在第 6 章解释过的那样，量子力学与其在波动理论上的应用告诉我们，这些能量对研究如此小的尺度而言是非常重要的。而且，随着能量的增长，光度 ❶ 也会比 Tevatron 上的实验高 50 倍，这使那些能揭示自然内部运作机理的小概率事件更加可能被我们发现。

尽管我不喜欢滥用溢美之词，然而我不得不说，大型强子对

---

❶ 原文是 intensity，译者认为这里应该是指粒子束的光度。——译者注

撞机属于一个只能用一系列"最"来描述的世界。它不能仅称"巨大"：大型强子对撞机是人类建造过的最大的机器；它不能仅称为"寒冷"：大型强子对撞机中的超导磁铁需要在1.9K（即比绝对零度高出1.9℃）的温度下运行，这是我们在宇宙中已知的最冷的大范围区域——它甚至比太空还要寒冷；它的磁场不能仅称为"强大"：大型强子对撞机中的超导二极磁铁产生的磁场比地磁场强度大出10万多倍，这是人类工业制造过的最强磁铁。

大型强子对撞机还有数宗"最"。容纳质子的管道中的真空，其气压为大气压的十万亿分之一，是在大范围区域内制造过的最完全的真空。对撞的能标是地球上使用过的最高能标，它让我们得以向回追溯最远的时间，以研究早期宇宙中出现的相互作用。

大型强子对撞机拥有着巨大的能量。它的磁场本身就蕴含着相当于数吨TNT炸药的能量，而其中参与对撞的粒子束蕴含着前者1/10的能量。这些能量蕴含在十亿分之一克的物质中，而后者只是日常环境中亚微观结构的一粒小灰尘物质而已。当机器中的粒子束整装待发时，高度集中的能量都被倾入一个石墨罐中，这个罐长8米、直径1米，由1 000吨混凝土包裹起来。

这些大型强子对撞机之最把技术推到了极致。这些技术花费不菲，每一项"最"都意味着一笔大额开销。大型强子对撞机90亿美元的身价也使它成为人类史上最烧钱的机器。欧洲核子研究中心承担了这笔费用的2/3，从德国的20%到保加利亚的0.2%，根据自身的经济实力，欧洲核子研究中心的20个会员国都各自作出了不等的贡献。余下的费用被非会员国承担，包括美国、日本与加拿大。欧洲核子研究中心为实验本身付费20%，这是由国际合作组织资助的。截至2008年，当机器最终制造完毕时，美国已经有1 000多名科学家为CMS（Compact Muon Solenoid，紧凑 μ 子线圈）与ATLAS工作，并且为大型强子对撞机这项事业贡献了5.31亿美元。

25 年，从设想到现实

大型强子对撞机的所在地欧洲核子研究中心是一家科研机构，它同时运作着许多项目。然而，欧洲核子研究中心的资源都集中在一些核心项目上。20 世纪 80 年代的核心项目是 SpbarpS 对撞机 ❶，它最终找到了于粒子物理学标准模型十分重要的相互作用力传播粒子。1983 年所进行的主要实验找到了弱规范玻色子（两种载荷 W 玻色子与中性 Z 玻色子），它们是传播弱相互作用力的粒子。它们是当时的标准模型中缺失的关键元素，该项目的领导人最终由于该发现而获得了诺贝尔奖。

即便如此，当 SpbarpS 运行时，科学家与工程师们已经在计划大型正负电子对撞机的运行了。后者将把电子与它的反粒子（正电子）对撞在一起，以研究关于弱相互作用力与标准模型更加精密的细节。这个梦想实现于 20 世纪 90 年代。那时，通过一系列精确的测量，大型正负电子对撞机研究了数百万个弱规范玻色子，它们让物理学家们掌握了许多有关标准模型中物理相互作用的知识。

大型正负电子对撞机是一个周长为 27 公里的环形加速器。电子与正电子绕着这个加速环的轨道运行，并且不断地被加速。正如我们在第 6 章中讨论过的一样，环形加速器在加速如电子这样的轻粒子时效率会比较低，因为这种粒子在环形轨道上被加速时会辐射出能量。大型正负电子对撞机能标（约 100GeV）下的电子束每环行一圈就失去大约 3% 的能量。这个损失量并不是很大，然而，如果我们希望把电子加速到更高的能标，那么在每一圈中损失的能量就会变成"破坏者"。能量每放大 10 倍，能量损失就会放大 10 000 倍，而这将让加速器变得太过低效而没有实际意义。

❶ SpbarpS 最初的目的是加速质子与反质子，不过现在仅用来加速质子，就像大型强子对撞机中 SPS（超级质子同步加速器）的功能。

出于这个原因，当大型正负电子对撞机还在筹划之中时，人们就已经开始思考欧洲核子研究中心的下一个核心项目——据推测，它将在更高的能标上运行。因为使用电子会造成不可接受的能量损失，如果欧洲核子研究中心想要建造一个以更高能标运行的机器，那么它将使用质子束。质子束的质量更大，因而辐射更少。建造大型正负电子对撞机的物理学家与工程师们非常清楚这种更美好的前景，所以他们把大型正负电子对撞机的隧道建得足够宽，以在这个电子 - 正电子对撞机被拆除后，能够容纳未来可能建造的质子对撞机。

最终，25 年之后，质子束在本来为大型正负电子对撞机挖掘的隧道中穿梭了（见图 8-1）。

图 8-1

大型强子对撞机的所在地，白色圆圈内是它的地下隧道，背景是日内瓦湖与群山。（感谢 CERN 友情提供图片）

大型强子对撞机比预期拖延了数年建成，其实际开销超出了预算金额约 20%。这令人沮丧，但是考虑到大型强子对撞机是人类建造过的最大、最贵、能标最高、抱负最宏大、国际合作最多的实验仪器，这种超预算也是合理的。正如编剧、导演詹姆斯·布鲁克斯（James L. Brooks）在听到大型强子对撞机一系列的好事多磨时戏谑地说："人们在挑选墙纸时耗费了几乎与此相

当的时间。不过理解宇宙说不定也许有更好的效力，那里同样有
着某些非常不错的墙纸。"

大型强子对撞机的几宗"最"

质子构成我们，它遍布我们周围。然而，它们通常都被束缚
在原子中被电子环绕着的原子核里。它们不能孤立于电子，也不
能在粒子束内部被校准（对齐成一列一列）。大型强子对撞机最
初的任务是分离、加速质子，再把它们导向最终的目标。这个过
程就要用到大型强子对撞机的几宗"最"。

准备质子束的第一步是加热氢原子，这可以去掉电子❶，分
离出孤立的质子（即氢原子核）。磁场控制着这些质子的方向，
引导它们成为粒子束。接下来，大型强子对撞机在不同区域中对
这些粒子束进行多级加速。在这个过程中，质子从一个加速器转
移到另一个加速器，每一次都会增加一些能量。最终，它们形成
两个平行粒子束，进而进行对撞。

最初加速的位置在欧洲核子研究中心的直线加速器中，这是
一个绵延的隧道，无线电波❷沿着它加速质子。当无线电波的强
度达到峰值时，其中的电场就会加速质子。接着，质子就会离开
场区，因而在场变弱时不会减速❸。质子在场强再度达到峰值时
回归电场，这样它们就能在峰与峰之间一直被加速。本质上，无
线电波跳跃加速质子的方式类似我们推动秋千上的小孩的方法。
因此，这些电磁波加速质子、提高它们的能量，不过在第一级加
速中，增加的数值非常小。

----

❶ 这里是指让束缚态电子的能标变高，变成自由电子的过程。——译者注
❷ 这里是指无线电波段的电磁波。——译者注
❸ 这里是指电场的方向发生变化，加速器使用的是交流电，当电流反向时，相应的电场不
仅不会加速电子，反而会减速电子。——译者注

在下一级加速过程中，质子被磁铁导入一系列加速环，最终在那里被加速。每个加速器的功能都类似于上面描述过的直线加速器。然而，由于下一级加速器是环形加速器，在质子环行数千圈的过程中，加速器可以不断地提高质子的能量。因此，这些环形加速器赋予质子很多能量。

在质子进入大型强子对撞机环之前加速质子的"加速环成员"包括：把质子能标加速到 1.4GeV 的质子同步推进器（proton synchrotron booster, PSB）、把它进一步提升到 26GeV 的质子同步加速器（proton synchrotron, PS），以及把它提升到所谓"注入能量"（450GeV）的超级质子同步加速器（super proton synchrotron, SPS）（请看图 8-2 以了解质子的旅程）。注入能量就是质子在约 27 公里长的巨大隧道中进入最后一级加速时所携带的能量。

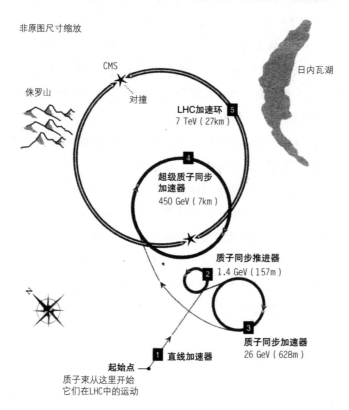

非原图尺寸缩放

CMS

对撞

侏罗山

日内瓦湖

LHC加速环 5
7 TeV（27km）

4
超级质子同步
加速器
450 GeV（7km）

质子同步推进器
2 1.4 GeV（157m）

质子同步加速器
3 26 GeV（628m）

N

1 直线加速器

起始点
质子束从这里开始
它们在LHC中的运动

图 8-2

被大型强子对撞机加速时，质子的行进路径。

其中一些加速环是欧洲核子研究中心之前的一些项目遗留下来的。最老的质子同步加速器于 2009 年 11 月迎来了它的建成 50 周年庆典，而质子同步推进器对欧洲核子研究中心在 20 世纪 80 年代的最后一个核心项目（即大型正负电子对撞机）而言是很重要的。

在离开超级质子同步加速器之后，质子为期 20 分钟的注入阶段就开始了。此时，从超级质子同步加速器中导出的、450GeV 能标的质子在大型强子对撞机隧道的内部被加速到最高的能标。隧道中的两束质子沿着两根分离开的、直径 0.91 米的狭窄管道反向行进，这些管道延伸到 27 公里长的大型强子对撞机地下加速环中。

这个建造于 20 世纪 80 年代、3.8 米宽、现在负责质子束最后一级加速的隧道，照明、通风条件良好，空间大到能在其中舒适地环行——我有幸在大型强子对撞机尚在建造之时环行其中。在大型强子对撞机之行中，我仅仅漫步了很短的一段时光，然而我穿越这段隧道所消耗的时间依旧比被加速的高能质子长很多。后者以光速的 99.999 999 1% 运行，只需要 1/89 000 000 秒的时间就可以环绕隧道一圈。

地下隧道的平均深度约为 100 米，其准确深度在 50~175 米之间变化。这可以保护其表面不受辐射，而且让欧洲核子研究中心不必买下（并摧毁）隧道所在位置邻域上的全部农田。然而，回溯到 20 世纪 80 年代，知识产权纠纷的确延后了这条本来为大型正负电子对撞机建造的隧道的挖掘工程。问题在于，在法国，土地拥有者拥有从地表到地心全部区域的所有权，而不仅仅是他们开垦的土地上。只有法国当局签署下"公用事业宣言"，让土地下的岩石，原则上还有更下面的岩浆都属于公共财产以"祝福"此项工程时，这条隧道才能开始挖掘。

物理学家们经常争论，隧道深度的变化到底是出于地质学原因，还是为了减小电磁辐射而故意为之。事实上，两方面原因兼备。这种参差不齐的地势实际上是对隧道深度与位置的一种有趣的约束。欧洲核子研究中心的地下区域主要由一种被称为"磨拉石"（molasse）的致密岩石构成。然而，再下面却是一些河流与海洋沉积物，比如砂砾、碎石、含有地下水的黏土，这种地方并不适合建造隧道。地势的起伏让隧道始终处在适合建造隧道的岩层中。这也意味着，位于侏罗山脚下、居于欧洲核子研究中心一隅的隧道某个部分可以建造得更浅一点儿，这样在这个位置的垂直方向上运进、运出建筑材料就会更加方便（也更便宜）。

隧道中最终的加速电场并非精确地按照环形方式安置。大型强子对撞机有着 8 个大弧，大弧彼此之间又由 8 个 700 米长的直线部分相间。8 个部分中的每一个部分都可以单独地加热或者冷却，这对于维护和使用而言都很重要。进入隧道之后，质子在每一个短的直线部分被无线电波加速，正如在先前把它们加速到注入能量的加速阶段时一样。这种加速在 400MHz 的射频谐振腔（radio-frequency cavities）中出现，这个频率与你遥控锁上汽车所用电磁波的频率相同。这个场仅能把进入谐振腔质子束的能量加速到 1TeV 的 485/1 000 000 000。这听起来并不大，然而质子每秒钟绕行大型强子对撞机 11 000 圈。因此，想要把质子束从它的注入能量 450 GeV 加速到目标能量 7 TeV（后者是前者的约 15 倍），只需要 20 分钟的时间。某些质子将会由于相互碰撞或者走偏而丢失，然而大多数质子将会继续环行将近半日，直到质子束中的质子几乎消耗殆尽、必须被送回地面，再被新注入的质子所取代。

在设计上，在大型强子对撞机中环行的质子并非是均匀分布的。它们被送入加速环的 2 808 个团中，每个团中包含 1 150 亿个质子。每个团长 10 厘米、宽 1 毫米，团之间的间距约为 10 米。这于加速过程很有意义，因为每个团都可以单独加速粒子。另外，把质子集成团也是保证质子团以至少 25~75 纳秒的时间间隔进行相互作用的手段。这段时间足以让每个团中的对撞被单独记录下来。由于在每个团中的质子都比质子束中的质子少很多，我们可以控制同一时间对撞的次数，因为任意时间对撞的质子都在团中，而不是整体的质子束中。

至关重要的低温二极磁铁

把质子加速到高能标确实是一件显赫的成就。然而，建造大型强子对撞机过程中真正的技术绝技乃是设计、制造能产生强磁场的二极磁铁，它们可以保证质子正确地在加速环中环行。如果没有这些磁铁，那么质子就会沿直线行进。让高能质子在某个环内环行需要巨大的磁场。

由于隧道的长度是给定的，大型强子对撞机的工程师面临的主要技术困难是：如何在工业规模上制造尽可能强的磁铁——这意味着可以批量生产。强磁场是把高能质子约束在曾经放置大型正负电子对撞机的旧隧道中所必需的。让更高能标的质子环行，需要增强磁铁或是扩大隧道，以让质子的轨迹足够精确。于大型强子对撞机而言，由于隧道的尺寸已经确定了，所以目标能标仅由可达到的最大磁场决定。

假使美国的超导超级对撞机（Superconducting Supercollider，SSC）没有中途停建，那么它将要被放置在一个更大的、周长87公里的隧道中（实际上，这台超导超级对撞机是为了这个项目而特地挖掘的）。这台超级对撞机预计达到40TeV的能标，这是大型强子对撞机目标能量的3倍。这个远超大型强子对撞机的能量将可能达到，因为这部机器的建造是白手起家的，它没有已经存在的隧道尺寸的限制，也没有随之而来的对难以达到的强磁场的要求。然而，欧洲人的提议有着一些实际优势，即这条隧道与欧洲核子研究中心中有关科学、工程学与后勤的基础设施已经存在了。

当我访问欧洲核子研究中心时，给我印象最深的是柱形二极磁铁的雏形（图8-3为横截面图）。相同的磁铁总共有1 232个，每个长15米、重30吨。这些长度不仅受限于物理实验方面的考虑，还受限于放置大型强子对撞机的隧道那相对狭窄的宽度，以及在欧洲的道路上运输这些磁铁的实际需求。每一个磁铁价值70万欧元，这使大型强子对撞机中单单磁铁这一项的支出就超过10亿美元。

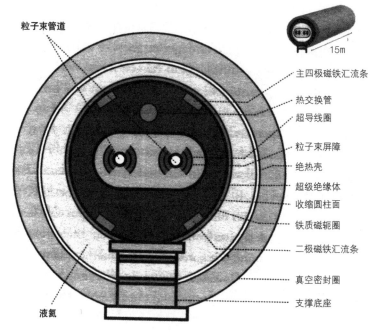

粒子束管道

15m

主四极磁铁汇流条

热交换管

超导线圈

粒子束屏障

绝热壳

超级绝缘体

收缩圆柱面

铁质磁轭圈

二极磁铁汇流条

真空密封圈

支撑底座

液氦

图8-3

低温二极磁铁的原理图。质子被1 232个这种超导磁铁控制在大型强子对撞机的加速环中环行。

引导质子束的狭窄管道穿过磁铁中间，磁铁首尾相连，这样它们就可以贯穿大型强子对撞机隧道的内部。它们产生强度约为8.3特斯拉的磁场，这是冰箱磁铁磁场强度的约1 000倍。由于质子束能量由450GeV增长到了7TeV，磁场也从0.54特斯拉增长到了8.3特斯拉，以继续引导能量又高了一级的质子环行。

这些磁铁产生的磁场太大，以至于如果没有约束，那么磁铁本身都将在场的作用下移动。这种力被线圈的几何形状减轻，然而磁铁最终却是被由 4 厘米厚的钢板特制的辊环约束在原来位置上的。

大型强子对撞机的高强磁铁需要超导技术。其工程师们受益于为了如下加速器的制造而研发的超导技术：超导超级对撞机，位于美国芝加哥附近的费米国家加速器实验室的 Tevatron 加速器，位于德国汉堡附近的德国电子同步加速器研究所（DESY）的电子 - 正电子加速器。

一般的电缆，比如家用铜电缆，都有电阻。这意味着，能量在电流传递的过程中会有所损失。然而超导电缆却不消耗能量，电流可以畅通无阻地从中流过。超导线圈可以带有巨大的磁场，一旦它们就位，磁场将会得以保持。

大型强子对撞机的每块磁铁都包含着许多铌 - 钛材质的超导线圈，每个线圈又包含着厚仅 6 微米的线状纤维，这比人类的一根头发丝还要细。大型强子对撞机包含 1 200 吨这种不凡的纤维。如果你把它们拆开，其长度总和将能环绕火星公转轨道一圈。

大型强子对撞机运行时，磁铁必须极端寒冷，因为它们只能在足够低的温度下运行。超导电缆被维持在比绝对零度高 1.9℃ 的温度上，这比水的结冰相点要低 271℃。这个温度甚至比太空中的宇宙微波背景辐射温度 2.7K 还要低。大型强子对撞机的隧道中存在着宇宙中最冷的大区域——至少是我们已知的大区域。考虑到它们特殊的冰冷本质，这些磁铁被称作"低温二极磁铁"（cryodipoles）。

除了应用于磁铁上令人瞩目的纤维技术之外，冷冻（低温）系统也是一件应该获得"之最"评价的壮观成就。实际上，这个系统是世界上同类系统中最大的。液氦把这个系统保持在极端低温状态。约 97 吨液氦在磁铁的周围流动，以冷却电缆。它们不是普通的氦气，而是能在足够压强下保持超流相的氦。超流氦并不像平常物质一样具有黏性，所以它可以高效地带走磁铁系统中

低温二极磁铁

大型强子对撞机运行时，磁铁必须极端寒冷，因为它们只能在足够低的温度下运行。超导电缆被维持在比绝对零度高 1.9℃ 的温度上，考虑到它们特殊的冰冷本质，这些磁铁被称作"低温二极磁铁"。

产生的热量。10 000 吨液氮先被冷却，然后它们再冷却在磁铁中环行的 130 吨氦。

并非大型强子对撞机中的每一个部分都处在地下。地表建筑中有仪器、电子设备与冷却装置。传统的制冷装置可以把氦冷却到 4.5K，之后当压强减小时，才会进入最终的冷却步骤。这个过程（以及加热）大约历时一个月，这意味着每当这台机器开、关或者试图进行修理时，都需要花费很长时间以待冷却。

如果出了某些问题，比如一小部分热量升高了温度，那么系统就会骤冷，这意味着超导性会被破坏。如果能量没有及时消散，那么这种骤冷将是灾难性的，因为储藏在磁铁中的能量将被突然释放出来。因此，有一个特殊的系统以检测骤冷现象，并把释放出的能量快速分散。这个系统寻找因丧失超导性导致的电压差异。一旦检测到这样的情况，能量就会在一秒钟之内被分散到整个系统中，所以磁铁就不再具有超导性。

即便应用了超导技术，我们也需要极大的电流，以达到所需的 8.3 特斯拉的磁场。电流最高能达到 12 000 安，这大约是你书桌上台灯灯泡中流过电流的 40 000 倍。

由于巨大电流与冷却系统的存在，大型强子对撞机的运行需要花费巨额的电量，这个数量几乎等于一座小型城市的供电量，比如附近的日内瓦城。为了避免过度的能量消耗，加速器仅在瑞士的寒冬到来之前运行，那时电费将会上涨（这是 2009 年开机时的期望）。这个政策给大型强子对撞机的科学家与工程师们带来了福利，让他们可以有一个美好的圣诞长假。

穿过真空而对撞

大型强子对撞机的最后一宗"最"是有关质子环行于其中的

管道中的真空。这个系统必须摒除尽可能多的物质，以保持氢的温度足够低，因为任何误入歧途的分子都有可能带走热量与能量。最重要的是，质子束所在的区域必须尽可能不存在气体。如果存在气体，那么质子就有可能与它发生对撞，并破坏质子束的良好环行过程。因此，质子束内部的压强极端微小，小到是大气压的十万亿分之一——这是地表 100 万米的高处、极端稀薄的大气所具有的压强。在大型强子对撞机中，9 000 立方米的空气都被抽空，以迎接质子束的到来。

即便是在这种低到极点的压强下，管道区域中每立方厘米依旧存在大约 300 万个气体分子，所以质子确实经常碰撞到气体并偏离方向。如果足够多数量的质子碰撞了超导磁铁，那么它们将导致超导磁铁骤冷，并破坏超导性。碳准直器把大型强子对撞机中的粒子束校直，以除掉位于某个 3 毫米的孔隙之外的杂散束粒子。这个孔隙足够让宽度在毫米数量级的粒子束通过了。

然而，把质子聚合为毫米级的粒子团依旧是件棘手的工作。它由叫作"四极磁铁"（quadrupole magnet）的磁铁完成，这种磁铁可以高效地集中、压紧粒子束。大型强子对撞机中包含 392 个这样的磁铁。四极磁铁也让质子束从它们各自的路径上散开，这样它们才可以真正实现对撞。

这些质子束并非精确或者完全地迎面对撞，而是以一个极微小的角度对撞，这个数值大约为 1/1 000 弧度。这是为了确保在同一时间只有来源于质子束的一个团发生对撞，这样数据就少一些混乱，质子束也能保持原封不动。

当来源于两个质子束的团对撞时，1 000 亿个质子将与另外 1 000 亿个质子激烈碰撞。四极磁铁也用于完成极端艰巨的任务，即把沿着发生对撞、记录事件的实验所在粒子束区域的粒子束集中起来。在这些位置，磁铁把粒子束压缩到 16 微米的尺度上。粒子束必须极小、致密，以使在相遇时，一个团中的 1 000 亿个质子更加可能找到另一个团中的 1 000 亿个质子之一。

　　一个团中的大多数质子都无法找到另一个团中的质子，即便它们已经被引导向彼此的方向发生对撞。单独的质子直径仅有百万分之一纳米。这意味着，即使所有的质子都被约束在 16 微米的团内，每当团与团之间交错而过时，也仅有约 20 个质子迎面相撞。

　　事实上，这是一桩好事。如果同时出现太多的对撞，那么数据将会变得非常混乱，我们将不能准确分辨究竟哪个粒子从哪次对撞中出现了。当然，完全没有对撞出现是一桩坏事。通过把特定数量的质子集中到特定的尺度上，大型强子对撞机确保了每次两个团交错而过时发生对撞的次数是最优的。

　　单独质子的对撞几乎是瞬时出现的，其时间大约比 1 秒低 25 个数量级。这意味着，质子对撞的时间间隔完全取决于团之间交错的频率，其下限约为 25 纳秒。团之间每秒钟交错多于 1 000 万次。通过这种频率的对撞，大型强子对撞机得以产生大量数据——每秒钟大约 10 亿次碰撞。幸运的是，团之间交错的时间间隔足够长，足以让计算机追踪到感兴趣的单一碰撞，而不会被不同团中发生的碰撞所扰乱。

　　所以，大型强子对撞机的数宗"最"对保证最高可能能标的对撞与最大对撞数量而言都是必要的。大多数能量都滞留在加速环中，只有少数质子碰撞值得我们注意。尽管质子束中存在大量能量，每次单独的团之间对撞的能量都比几只飞行中蚊子的动能还要大一点儿。然而这是质子对撞，并非汽车或是足球运动员之间的对撞。大型强子对撞机之"最"把能量集中在一个极小的区域中，也把能量集中在实验者能捕捉到的基本粒子对撞中。我们很快就将开始思考一些研究者们也许能找到的隐藏组分，以及物理学家们希望大型强子对撞机的发现能为我们提供的有关物质与空间本质的洞见。

09

加速环归来
KNOCKING ON HEAVEN'S DOOR

　　我从 1983 年开始攻读物理学研究生，而大型强子对撞机的建造计划于 1984 年正式提出。所以，从某种意义上来说，我在自己学术生涯的前 25 年，一直在等待大型强子对撞机。现在，在经历了无数等待与波折之后，我与同事们终于看到了大型强子对撞机的实验数据，并期待着实验将要很快揭示的有关质量、能量与物质的洞见。

　　大型强子对撞机是目前最重要的粒子物理学实验仪器。因此，当它开始运行时，我的许多物理学家同僚都非常急切、兴奋。所有的研究室中，人们都在四处打听情况：对撞将要达到什么能标？一个质子束中包含多少质子？理论物理学家们想要理解某些细节，这些细节曾经是由我们之中从事计算与概念，而非机器或实验设计工作的人抽象出来的，而实验物理学家们也是这样。在听到我们最新的猜想，并了解更多他们有可能寻找、发现到的事物之后，实验物理学家们表现出了我所见过的最大的热切之情。

　　即便是在 2009 年 12 月的一个计划讨论暗物质的会议上，与会者依旧热切地讨论着大型强子对撞机。那时，大型强子对撞机刚刚令人难以置信地成功完成了它的首次加速与对撞。在一年多前的那次沮丧 ❶ 之后，每个人都开始欣喜若狂。当实验物理学家们得到可以更好地理解探测器的实验数据时，他们感到放心多了，而理论物理学家们也为他们很快就能得到一些答案而高兴。一切都好到难以置信：粒子束看上去很好，对撞已经进行过了，实验设备正在记录对撞事件。

达到这个里程碑的过程是一个相当了不起的故事，而这一章就要讲述这段传奇。因此，请系好你的安全带，我们将要走上一段颠簸之路。

筑梦科学

欧洲核子研究中心的历史早于大型强子对撞机数十年。第二次世界大战结束后不久，在欧洲建造一家加速器中心，以主要开展研究基本粒子的实验的想法就首次提上了日程。那时，许多欧洲物理学家（其中一些人已经移居美国，另一些人还在法国、意大利与丹麦）都希望让科学的前沿回到自己的故乡。美国人与欧洲人一致同意，如果欧洲人联合起来参与这项事业，并在欧洲展开研究以弥补在战争结束不久之后遗留下来的荒芜与猜忌，那么这对科学与科学家们而言，都是最好的选择。

联合国教科文组织 1950 年在佛罗伦萨召开的一次会议上，美国物理学家伊西多·拉比（Isidor Rabi）提议兴建一个新的实验室，以在欧洲重建科学界的强联系。1952 年，欧洲核子研究

----

❶ 大型强子对撞机命运多舛，自 2007 年起发生过多起停机事故，这里作者应该是指距离写作时间最近的一次。——译者注

理事会（法文名为 Conseil Européen pour la Recherche Nucléaire，因此其缩写为 CERN）成立。1953 年 7 月 1 日，来自 12 个欧洲国家的代表聚集在一起创建了"欧洲核子研究组织"（European Organization for Nuclear Research），其创立协议于次年得到了认可。CERN 的缩写显然有点不合适了，而且我们现在研究的是亚核物理学和粒子物理学，但出于管理机构的原因，CERN 的缩写依然被保留了下来。

　　欧洲核子研究中心的设备故意建造在欧洲的中心，一个位于日内瓦城附近、在瑞士 - 法国交界的地点。如果你喜欢户外运动，那么到此一游再好不过。这个极好的位置坐拥良田万顷，紧邻侏罗山，而不远处就是阿尔卑斯山脉。欧洲核子研究中心的实验物理学家们都颇有运动天赋：滑雪、爬山、骑行，无所不及。欧洲核子研究中心占地极为庞大，足以为那些爱好运动的研究员们提供足够大的场地，让他们奔跑得精疲力竭以保持体形。那里的街道都以著名物理学家的名字命名，比如"居里路""泡利路""爱因斯坦路"，等等。然而，欧洲核子研究中心的建筑风格囿于它的建造时代。20 世纪 50 年代，国际建筑风格都是平淡无奇而低矮的，所以欧洲核子研究中心的楼都不高，它的走廊蜿蜒，办公室风格乏味。"科学设施"并没有给这些建筑带来生气——看看大多数学校中的科学建筑吧，你会发现，它们往往是校园所有建筑中最丑陋的。给这个地方（与风景）带来亮色的是那些工作于此、孜孜不倦地追寻着各自学科、工程学目标与成就的人。

国际合作有助于推动欧洲核子研究中心的发展，也许这是人类创建过的最成功的国际事业。即便是在第二次世界大战之后不久，各国之间还处于冲突状态之际，来自 12 个不同国家的科学家们依旧坐在了一起，为这项共同事业出力。

如果存在竞争，那也是为了美国人及其蒸蒸日上的科学事业的。在欧洲核子研究中心找到 W、Z 规范玻色子之前，几乎所有的粒子物理学发现都来自美国的加速器。我在 1982 年作为费米实验室的暑期学生时，那个跌跌撞撞地走入公共区域，呢喃着他们为什么"必须找到那天杀的矢量玻色子"并打破美国统治地位的醉汉物理学家，也许正表达了那时许多欧洲物理学家的想法——虽然这种措辞显然有些贫瘠和苍白无力。

欧洲核子研究中心的科学家们确实找到了那些玻色子。现在，随着大型强子对撞机的建成，欧洲核子研究中心是实验粒子物理学当之无愧的科学中心。然而，在大型强子对撞机计划首次被确认之前，这绝对没有被预先确定下来。由里根总统批准的美国超导超级对撞机的能标将是大型强子对撞机的三倍——假如美国国会一直资助这个项目，而没有让它中道崩殂的话。虽然克林顿政府原本并不支持这项由共和党前总统发起的项目，然而当他意识到某些利害关系之后，就改变了想法。1993 年 6 月，克林顿给美国众议院拨款委员会主席威廉·纳彻（William Natcher）写了一封信，试图继续支持这个计划。

> 我希望你了解我对超导超级对撞机的持续支持……在此时放弃它将是美国对其基础科学领袖地位作出妥协的一个信号，而这个领袖地位曾持续数代。现在经济形势非常紧张，政府部门支持这个项目，是因为它将在科学与技术的领域之内带来广泛的收益……我希望你继续支持这项重要而具有挑战性的努力和尝试。

当我于 2005 年见到克林顿时，他还提出了有关超导超级对撞机的话题，并且问我："放弃这个项目之后我们失去了什么？"克林顿很快就承认，他也认为人类放弃了一次宝贵的机会。

大约在美国国会否决了超导超级对撞机提案的时候，纳税人们为储贷危机担负了大约 1 500 亿美元，这远超过超导超级对撞机的预算 100 亿美元。作为比较，美国的年度财政赤字均摊到每个美国人身上有 600 美元之巨，而伊拉克战争让每位国民为此负担 2 000 多美元。假设超导超级对撞机建成了，我们现在就能得到高能实验结果，也能达到比大型强子对撞机还高的能标。送走了储贷危机之后，美国又迎来了 2008 年的金融危机，而这让纳税人负担了更多的救市资金。

大型强子对撞机 90 亿美元的建造经费与超导超级对撞机的预计经费几乎差不多。每个欧洲人将为此承担 15 美元——或者如我在欧洲核子研究中心的同僚路易斯·高密（Luis Álvarez-Gaumé）所说，在大型强子对撞机的建造期间，每年每个欧洲人仅为此付出一杯啤酒的钱。评估像大型强子对撞机这种基础科学研究的价值往往是棘手的，然而基础科学研究的确推进了电力、半导体、万维网，并极大影响了我们生活中各种技术的腾飞；它们启迪了技术与科学思想，扩展到了我们经济中的方方面面。大型强子对撞机的实际效果也许难以估计，但它的科学潜力却可以估量。我觉得，欧洲人的花费物有所值。

长期项目需要信念、责任心与奉献精神。在美国，越来越难作出这样的承诺。在我们过去的观念中，提到美国就意味着巨大的科学、技术进展。然而，这种重要的长期计划正在变得越来越少。你必须把这种计划提供给欧洲共同体，他们才有能力始终如一地完成这种方案。建造大型强子对撞机的提案于 25 年之前首次设想，并于 1994 年核准。它是一个雄心勃勃的项目，然而，直到现在它的成果才"小荷才露尖尖角"。

此外，欧洲核子研究中心刚刚在国际上拓展了它的吸引力，除了它的 20 个会员国之外，还有 53 个国家都参与了大型强子对撞机的设计、建造与仪器试运行过程。现在，来自 85 个国家的科学家们都参与其中。美国不是正式的会员国，然而，美国是所有国家里为主要实验提供最多工作人数的国家。

总共有大约 10 000 名科学家参与了工作——这也许是全球粒子物理学家总数的一半。其中 20% 就居住在附近，在此全职工作。随着大型强子对撞机的运行，主餐厅变得无比拥挤，物理学家们摩肩接踵地点餐——这个情况在一座新餐厅建成之后，才有所和缓。

由于欧洲核子研究中心的人来自五湖四海，美国人会被在餐厅、办公室与走廊中回响的各种语言与口音所迷惑。美国人还会注意到香烟、雪茄、葡萄酒与啤酒，这都提醒着他们：他们不在故土。有些人会赞扬餐厅食品的高品质，然而，欧洲人很挑剔，他们对这些赞美的评论持保留意见。

欧洲核子研究中心的雇员与访客涵盖甚广：从工程师到管理员，到真正做实验的实验物理学家，再到理论物理学家。欧洲核子研究中心实行等级管理，其中有主管官员，有负责一切行政事务（包括重大决策）的委员会。其首脑被称为总干事，这也许与某些出自《吉尔伯特与沙利文》（*Gilbert and Sullivan*）的典故有关，虽然真正的原因是总干事之下有很多管理职位决定了这个名字。欧洲核子研究中心委员会是负责如计划、安排项目这样重大决策的管理体系。它尤为关注科学政策委员会，后者是主要的咨询委员会，帮助评价提案及其科学价值。

这项有数千人参与的大型实验合作项目有其自己的体系。工作根据探测器的组分，或者分析的类型而分配。某个来自指定大学的小组可能负责仪器中某个特定的部分，或者某个特定类型潜在理论的解释。在挑选自己感兴趣的工作的权利上，欧洲核子研究中心的理论物理学家们比实验物理学家们拥有更大的自由。有时，他们的工作与欧洲核子研究中心的实验相关，但也有些人致力于构建更加抽象的、无法在短期内被验证的理念。

虽然如此，欧洲核子研究中心以及全世界所有的粒子物理学家都对大型强子对撞机充满期待。他们知道自己未来的科学研究以及粒子物理学这个领域本身，都依赖于未来 10~20 年之内大型强子对撞机的成功运行与发现。他们理解这项事业的挑战性，但是他们更加从骨子里认可这项事业中的那些"最"。

撞还是不撞，大型强子对撞机是怎样炼成的

林恩·埃文斯（Lyn Evans）是大型强子对撞机的总设计师。虽然我之前曾听过他用抑扬顿挫的威尔士语作演讲，但是我第一次见到他是在 2010 年 1 月初于加利福尼亚召开的一次会议上。那次恰逢其时，因为大型强子对撞机的建造正在紧锣密鼓地运行着。作为一位处事低调的爱尔兰人，他的喜悦却溢于言表。

埃文斯作了一次精彩的演讲，详述了从开始建造大型强子对撞机以来，如过山车一般的跌宕历程。他从讲述 20 世纪 80 年代有这个想法开始，那时欧洲核子研究中心负责了第一个官方研究：调查制造高能质子 - 质子对撞机的可行性。接下来，他叙述了 1984 年的会议，大多数人都认为那次会议是这个想法的正式开端。那时的物理学家与洛桑城中的机械制造师们会面，并告诉了他们这个在 10TeV 能标上对撞两束质子的想法。在最终的实施上，这个数字被降到了 7TeV。在几乎 10 年之后的 1993 年 12 月，物

理学家们向欧洲核子研究中心委员会提出了一项积极的提案，希望其重大决策委员会通过以下意见：停止除大型正负电子对撞机之外的一切实验程序，在接下来的 10 年之内全力建造大型强子对撞机。那时，欧洲核子研究中心委员会驳回了这项提案。

原本，一个反对建造大型强子对撞机的理由是来自超导超级对撞机的激烈竞争。但由于超导超级对撞机计划于 1993 年取消，大型强子对撞机成为时下唯一的极高能加速器。物理学家越来越坚信这项事业的重要性。除此之外，大型强子对撞机的研究非常成功。在大型强子对撞机的建造阶段才开始领导欧洲核子研究中心的罗伯特·艾马（Robert Aymar），在 1993 年组织了一个审查小组，以评估大型强子对撞机的可行性、经济性与安全性。

大型强子对撞机的规划中一个重要的困难是如何工业化生产足够强的磁铁，以把高度加速的质子约束在加速环中。正如我们在第 8 章中所见，已有的隧道尺寸导致了现在最大的技术挑战，因为它的半径固定，所以磁场必须非常大。在他的讲话中，埃文斯以"瑞士手表一般的准确性"来描述第一个 10 米长的二极磁铁原型，后者于 1994 年被工程师与物理学家们成功测试。他们在首次尝试中达到了 8.73 特斯拉——这达到了预期目标，而且是一个非常有希望的标志。

即使欧洲基金会比美国基金会更加稳定，无法预料的压力依旧为欧洲核子研究中心的财政引入了不确定性。为欧洲核子研究中心资助最多的德国，由于 1990 年两次统一，其预算缩减了。因此，德国减少了对欧洲核子研究中心的资助，英国也不愿再大幅增加对欧洲核子研究中心的预算金额。英国物理学家、诺贝尔奖获得者克里斯托弗·卢埃林·史密斯（Christopher Llewellyn Smith）战胜了物理学家卡洛·鲁比亚而接任欧洲核子研究中心主管，并如他的前任一样强烈地支持大型强子对撞机的建造。通过获取资金，瑞士与法国这两个东道主国家从大型强子对撞机在自己国土上的建设与运行中获益最大，而卢埃林·史密斯部分减轻了这个严重的预算问题。

欧洲核子研究中心委员会对大型强子对撞机的技术与预算决议都很深刻，于是他们在 1994 年 12 月 16 日通过了决议。此外，卢埃林·史密斯与欧洲核子研究中心还确认了非会员国家也可以加入组织并参与到实验中来：日本于 1995 年加入，印度于 1996 年加入；1997 年，俄罗斯、加拿大与美国陆续加入。

由于各国的支持，大型强子对撞机可以不顾原始合约上要求分两个阶段进行建设与运营的限制条款。第一个建设阶段仅仅包含 2/3 的磁铁。不管是从科学角度还是从节约成本的角度考虑，将磁场削弱都是愚蠢的选择。原初的打算是让预算均摊在每年之中。1996 年，当德国再次削减了对大型强子对撞机的资助时，预算的情况看起来非常糟糕。1997 年，欧洲核子研究中心首次被允许以贷款的方式筹资建设，以弥补资金的缺口。

在说完预算的历史真相之后，埃文斯话锋一转，开始谈论一些令人高兴的话题。他描述了于 1998 年 12 月完成的第一个二极磁铁的试验串，即一次检验结合在一起的磁铁是否可用的测试。这次试验的顺利完成证实了大型强子对撞机的某些主要部件的可行性与协调性，这是它建造过程中一块重要的里程碑。

2000 年，当大型正负电子对撞机寿终正寝的时候，它被拆开以让路于大型强子对撞机的建设。然而，即便大型强子对撞机最终被放在一个已经存在的隧道中，而且相应的设施、基建、工作人员都已经就位，但要完成从大型正负电子对撞机到大型强子对撞机的转变，还需要很多人力、物力。

大型强子对撞机建造的 5 个时期包括：

● 挖掘实验所需的洞穴与构筑物的土木工程。
● 一般性服务的设立，以让一切可以开始运作。

● 插入冷冻链以维持加速器的低温。

● 把所有机器的构件拼装在一起，包括二极磁铁、相关的连接点与电缆。

● 硬件的试运行，以保证一切都如预期一样开展。

　　欧洲核子研究中心的设计者们制定了一份详尽的时刻表，以协调不同的建造阶段。但"良愿成泡影，不管是人是鼠，结局总会出其不意"❶，这句话应验了。预算问题是件麻烦事。我还记得2001年粒子物理学共同体的沮丧与担忧。那时我们正在等待并寻找迅速解决严重预算问题的途径，以确保大型强子对撞机的顺利建造。欧洲核子研究中心需要处理成本超支的问题，但由于其占地面积与基础设施，成本高一些是自然的。

　　即便是在这些资金与预算问题都被解决了之后，大型强子对撞机的发展依旧不怎么顺利。埃文斯讲述了一系列没有预料到的事件及其如何不时地拖延了大型强子对撞机的建造进程。

　　无疑，不会有人在挖掘紧凑 μ 子线圈洞穴的时候预见到他们会挖掘到一座 14 世纪的高卢 - 罗马庄园。产权的界定线与延续到今日的农场边界线类似。挖掘被暂停以供考古学家们研究那些埋藏的财物，其中包括奥斯蒂亚（Ostia）、里昂与伦敦（那时的庄园里居住着奥斯蒂亚人、里昂人与伦敦人）的一些货币。显然，罗马比现代欧洲更好地应用了共同货币制度——直到现在，欧元还没有代替英镑与瑞士法郎成为交易介质。这给欧洲核子研究中心的英国物理学家带来了不少麻烦，他们甚至没有用以支付打车费用的货币。

----

❶ 原文为 "the best laid plans o' mice an' men gang aft agley"，出自苏格兰诗人罗伯特·彭斯（Robert Burns）的《致老鼠》（*To a Mouse*），原文应是苏格兰语。——译者注

与紧凑 μ 子线圈的一路艰辛相比，2001 年进行的超环面仪器洞穴开掘工作相对而言一路平安无事。挖掘这个洞穴需要挪走总重 30 万吨的岩石。工程师们需要面对的唯一问题是：一旦这些材料被挪走，洞穴的表面就会有一些微小的上浮，其速率约为每年 1 毫米。这听起来并不算多，它却会在原则上影响探测器部件的精确测量。所以，工程师们需要设置一些精密测量仪器。它们太过精密，以至于不仅能检测到超环面仪器的运动，还能被 2004 年的海啸以及苏门答腊岛地震触发，之后还将会有更多的自然运动可以被显示出来。

　　在极深的地下建造超环面仪器的过程令人印象非常深刻。屋顶浇铸在洞穴表面上，并被绳索悬吊；下面砌起高墙，直到屋顶得以盖在墙上。2003 年，在一场开掘典礼之后，挖掘开始了。值得注意的是，典礼上的阿尔卑斯号角声回响在洞穴中，这被埃文斯描述为"娱乐之源"。实验仪器由下至上一个接一个地被安装，直到最终超环面仪器被这种"送入瓶子的方法"送到挖掘出来的地下洞穴中组合起来。

　　另一方面，紧凑 μ 子线圈的准备过程就像是面对波涛汹涌的海洋。在挖掘过程中，它再一次陷入了困境，因为紧凑 μ 子线圈的选址不仅不幸地位于一座考古遗迹上，而且那里还有一条地下河流。在多雨的那一年，工程师与物理学家惊奇地发现，插入到地下以传送材料长达 70 米的圆筒下沉了 30 厘米。为了处理这次事故，洞穴的挖掘者们用大量的冰围在圆筒周围，以冰冻土地、稳定这片区域。他们还必须安装用以稳定洞穴周围脆弱岩石的支撑结构，包括总长度达到 40 米的螺钉。不出意料，紧凑 μ 子线圈的开凿工程比预期长了很多。

唯一的可取之处在于，紧凑 μ 子线圈的体积相对较小，实验物理学家与工程师们已经在考虑在地面上对其进行建造、装配。在地面建造、安装这些组件更为简单。由于有更大的空间可以让很多人共同工作，这种做法也会变得更加快捷。地面建造还有另外一些重要好处，即有关洞穴的问题不再会拖延建造工程。

把如此巨大的装置送到地下是一件令人却步的事情——我在 2007 年首次访问紧凑 μ 子线圈时也是如此想的。的确，把实验装置送到地下是一件艰巨的任务。装置中最大的一个部件被某种特殊吊车送到 100 米深的紧凑 μ 子线圈井中，其速度为每小时 10 米，一举一动都小心翼翼。由于在仪器与墙之间只有 10 厘米的腾挪余地，缓慢的速度与精细的监控系统必不可少。探测器的 15 个大型部件在 2006 年 11 月与 2008 年 1 月之间分别被送下井中，最后被送下去的部件是一个黄铜制的计时装置，这个日期很接近大型强子对撞机的开机日期。

在紧凑 μ 子线圈的地下河问题之后，大型强子对撞机建造过程中的下一个危机是：机身在 2004 年卡住了，问题出在被称为 QRL 的氦供应线上。欧洲核子研究中心的工程师发现，承接这个建造项目的法国公司用"价值 5 美元的垫片"取代了原本设计应使用的材料。这种替代材料的失效造成了管道内部的热收缩。出故障的部件不止一处，所有连接点都需要检查一遍。

这时，低温线已经被部分地安装好了，很多其他部分也已经就位。为了避免堵塞供给线，造成更长延迟，欧洲核子研究中心的工程师们决定修理已经生产出来的部分，同时让工厂在将剩余部件发货之前修正错误。欧洲核子研究中心工厂的运作以及移动、重新安装机器的大型部件让大型强子对撞机延迟了整整一年开机——至少，这比埃文斯等人所担心的10年延期要好得多。

> 如果没有这些管道和低温系统，就不可能成功安装磁铁。所以，1 000个磁铁被暂存在欧洲核子研究中心的停车场上。即便是在高档宝马车与奔驰车的辉映下，价值10亿美元的磁铁仍旧超过了停车场上所有车辆价值的总和。虽然没有人会偷窃这些磁铁，但是停车场并不适合储藏技术产品，所以把磁铁重新放置到特定位置而带来的拖延又是不可避免的了。

2005年，另一个危机出现了。这次危机与建造美国费米实验室以及日本实验室的三元组磁铁（inner triplet）有关。三元组磁铁在质子束对撞之前对它们进行了最后一次调焦。它包含三个四极磁铁，配有低温与电力设备。三元组磁铁没能通过压力测试。即便这次失败令人难堪，并造成了恼人的拖延，但是工程师们可以在隧道中修好它，所以最终它并没有带来过多的时间成本。

总而言之，2005年比之前的情况都要好。虽然没有号角声相伴，紧凑 μ 子线圈开掘典礼于当年2月开幕。另一个里程碑事件也在2月发生——第一个低温二极磁铁被送到了地面之下。磁铁的建造对大型强子对撞机这项事业来说至关重要，欧洲核子研究中心与商业化工业界之间的这次紧密合作促成了磁铁及时而节约的生产过程。磁铁虽然由大型强子对撞机设计，但却由法国、德国与意大利的公司生产。原本，欧洲核子研究中心的工程师、物理学家与技师们于2000年下单购买了30个二极磁铁，以小心检测它们的质量与控制支出。之后，他们于2002年下了最终的订单——购买1 000多个磁铁。虽然如此，欧洲核子研究中心依旧保留生产主要组件与原材料的职责，以确保质量具有最优性、统一性，并使支出最小化。为了达到这个目的，欧洲核子研究中心把12万吨材料挪到了欧洲，4年间，平均每日租用10辆大卡车——而这只是为建造大型强子对撞机而付出努力的一隅。

在运输之后，所有的磁铁都被测试了，并小心地沿着垂直方向被投放到坐落在侏罗山附近——那里可以鸟瞰欧洲核子研究中心。从那里开始，一种特殊的运输工具把它们沿着隧道运输到目的地。因为这些磁铁极为巨大，且隧道的墙与大型强子对撞机部件之间只有几厘米的转动余地，所以这种工具靠某种画在地板上的光学检测线自动导航。它以约每小时1.6公里的速度前行，以尽量减小振动。这意味着，需要长达7个小时的时间才能把一个二极磁铁送到加速环的另一端。

2006年，在建造5年之后，共有1 232个二极磁铁被成功运输。2007年发生了两件大事：

- 最后一块低温二极磁铁被成功运输。
- 全长3.3公里的部件首次被成功冷却到了设计温度零下271℃，整个系统得以首次运行。

在隧道的这一部分里，数千安培的电流在超导磁铁中环行。像往常一样，欧洲核子研究中心的人们开了香槟庆祝这个时刻。

一个低温部件于2007年11月关闭，一开始，一切似乎都在正常运行——直到出现另一次灾祸。这次，问题出在所谓的"插入模块"（plug-in module），也就是PIMs上。在美国，我们并不需要关心一切有关大型强子对撞机的新闻报道。然而这个新闻却传播甚广。欧洲核子研究中心的一位同事告诉我，不仅是这个部件出了问题，同样的问题可能在加速环中无处不在。

室温状态下运行的大型强子对撞机与冷却状态下运行的大型强子对撞机之间存在接近 300℃的温差，这个温差对建筑材料产生了巨大的影响——问题就出在这里。金属零件热胀冷缩，二极磁铁本身在冷却阶段会收缩几厘米。于一个 15 米的庞然大物而言，这听上去并不算多。然而线圈必须在 0.1 毫米的精度上被准确放置，以维持运行所需的强大的匀强磁场，进而正确引导质子束。

为了适应这种变化，二极磁铁被设计具有特殊的指针，在冷却时伸直以保证电学器件不分开，并在回温过程中缩回。但由于错误的铆接点，这些指针并非缩回，而是失效了。更糟的是，每一个相互连接的点都会受到这种错误的影响，我们无法得知究竟是哪处出了问题。最大的挑战在于辨认、修好每一个错误的铆接点，而且不花费太多时间。

不得不称赞工程师们的足智多谋：他们找到了一种简单方法，利用已有的、原本沿着粒子束每 53 米就安装一个的电子拾波器，这样电子器件就可以随着粒子束的经过而触发。他们在一个乒乓球模样的物体中安装了一个振子，这个球可以沿着质子束的路径在隧道中运行。每一个部分长 3 公里，这个球可以快速经过，以在每次通过拾波器时检测电子器件。如果电子器件没有反应，球就会击打那些指针，工程师们就可以修正问题，而不用打开沿着粒子束所经路线的每一个单独的连接部件。一位物理学家戏言："大型强子对撞机中的第一次对撞不是质子之间的对撞，而是乒乓球与失效指针之间的碰撞。"

在最后一个问题得以解决之后，大型强子对撞机看上去步入了正轨。当所有硬件就位之时，大型强子对撞机就可以开始运行了。2008 年，当大型强子对撞机的首次试运行终于到来之时，很多人都在为它祈祷。

2008 年 9 月：第一次试开机

大型强子对撞机形成质子束，并且在一系列提高能标的过程之后，把它们送入最终的环形加速器中。接下来，质子束在隧道中回旋，并得以回到它们精确的初始位置。这让质子可以在回旋加速多次之后，再定期被转向，以高效地参与对撞。其中的每一步都需要被依次检查。

第一个重要步骤是：核实质子束是否正确地在加速环中环行——它们当然会。令人惊奇的是，在经历了长时间的磨难之后，2008 年 9 月，欧洲核子研究中心在没出什么故障的情况下就发动了两个质子束，这个结果超出了大家的预期。那一天，两束质子首次成功地以相反方向穿过了大型隧道。这一步涉及以下工作：试运行注入设备、启动控制设备与仪器、检验磁场是否成功把质子约束在了加速环中，以及确认所有磁铁按照期望整齐划一地运行。这一系列事件于当年 9 月 9 日晚上首次完成。当次日的测试进行时，一切都在计划之中，甚至比计划还要好。

每一个参与大型强子对撞机的工作人员都称 2008 年 9 月 10 日为他们"永世铭记的日子"。当我于一个月之后访问欧洲核子研究中心时，听到了许多关于彼时彼景的欢乐描述。人们难以置信而又激动地在计算机屏幕上捕捉到了两个光点的轨迹。在第一圈运行中，第一个粒子束几乎成功地回来了。在开机的第一个小时内，工作人员对实际路径按照预期做了一些微调。一开始，粒子束绕着加速环环行了几圈。接下来，每一个质子脉冲依次被微调，这样质子束就可以很快环行数百圈。不久后，第二个质子束也经历了相同的过程，整个事情走上正轨耗时一个半小时。

埃文斯和其他人一样高兴，他并不知道那时的实况
录像已经从工程师们所在的控制室传播到了互联网上，

整个事件都被直播给了大众。太多的人都在关注屏幕上的那两个小点，以至于他们的网站由于过载而关闭了数次。当工程师们修正质子的路径，以让它们在加速环中成功环行时，全欧洲的人们（欧洲核子研究中心新闻办公室声称有几百万）都像是被施了催眠术一样。同时，在欧洲核子研究中心，当物理学家与工程师们聚集在礼堂中观看同一过程时，惊天动地的欢呼声不时爆发出来。从这一点上来看，大型强子对撞机的前途似乎一下变得无比光明。那一天是一个美妙的成功日。

然而，仅仅9天之后就乐极生悲了。那时，两个新的重要特征需要通过试运行来检验。一开始，在第一次试运行中，质子束在大型强子对撞机内部被加速到了有史以来最高的能标，这次试运行只涉及质子束注入能量，即质子在首次进入大型强子对撞机的加速环时所具有的能量。计划的第二部分是对撞这两个质子束，这当然会是大型强子对撞机运行过程中一座重要的里程碑。

在最后一刻，2008年9月19日，尽管工程师们已经进行了周详的考虑并做好了许多预防措施，但是这次试运行还是失败了。这次失败是灾难性的。与几个很少运作的氦释放阀门组合在一起的两块磁铁之间的铜框上的某个错误焊点，导致质子首次对撞的日期被拖延了一年之久。

问题在于，当科学家们试图在第八个与最后一个部分中提高电流与能量时，沿着汇流条的两个磁铁的连接点坏掉了。汇流条是连接两个超导磁铁的超导连接物（见图9-1），而出现问题的正是两块磁铁之间的连接点。错误的连接点导致周围的氦被击穿而产生电弧，并造成了6吨液氦的突然泄漏（它们本应该缓慢回温的）。当液氦回温而恢复为气态时，猝息导致了超导性的丧失。

错误的连接焊点

二极磁铁

二极磁铁

图 9-1

一条把不同磁铁连在一起的汇流条。一个错误的连接焊点成为 2008 年那次事故的主要原因。

大量泄漏的氦气导致了巨大的气压波，进而快速地导致了一场爆炸。在 30 秒之内，它的能量就炸飞了一些磁铁，并且破坏了粒子束管中的真空状态、破坏了绝缘性，并污染了 610 米长的粒子束管，弄得四处都是脏东西。10 个二极磁铁被完全摧毁，而另外 29 个二极磁铁损坏程度太高，需要被替换掉。这并不是我们想要的结果。控制室中也没有人意识到这一点，直到有人注意到某台计算机控制的在隧道中的某个停止按钮被泄露的氦触发了。很快他们就意识到，粒子束丢失了。

在这次灾祸的几周后，我访问了欧洲核子研究中心，了解了更多的背景故事。记住，对撞终极目标的质心能量是 14TeV，也即 14 万亿电子伏。欧洲核子研究中心决定，首次对撞仅需达到 2TeV 的能量，其目的是检测一切是否都在照常运行。之后，工程师们决定在第一次真正以收集数据为目的的运行中，把能量提高到 10TeV（每个质子束 5TeV）。

2008 年 9 月 12 日，在某个运输机器的损坏导致的小小延迟之后，这个计划变得更加急切了。科学家们在延迟带来的时间间隔中，把隧道中 8 个部分的测试能量提高到了 5.5TeV，并且有时间测试其中的 7 个部分。他们证实了这些部分可以在高能情形下正常运作，但是他们并没有时间测试第 8 个部分。虽然如此，他们依旧决定勇往直前，以尝试更高能标的对撞，因为一切看起来似乎都没什么问题。

一切确实都运行得很好，直到工程师们试图在最后一个未经测试的部分中提高能标。当能标从 4TeV 上升到 5.5TeV，需要的电流值为 7 000~9 300 安培时，失稳事故发生了。这是最后一个可能出错的环节，而且确实在这里出了纰漏。

在延期的那一年中，修理费用达到了大约 4 000 万美元。虽然修理磁铁与粒子束管需要时间，但它们并非不可能完成的任务。备用磁铁替换了 39 个无法修复的磁铁。总共有 53 个磁铁（14 个四极磁铁、39 个二极磁铁）在隧道中发生事故的部分被替换掉了。另外，工作人员清扫了 4 公里多长的真空粒子束管，为 100 个四极磁铁安装了一套新的约束系统，添置了 900 个新的氦压释放部件，并且在磁铁保护系统中增加了 6 500 个新的探测器。

更大的问题是，磁铁之间有 10 000 个连接点，它们有可能具有同样的问题，研究人员意识到了这些风险。但是如何能保证这个问题不在加速环的其他地方重现呢？我们需要一种检测机制，把危险扼杀在摇篮之中。工程师们升级了系统，新系统可以寻找微小的电势降落，这种电势降落代表着连接点处存在电阻，而这意味着维持系统低温的冷却系统有可能失效了。出于谨慎，我们还需要一些时间，以改进氦释放阀门系统，并进一步研究连接点与磁铁本身的铜框——这意味着距离达到大型强子对撞机的设计最高能标之前，还需要更长时间的准备。虽然如此，由于加入了多种新系统以检测、稳定大型强子对撞机的运行，埃文斯与其他工作人员非常确信，造成过损害的那种超压情况不会再出现。

在某种意义上，工程师与物理学家们能在大型强子对撞机真正运作、在机器中充满了辐射之前排除这些故障实乃幸事。那次爆炸让他们花了一年时间才能继续开始检测粒子束，并准备下一次对撞。那是一段很长的时间，但是和我们过去 40 年（从某些方面来讲是数千年）中对物质潜在理论的孜孜追求所耗的时间相比，这段时间并不算长。

2008 年 10 月 21 日，欧洲核子研究中心行政部门确实坚持了一部分初始计划。那一天，我加入了有 1 500 名物理学家与不少世界领袖出席的大型强子对撞机正式开幕典礼。它原本被计划得很好，但没有人能事先料到那次发生在几周之前的惨痛事件。开幕典礼当天有演讲、有音乐、有欧洲文化中不可或缺的美食。即便时辰未到，它也是令人愉快而多姿多彩的。尽管大家都还在忧心 9 月份的事件，然而心中却仍然充满了希望，期盼着这些实验能够阐明围绕着质量的某些谜题、引力为何如此之弱的原因、暗物质的本质，以及自然中基本作用力的性质。

即便欧洲核子研究中心的很多科学家都对那次事件感到非常不开心，然而我却认为这次庆典更倾向于是对这次国际合作凯旋而归的一种期待。那次事件并没有什么发现，却让人们意识到了大型强子对撞机与参与到其制造过程中那些国家的热情所具有的潜力。有一些演讲确实鼓舞人心。法国总理弗朗索瓦·菲永（Francois Fillon）讨论了基础研究的重要性，以及为何世界金融危机不应该拖延科学进展的脚步。瑞士总统帕斯卡尔·库什潘（Pascal Couchepin）讨论了公共服务的功绩。葡萄牙科技与高等教育部部长马里亚诺·伽戈（Jose Mariano Gago）教授讨论了如何在官僚作风盛行的今天重视科学，以及稳定开创重大科学项目的重要性。许多外国伙伴都是在这场庆典上首次访问欧洲核子研究中心的。在庆典中一直坐在我邻座的那个人在日内瓦为欧盟工作，但从未踏足欧洲核子研究中心一步。看到了这场盛会之后，他满怀热情地告诉我，他很快就会和同事、朋友们重返这里。

2009 年 11 月：姗姗来迟的胜利

大型强子对撞机最终于 2009 年 11 月 20 日重新联机，这是一条爆炸性的新闻。不仅因为质子束在一年之后首次环行，还因为在几天之后，它们会实现对撞，创造出最终将进入实验仪器的粒子喷雾。埃文斯充满热情地描述了大型强子对撞机是如何比预期还好地运行的。从他的话语中我感受到了鼓舞，但也感觉到了一丝惊讶，毕竟他要为整个机器的成功运行负责。那时我尚未能理解的是所有环节都组合在一起的速度有多快，这都要得益于在过去的机器上所积累的经验。

紧凑 μ 子线圈的一名意大利实验员毛里西奥·皮耶里尼（Maurizio Pierini）向我解释了埃文斯的话意味着什么。在同一隧道进行的大型正负电子对撞机中电子与正电子束的测试，曾经在 20 世纪 80 年代花费了 25 天，而现在不到一个星期的时间就完成了。

质子束非常精准、稳定。它们排成一列，只有少数丢失。光学检测正常，稳定性测试正常，重组过程正常。实际的质子束与计算机程序计算出的结果精确地契合了。

事实上，当实验者们于星期日下午 5 点（仅在新质子束开始环行之后几天）被告知，对撞就在次日进行时，他们无比惊讶。他们本以为在第一次质子束运行结束后，还需要更长时间才能开始进行真正的对撞，而后者才是他们需要记录与测量的实验过程。这是实验者们第一次有机会应用真正的质子束测试他们的实验仪器，而不是使用他们在等待机器运行过程中一直应用的宇宙射线。这条简短的通知意味着，他们必须快速调整自己的计算机触发器，以让计算机弄清要记录哪次对撞过程。毛里西奥描述了他们所有人的焦虑感，因为他们不想错过这次机会。在 Tevatron 上，第一次测试就被一次粒子束与读数系统的共振毁掉了。大家都不希望这种事情再次发生。当然，除了不安感之外，在所有参与者中，一股巨大的兴奋之情也在流传开来。

11 月 23 日，大型强子对撞机终于开始了第一次对撞实验。数以百万计的质子以注入能量 900GeV 发生对撞。这意味着，在多年的等待之后，实验者们终于开始收集数据，即记录下大型强子对撞机加速环中首次质子对撞的结果。来自 ALICE（某个小型实验仪器）的科学家们甚至在 11 月 28 日提交了一份尚未正式发表的论文的预印本。

不久之后，在一次适当的加速过程之后，质子束达到了 1.18TeV 的能标，这是环行质子束具有过的最高能标。仅在大型强子对撞机首次对撞的一周之后，即 11 月 30 日，这些更高能标的质子对撞了。净质心能量为 2.36TeV，达到了有史以来最高的能标，打破了费米实验室 8 年以来的纪录。

三个大型强子对撞机实验仪器记录了质子束对撞，在接下来的数周中，这样的对撞进行了成千上万次。这些对撞的结果不会被用来发现新的物理理论，而是被用来检验实验仪器是否运行（它们难以置信地好用），以及被用来研究标准模型的背景——即便它不会指出任何新事物，也可能与真正的发现之间存在潜在的作用。

实验物理学家到处宣扬他们对大型强子对撞机所达到能标的满意。令人注目的是，大型强子对撞机是在千钧一发之际做了这一切——按照计划，机器应该在 12 月中旬到次年 3 月之间的冬日停机，如果 12 月不能进行实验，就要拖延好几个月。来自圣塔芭芭拉大学、为大型强子对撞机工作的杰夫·里奇曼（Jeff Richman）在一次我们都出席的以暗物质为主题的会议上，高兴地与我们分享了这一点，因为我们都与费米实验室的物理学家打了赌：大型强子对撞机到底能不能在 2009 年之前超越费米实验室 Tevatron 达到过的能标？他兴奋的举止宣示了这场赌局的胜利。

2009 年 12 月 18 日，在大型强子对撞机首次试运行结束之后的停机阶段，兴奋的浪潮暂时停歇了一阵子。埃文斯以在 2010 年大幅提高能标的承诺总结了他的演讲。他在当时于 2010 年年底把能标提升到 7TeV，这是前所未有的剧增。他对此自信而充满热情——当机器回到人们的视野中，并达到如此高的能标时，埃文斯的表现合情合理。在一系列跌宕起伏之后，大型强子对撞机终于按照计划运行了（图 9-2 是一个简略时间表）。大型强子对撞机当时计划将在 2012 年以 7TeV 或者更高的能标运行，之后再停机至少一年，以为再度提高能标、尽可能地接近大型强子对撞机 14TeV 的目标能标做准备。在接下来的运行中，大型强子对撞机也将试图提高质子束的光度，以增加对撞的总数量。

2009 年，大型强子对撞机回归人们视野之后，实验与机器本身的运作便一直顺利地进行着。埃文斯最近一次讲话的内容还在听众的脑海中回响着：

> 建造大型强子对撞机的冒险历程已经到此为止了。现在，让我们走进发现物理新世界的冒险旅程吧！

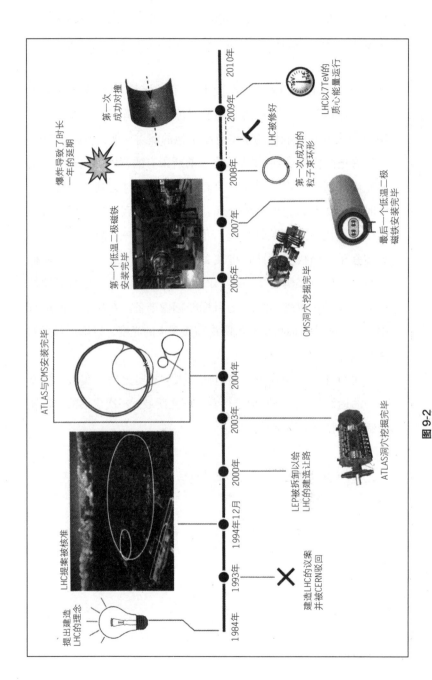

图9-2

该图简要介绍了大型强子对撞机的"发展史"。

10

有黑洞，还是没黑洞

KNOCKING ON HEAVEN'S DOOR

很长一段时间以来，物理学家们都在等待着大型强子对撞机的开机运行。这些数据对科学进程而言十分重要，粒子物理学家们已经对高能情形下的实验数据求知若渴了。我们尚不知道隐藏在标准模型之下的各种假设中到底哪一个是正确的，而大型强子对撞机将提供这个答案。在这本书揭示一些有趣的可能性之前，接下来的几章中我们将绕路而行，以考虑一些有关风险与不确定性的重要问题，这些问题对理解如何解释大型强子对撞机的实验研究，以及一些有关现实世界主题的问题都是十分重要的。这场征程将从大型强子对撞机产生的黑洞，以及它们是如何收获大众杞人忧天般的关注开始。

担心世界毁灭的人们

物理学家们正在考虑大型强子对撞机最终可能发现事物的多种可能性。20 世纪 90 年代，理论物理学家和实验物理学家们首次对某个新发现的，粒子物理学与引力本身都能在其中得以修正，并能在大型强子对撞机的能标上预测新现象的研究方向感到兴奋。这些理论中一个有趣的潜在推论激起了人们很大的兴趣，物理学领域之外的人对其兴趣尤甚，即微观低能黑洞存在的可能性。如果额外维度的观点确实正确，比如我与拉曼·桑卓姆（Raman Sundrum）提出的那套理论，这种额外维度的微型黑洞也许真的可能产生。物理学家们乐观地预测，这种黑洞（如果被创造出来）可以为引力修正理论提供合理的证据。

并非所有人都对这种可能性抱有热情。在美国与其他地方的某些人担心，可能产生的黑洞会吞噬地球上的一切事物。我经常在许多公开演讲中被问及这种潜在的情景。在我解释了为何这种想法是杞人忧天之后，大多数的提问者都对我的回答十分满意。然而，并非每一个人都有机会聆听整个故事。

沃尔特·瓦格纳（Walter Wagner），曾是一位核安全官员，现在是律师、中学教师、夏威夷某座植物园的经理；西班牙人路易斯·桑科（Luis Sancho），一名作家、自封的时间理论研究者——这两人是这些杞人忧天的人中最激进的。他们两位激进到在夏威夷对欧洲核子研究中心、美国能源部、美国国家科学基金会与美国费米加速器中心提起了诉讼，以拖延大型强子对撞机的开机时间。如果他们的目标仅仅是拖延大型强子对撞机的运行，那还不如送出一只鸽子，让它把一片面包渣掉到大型强子对撞机的机器里更为简单呢（这种事情当真发生过，那只鸽子像是一名特立独行的特工❶）。但是，瓦格纳

----

❶ 2009 年 11 月，因为一只飞鸟把面包屑掉入了机器，造成了大型强子对撞机局部过热而再次导致了停机事故。作者在这里应该是指这次事件。——译者注

与桑科希望让大型强子对撞机永久地停止运行，所以他们依旧在奋力前进。

　　并不只有瓦格纳与桑科担忧黑洞可能引起的危机。由公益律师哈里·莱曼（Harry V. Lehmann）执笔的著作《量子中没有金丝雀：谁来决定大型强子对撞机是否值得以我们的地球作为赌注？》中也简明地概述了这些顾虑。一个相关主题的博客集中回顾了 2008 年 9 月的爆炸所带来的恐惧，并拷问：大型强子对撞机是否能再次安全开机？然而，最主要的顾虑并非集中于 2008 年 9 月 19 日灾难背后的技术失败原因，而是大型强子对撞机中可能产生的真正物理现象。

　　由莱曼与其他许多人对"末日审判机械"的描述所传播开的恐惧，主要集中于他们认为可能导致整个地球被吞噬的黑洞。他们担心，大型强子对撞机风险评估小组根据量子力学作出的研究缺乏可信的风险评估。

> ▶ 他们作出这一论断的主要依据是：
> - 根据理查德·费曼与其他人的说法，"没有人真正懂得量子力学"。
> - 弦理论之中尚有许多未知因素，它们有可能构成不确定性，而他们认为是有关系的。
>
> ▶ 他们的问题涉及如下要点：
> - 是否不论风险多小、出于何种理由，对地球产生的威胁都不能被允许？
> - 谁拥有上述问题的决议权？

　　虽然地球瞬间的毁灭实乃大事，然而，后一个问题往往更加适用于其他决议——比如涉及全球变暖的议题。我希望本章及下一章将能使你确信，与其担忧地球被黑洞吞噬的可能性，还不如担心美国 401（K）法案❶的养老金被消耗光呢。尽管大型强子对撞机的计划表与预案都有风险，然而通过细致的调查、研究所修正的理论说明，黑洞并不具有任何危险。

必须明确，我这么说并不意味着我们没有必要提出这个问题。和其他人一样，科学家们也必须预估他们的行为所可能带来的危险结果。然而在黑洞的问题上，物理学家们建立在已有的科学理论和数据之上来评估风险并因此确定，并不存在令人不安的可能性。在前行到下一章讨论更一般的风险之前，本章将要探索，为什么某些人会考虑到大型强子对撞机产生黑洞的可能性，以及为什么人们对世界末日的担忧是一种完全被误导的想法。本章讨论的这些细节对下一章的一般性讨论而言并不重要，甚至对下一部分大型强子对撞机将要发现什么的概述而言也不重要。但是，它是物理学家们如何思考、预测，并为接踵而来的风险评估打下基础的一个示例。

大型强子对撞机中的黑洞

黑洞是某种事物，它的引力之强足以把任何离它过近的物体吸引进去。在某个被称为"事件视界"（event horizon）半径之内的任何事物都会被吞噬，并被束缚在其内部。即便是如光一般轻盈的事物，也会沦陷于黑洞那巨大的引力场中。任何事物都无法从黑洞之中逃脱。一名《星际迷航》的铁杆粉丝开玩笑说，它们是"最好的博格人"。任何遭遇黑洞的事物最终都将被吞噬，因为引力的铁律宣示着"抵抗毫无意义"❷。

事件视界

一种时空曲隔界线。在事件视界之外的观察者无法利用任何物理方法获得事件视界之内的任何事件信息。它是从黑洞中发出的光所能达到的最远距离。

------

❶ 401（K）计划的名称取自美国 1978 年《国内收入法》中的 401（K）条款。它是美国的一种特殊退休储蓄计划，其深受欢迎的原因是可以享受税收优惠。——译者注
❷ 这里的英文原文是 "resistance is futile"，这是《星际迷航》中博格人（Borgs）的象征。——译者注

当足够多的物质被集中在一个足够小的区域中时，引力将变得不可阻挡，黑洞就产生了。形成黑洞所需区域的大小取决于黑洞的质量。更小的质量必须被集中在相应的更小区域中，而更大的质量可以分布在更大的区域中。不管怎样，当密度很大且临界物质处在所需的体积内时，引力就会变得不可阻挡，黑洞就会形成。从经典角度来看（这意味着在计算中忽略量子力学效应），当这些黑洞吸引附近的物质时会不断变大。也是根据这种经典计算，黑洞永远不会衰亡。

在 20 世纪 90 年代之前，从没有人想过在实验室中制造黑洞，因为与典型的现代对撞机中的粒子质量或者能标相比，即便是制造最小的黑洞所需的质量也太过巨大。毕竟，黑洞有着极强的引力，然而任何我们已知单独粒子的引力都太过微小，远小于任何其他已知的相互作用力，比如电磁相互作用力。如果引力的强度与我们的预期相一致，那么在一个只有三个空间维度构成的宇宙里，在可达到的能标下，粒子的对撞远达不到所需的能量。然而，黑洞确实遍布宇宙——事实上，大多数大型星系的中心都有一个黑洞。然而，创造黑洞所需的能量至少比任何实验室能产生的能量要高出 10^{15} 倍（1 后面接 15 个 0）。

那么，为什么有人会提出大型强子对撞机中可以产生黑洞的可能性呢？理由是，物理学家们认识到，空间与引力的性质可能与我们迄今观测到的截然不同。**引力也许不只在已知的三个特定维度中传播，也会在目前不可见也无法察觉的额外维度中传播。额外维度在我们已经作出的测量下没有产生任何可以辨识的效应。但当达到大型强子对撞机的能标时，额外维度的引力（如果它存在）就有可能表现出可被探测的性质。**

如我们在第17章中所将见到的那样，在第7章中简洁地引入的额外维度是一个异乎寻常的观念，但是有着合理的理论基础，甚至有可能解释为什么我们已知的引力那么微弱。引力有可能在高维世界中很强，但是在我们观测到的三维世界中，它被"冲淡"而表现得很弱。或者，根据拉曼·桑卓姆和我的观点，它可能在额外维度中变化，因此在高维空间中，它可能在其他地方很强，然而在我们的位置却很弱。我们现在还不知道哪种观念是正确的。它们还远不能被确定，然而如第17章中将要提到的，对大型强子对撞机的实验物理学家有可能发现的事物而言，他们都是最有希望的竞争者。

这样的情节意味着，当我们探索额外维度在原则上可能出现的更小尺度时，引力的一种非常不同的表现形式有可能出现。包含额外维度的理论预示着，宇宙的物理性质应该在我们很快就能探索到的高能标与小尺度下发生变化。如果额外维度的实在性确实与观测到的现象有关，那么在大型强子对撞机的能标下，引力效应将会变得比我们之前想象的更强。在这种情况下，大型强子对撞机的结果不会简单地取决于我们已知的引力，还会取决于高维宇宙中的更强引力。

如果引力真的那么强，那么质子就可以令人信服地在一个小区域中对撞，从而约束住创造高维黑洞所需的能量。如果这些黑洞能持续足够久，那么就可以吸入质量与能量；如果它们把这一过程无休止地进行下去，那么它们就会变得很危险。这正是那些担忧者们所设想的悲惨结局。

幸运的是，黑洞的经典计算（只依赖于爱因斯坦的引力理论）并不是决定这个结果的事物。霍金有很多成就，然而他的成名之作是，量子力学机制为被吸入黑洞的物质提供了一种逃逸的可能性。量子力学允许黑洞衰亡。

黑洞的表面很"热"，它的温度取决于质量。黑洞像炽热的煤块一样辐射，把能量向四面八方传播出去。黑洞依然吸引离它过近的物质，然而量子力学告诉我们，通过"霍金辐射"从黑洞表面蒸发出来的粒子带走能量，所以它慢慢地使黑洞的质量变小。这个过程甚至允许很大的黑洞最终辐射掉它所有的能量，从而消失。

由于大型强子对撞机最多也就能达到恰好可以产生黑洞的能标，唯一可能产生黑洞的形式必然是微型黑洞。如果黑洞产生时小而炽热，正如大型强子对撞机中可能产生的那样，那么它非常有可能立即消失。根据霍金辐射而产生的衰亡会迅速让它覆灭。所以，即使更高维度的黑洞确实形成了（假设整个理论从一开始就是正确的），它们也不会存在足够长的时间而造成任何伤害。大型黑洞蒸发得十分缓慢，然而微型黑洞非常炽热，它几乎瞬间就把能量蒸发一空。从这方面来讲，黑洞是非常奇怪的。大多数物体，比如煤，会随着辐射而变冷，黑洞却随着蒸发而变热。最小的黑洞是最炽热的，因此其辐射也最为强烈。

由于我是一名科学家，我必须坚持严谨性。从技术上讲，以上论述的正确性取决于霍金辐射与黑洞衰亡确实存在。我们只理解非常巨大的黑洞，并精确地知道描述它们引力系统的方程。那些经过充分验证的引力定律给出了关于黑洞可信赖的数学描述。然而，对于极端微小的黑洞，我们并没有足够多的可信方程可以描述。于那些微型黑洞而言，量子力学将会生效——不仅是对蒸发过程，还对描述这些事物自身本质的过程。

没有人真正知道应该如何解决一个引力与量子力学共同支配系统中的问题。弦理论是物理学家们迄今为止最好的尝试，然而我们现在还不明白它的全部含义。这意味着，在原理上有可能存在漏洞。极端微小的黑洞只有可能通过量子引力理论来理解，它们不可能与我们应用经典引力理论导出的大型黑洞的行为相同。也许这种微型黑洞的衰亡速率压根就没有我们想象的快。

即便这样，这也并不是一个很严重的漏洞。只有一小部分人（如果存在的话）担心这类问题。只有可能长大的黑洞才可能具有危险性，微型黑洞不可能吸收足够多的物质而构成威胁。唯一潜在的风险是，微型黑洞在蒸发之前就成长到了危险的尺度。然而，即使是不能精确地知道那些黑洞是什么，我们也可以估计它们的持续时间。这些估计显示，它们的寿命对形成一个危险的黑洞来说是如此之短，以至于即使是处于概率分布尾端最不可能发生的事情，仍然非常安全。微型黑洞的行为不会与我们熟悉的不稳定粒子有太大的不同。如这些短命的粒子一样，微型黑洞也会很快地衰亡。

某些人依旧担忧，即便符合一切已知的物理理论，霍金辐射依然有可能是错误的，而黑洞有可能完全是稳定的。毕竟，霍金辐射理论未经观察证实，因为已知黑洞中的辐射太弱，我们不可能探测到。物理学家们有理由怀疑这种说辞，因为那样他们不仅要抛弃霍金辐射理论，还要抛弃很多独立的、经过良好验证的物理理论。此外，霍金辐射理论之下的逻辑能够直接预测许多已经观察到的现象，这让我们对它的有效性有了更强的信心。

虽然如此，霍金辐射从来没有被观测到过。所以，为了确保绝对的安全，物理学家提出了如下问题：

> 如果霍金辐射出于某种原因并不正确，大型强子对撞机中也许能产生稳定、永不衰亡的黑洞，那么它们会是危险的吗？

幸运的是，存在更强的证据证明，那些黑洞不存在任何危险。这些讨论不需要有关黑洞衰亡的假设，也不是纯理论的探讨，而仅仅出于在宇宙中实际观测到的证据。2008 年 6 月，两名物理学家，史蒂夫·吉丁斯（Steve Giddings）与米开朗基罗·曼加诺（Michelangelo Mangano）[1]，以及不久之后的大型强子对撞机安全评估小组[2]写下了明确的、以经验为基础的文章，令人信服地排除了任何黑洞灾难发生的情景。吉丁斯与曼加诺计算出了形成黑洞的可能速率，以及假使黑洞确实是稳定而不衰亡的，它们将在宇宙中产生什么样的影响。他们发现，即便我们还无法在地球上的加速器中达到足以产生黑洞的能量（即便是高维黑洞），在宇宙中这样的能量却经常可以被达到。由高能粒子组成的宇宙射线时时在空间中穿过，它们经常与其他事物碰撞。虽然我们没有办法像我们在地球上进行的实验一样去研究这些碰撞结果的细节，但是这些碰撞的能量至少与大型强子对撞机能达到的能量相当。

如果额外维度理论是正确的，那么黑洞就有可能从天体物理学的事物中产生，甚至从地球或者太阳中产生。吉丁斯与曼加诺对某些模型（速率取决于额外维度的数量）进行了计算，结果显示，黑洞成长得太慢，无法构成任何危险——即便是在数十亿年之后，大多数黑洞依旧会保持极小的状态。在其他情况下，黑洞确实可能吸收足够的物质而长大，但是它们往往是载荷的。如果它们确实危险，那么它们很早之前就会束缚在地球与太阳的内部，并把地球与太阳的物质都吸进去。由于地球与太阳看上去一切正常，那些载荷黑洞（即便是那些迅速吸引物质的）也不会造成危险的结果。

所以，唯一的危险来自不载荷且能迅速长大的黑洞。在这种情况下，地球的引力（唯一能让它们慢下来的力）不会有效地阻止它们。这样的黑洞会穿过地球，但我们不能用地球的存在性来论证它任何的潜在危险。

然而，吉丁斯与曼加诺排除了即使在这种情况下的危险性，因为大密度天体（即中子星与白矮星）的引力，能足够强到在黑洞逃逸之前阻止它们。随着极强的引力作用，超高能宇宙射线击打在这些高密度星体之上，并已经产生过大型强子对撞机中有可能产生的那种黑洞。中子星与白矮星比地球的密度还要大，大到它们的引力本身便足以把黑洞束缚在其内部。如果这样的黑洞确实被制造出来，也确实是危险的，那么它们就应该已经摧毁了我们已知存在了数十亿年的事物。宇宙中这种星体存在的数量表明，如果黑洞存在，它们就必然是安全的。即便黑洞确实形成了，它们也必须几乎立刻就消失，或者至少只留下无害而稳定的残余物。它们不会有足够的时间造成任何伤害。

除了这些之外，在吸引、毁灭物质的过程中，黑洞会释放出大量的可见光，而这种现象尚未被观测到。"我们所知的宇宙的存在"与"缺乏任何白矮星毁灭的信号"，是大型强子对撞机可能制造的黑洞并无危险性的有力证据。宇宙的这种状况告诉我们，地球不会被大型强子对撞机中的黑洞毁灭。

现在大家可以松一口气，舒缓一下心情了。然而，我还要把有关黑洞的故事继续讲下去——这一次是从我自己，一个在相关领域工作的物理学家的视角出发的。这些领域包括产生低能量黑洞所需的空间额外维度理论。

在黑洞论战吸引媒体眼球之前，我就已经对这个研究主题很感兴趣了。我的一位法国同事、朋友曾经任职于欧洲核子研究中心，现任职于一家称作奥格（Auger）的实验室。这家实验室主要研究穿过大气层来到地球上的宇宙射线。这个同事向我抱怨，大型强子对撞机分走了本可以用来研究相同能标的宇宙射线的资源。由于他的实验精确度太低，只有那些具有引人注目特征的事件才有可能被找到，比如正在衰亡的黑洞。

因此，我与一位时为哈佛大学博士后的同事帕特里克·米德

（Patrick Meade）合作，计算出了他们可能观察到的这种事件的总数。在更精确的计算之后，我们发现这个数字远小于物理学家们原本乐观的预测。我在这里使用"乐观的"这一修辞，是因为我们总是期待出现新物理学的证据。我们并不关心地球上乃至宇宙中可能发生的灾难，而我相信你现在也应该认为，这并不是什么真正值得恐惧的事情。

在意识到奥格实验室不会发现微型黑洞之后，即便更高维度的粒子物理学现象解释正确，我们的计算也让我们十分好奇：为什么其他物理学家声称大型强子对撞机中可能会产生大量黑洞？我们发现，这个数量也可能被大大地高估了。虽然粗略的估计显示，在那种情况下，大型强子对撞机有可能大量地产生黑洞；然而我们更细致的计算却说明事实并非如此。

帕特里克和我并不关心危险的黑洞。我们希望知道小型、无害、很快衰亡的高维度黑洞是否能产生，以及它是否预兆着高维度引力的存在。我们的计算结果表明，就算有可能，其概率也非常小。当然，如果真的有可能，那么这将是拉曼·桑卓姆与我提出的理论的一个良好证据。但是作为一名科学家，我必须承认计算结果。在这个结果下，我们不能抱有错误的期待。帕特里克与我（以及大多数物理学家）并不期待即便是小型黑洞的出现。

这才是科学家的工作方式。他们提出观念、粗略估算，然后再回头核实细节。事实上，细细推敲并修正原本的理念并非是愚笨的象征，而只是昭示着科学探索艰难而永无止境的标志。在我们确定理论、实验上的最佳结论之前，还要经历一些或是向前、或是向后调整的中间阶段。令人沮丧的是，帕特里克与我没有及时完成这些计算，导致我们未能阻止有关黑洞的论战深入媒体，并且引发了一场诉讼。

然而，我们的确意识到了，不论黑洞最终是否产生出来，有关其他大型强子对撞机中强烈相互作用着的粒子有趣的迹象，依旧会为引力与其他相互作用力的潜在本质提供重要的线索。我们还将看到在更高维度、更低能标下其他的信号。在看到这些奇异信号之前，我们知道并不存在制造黑洞的可能性。然而，这些其他信号本身也许最终可以阐明引力的某些性质。

这项工作证明了科学的另一个重要方面。即便科学范式有可能在不同范围的尺度下发生戏剧性的变化，但我们很少遇到数据本身发生突变的情况。已经被确认的数据有时确实会促成范式的变化，比如量子力学最终解释了已知的光谱线。在现行实验中发现的与预期的小小背离，往往会成为更加引人注目的证据的序幕。即便是科学的危险应用也需要一些时间来发展。科学家们应对核武器时代的某些方面负责，然而他们并没有出于意外就突然发现了一枚核弹。仅仅理解质量与能量的等价性是不够的。物理学家们必须更加努力，以把物质塑造成那种危险的爆炸形态。

如果黑洞有可能长大，那么它们确实有可能值得担忧，不过计算与观察都证伪了这种可能性。但是，就算它们可以长大，小型黑洞，或者至少是我们刚刚讨论过的粒子相互作用的引力效应，将会首先昭示出引力效应的变化。

最后我想说的是，黑洞不会有任何危险。但为了确保万无一失，我还是要在此承诺：我为大型强子对撞机不会制造出吞噬整个地球的黑洞负全部责任。

兰道尔和她的研究生是如何建议与核实这些事情的？
扫码找答案吧！

11

这是一项风险差事
KNOCKING ON HEAVEN'S DOOR

538 博客创始人内特·希尔（Nate Silver）——这位预言了 2008 年总统大选结果的最成功的预测家，2009 年秋天为了写一本关于预测学的书来采访我。而此时，我们面临着一场经济危机、一场明显无法取胜的阿富汗战争、医疗保健费用的攀升、潜在的不可逆转的气候变化，以及其他种种迫在眉睫的威胁。带着一点互惠互利的想法——因为我也有意了解内特对概率与预测于何时、因何有效的看法，我同意了与他的会面。

尽管如此，内特为何选择采访我却令我困惑。因为我的专长是预测粒子对撞的结果，而我怀疑身处赌城拉斯维加斯的人（更不用说政府的人）可能会为此赌上一局。我猜想也许内特会问我有关大型强子对撞机的黑洞问题。但是，尽管当时被撤销的诉讼暗示着可能的威胁，鉴于前文所列举的几个更加真实的威胁，我猜想内特也会问那件事情。

事实上，内特并不关心这个话题。他问了一些更技术的问题，关于粒子物理学家如何在大型强子对撞机与其他实验中进行猜想与预测。他感兴趣的是预测学，而科学家的事情正是进行预测。他希望可以更多地了解：科学家如何选择问题，其用来猜想可能发生事情的方法（我后文会介绍），等等。

无论如何，在考虑大型强子对撞机实验与猜想可能的发现之前，本章继续讨论风险问题。有关现今的风险问题的奇怪态度，以及何时、如何应该期待它们的困惑，需要我们进行一番讨论。新闻曾报道了无数没有预期到的，以及未得到缓解的问题的不良结果。也许粒子物理与尺度分离的考虑可以为这些复杂问题带来一些启示。大型强子对撞机黑洞的官司当然非常有误导性，但是它与现今紧迫的事情无时无刻不在提醒我们关于风险这个专题的重要性。

进行粒子物理学预测与其他风险评估不同，而我们只能用一个章节来浅显地阐述同风险评估与缓解相关的内容。更进一步，黑洞的例子不宜推广，因为它的风险本质上说并不存在。然而，在考虑如何评估与说明风险时，它可以帮助引导我们确定某些相关的事宜。我们将看到，虽然大型强子对撞机的黑洞从来不是一个威胁，但由于预测造成的误导应用却是一个威胁。

世界上的风险

当物理学家考虑大型强子对撞机的黑洞时，我们从已经存在的科学理论中推断尚无法探索的能标上的物理学。我们有严格的理论考虑以及明确的实验证据得出结论：**虽然我们还不知道将会发生什么，但未来不会发生任何灾难。** 在仔细考察之后，所有科学家一致认同，来自黑洞的危险风险可以被忽略，即使在宇宙的一生之中，它们也不可能构成任何问题。

这完全不同于其他潜在危险的解决方法。我仍然有些困惑：为什么几年前经济学家与金融学家未能预见即将到来的金融危机，或者甚至没有预见到一次危机被避免之后可能是为一次新的危机埋下伏笔。经济学家与金融学家在预测平稳的经济运行时并没有达成一个共识，以至于没有人进行干预，致使最后经济濒临崩溃。

2008 年年末，我参与了一个跨学科会议的小组讨论。我被询问到关于黑洞威胁的问题，这并非第一次或者最后一次。坐在我右手边的高盛国际公司的副总裁同我开玩笑说："每一个人所面临的真实黑洞危险其实是经济。"这个类比非常恰当。

黑洞通过强烈的吸引力捕获所有近邻的物质并将之转化。因为完全可以根据黑洞的质量、电荷与所谓的角动量来对它们进行分类，黑洞不记录进入的物质以及它们如何进入，所以进入黑洞的信息看似丢失了。通过走漏的辐射的微妙关联，黑洞非常缓慢地释放着信息。更进一步地，大黑洞的衰减缓慢，而小黑洞则立即衰减消失。这意味着小黑洞的寿命不会太长，而大黑洞本质上太大而不会消失。这是否使我们头脑灵光一现？信息以及债与衍生品被银行吸入而转化成不可解读的、复杂的资产。之后，信息以及其他进入的东西只能缓慢地被释放出来。

今天讲述了太多全局的现象，我们是在一个宏观的尺度上进行一个无法操控的实验。有一次在《海岸到海岸》（*Coast to Coast*）的广播秀中，我被问及，如果某个实验有可能威胁到整个世界，那么不管它有多么诱人，我是否会展开此实验。令绝大多数保守的广播听众懊恼的是，我的回答是：我们事实上已经在做这样的实验——碳排放。为什么人们不去担心它呢？

随着科学的进步，鲜有突然的变化在没有任何提前的暗示中发生。我们不知道气候将发生灾难性的变化，但是我们已经看到了来自融化的冰川与气候改变的暗示。经济也许在 2008 年迎来了突然的崩溃，但是许多金融学家也已知道得足够多，从而在崩塌前离开市场。新金融工具与高碳排放量是有可能酿成急剧变化的。在这些真实的世界条件下，问题不在于是否存在风险。在这些案例中，我们需要决定：

> 如果我们合理地考虑了可能的危险，那么应该如何决定一个可以接受的警觉程度。

计算风险是第一步

从理论上讲，第一步是计算风险。有时人们就是把概率算错了。当约翰·奥利弗（John Oliver）在《每日秀》（The Daily Show）中就黑洞的问题采访大型强子对撞机的一个诉讼当事人沃尔特·瓦格纳时，瓦格纳已经对大型强子对撞机的毫无信任，他说大型强子对撞机有 50% 的概率摧毁地球，因为这件事要么发生、要么不发生。奥利弗怀疑地回应说他"不确定概率原来是这样推算出来的"。值得庆幸的是，奥利弗是正确的，我们的确可以给出更好的（即不是那么平均的）概率估计。

情况并不总是那么简单。可以考虑不利环境变化的概率，或者中东恶性局面的概率或者经济的运行情况，这些是更加复杂的情况。不仅表述这些危机的方程难于被解决，实际上我们甚至连方程是什么都不知道。对于气候变化，我们可以进行模拟以及研究历史的记录；对于另外两个问题，我们可以试图探究历史上相似的情形，或者简化模型。但是在这三种情形中，许多不确定因素使得任何预测都显得苍白无力。

准确与可信的预测非常难以获得。甚至当人们竭尽全力把所有相关因素都考虑到模型中时，进入任何一个特定模型中的输入与假设也可能强烈地影响其结果。而如果伴随着这些底层假设的不确定性变得更多，那么一种低风险的预测就失去了意义。要使预测具有价值，不确定性的彻底性与直接性就至关重要。

在考虑其他例子之前，让我先通过回顾一个小逸事来阐述这个问题。

在我早期的物理学研究生涯中，我注意到，标准模型允许我们感兴趣的某个特定物理量拥有更广阔的数值范围。由于量子力学的贡献，该范围依赖于（当时）近期测到的、非常巨大的顶夸克的质量。当将结果在一个会议上汇报时，我被问及可否将我的新预测用顶夸克质量的函数曲线来刻画。我回答不行，因为我知道有几个不同的因素，而剩下的不确定性允许的可能性范围太宽，以至于不能给出这样一条简单曲线。然而，一个"专家"同行低估了这里面的不确定性，他给出了这样一条曲线（与现今关于现实世界所做的许多预测没什么不同），并且在一段时间内他的预测被广泛引用。最终，当测量到的物理量并没有落在他所预测的区域中时，这种不一致要追根溯源到他对不确定性过度乐观的估计上。显然，最好一开始就避免这种尴尬，无论在科学领域还是现实世界的任何情形中。我们期望预测有意义，并且如果我们对待输入的不确定性足够仔细的话，那么预测还是唯一的。

现实世界情形表述的是更为棘手的问题，要求我们更加仔细地对待不确定性与未知因素。我们必须谨慎地使用定量预测，而不能不考虑这些问题。

一个绊脚石是，如何合理地考虑系统风险，它们几乎总是很难量化。在任何大型的交互系统中，多个失效模型中的大型元件往往来自最不受注意的较小部件的互联。信息可以在转换中丢失或从一开始就没有参与进来，而且这种系统性问题可以将其他潜在风险的后果放大。

当我到一个委员会处理NASA安全问题时，第一次看到这种结构性问题。为了适应这种安抚不同选区的需要，NASA的站点遍及整个美国。即使任何独立站点会看顾各自的装置，在连接上它们却没有机构投资。接着，大型组织也援引这种做法。信息在不同次级系统的交互中很容易丢失。NASA与航空工业风险分析师乔·弗拉格拉（Joe Fragola）做了研究，他给我的一封邮件中写道："我的经验表明，离开了项目专家之间的联合活动，系统集成团队与风险分析小组进行的风险分析注定是不全面的。特别地，所谓'一站式'风险分析就变成了精算练习，并且只有学术界才感兴趣。"在广度与细节之间往往有一个权衡，但是两者从长远来看都非常关键。

这种失败的一个显著案例是英国石油公司（BP）在墨西哥湾的漏油事件。

2011年2月在哈佛大学的一个演讲中，物理学家彻丽·默里（Cherry Murray）与BP公司深水地平线石油泄漏及海上钻井委员会的其中一员谈到，管理失败是BP公司石油事件的一个主要因素。理查德·西尔斯（Richard Sears），作为该委员会的资深科学家、工程顾问以及壳牌石油公司深水服务部的副总裁，认为BP公司管理层每次只解决出现的问题，而没有形成一个他所称的"超线性思维"的全局图。

虽然粒子物理学是一个特殊而艰难的行业，但是它的目标却是将简单的底层元素分离出来，以及基于我们的假设作出清楚的预测。其挑战在于达到小尺度与高能标，而不在于解决复杂的关联。即使我们不必知道哪一个基本模型是正确的，也可以作出预测（在给定模型的情形下）。例如，当大型强子对撞机的质子与质子对撞时，什么类型的事件可以发生。当小尺度被纳入到大尺度中时，适用于大尺度的有效理论可以精确地告诉我们小尺度何时进入，以及我们忽略小尺度细节所造成的误差。

然而，在绝大多数情况下，我们第 1 章介绍的由于尺度不同带来的清楚分隔并不适用。尽管有时可以共用方法，但是引用几位纽约银行家的说法，"金融不是物理的分支"。在气象领域与银行界，对小尺度关系的认知往往对决定大尺度的结果非常重要。

缺乏尺度分隔可能带来灾难性的后果。以巴林银行的倒闭为例。在它倒闭那一年之前，建于 1762 年的巴林银行是英国最老的商业银行。它曾经为拿破仑战争、路易斯安那购地案以及伊利运河提供资金。而到了 1995 年，仅仅由一个小办公室的流氓交易员在新加坡作出的坏赌注就几乎将它带向了金融崩溃。

不久前，美国国际集团（AIG）的约瑟夫·卡萨诺（Joseph Cassano）的阴谋将 AIG 领向失败的边缘，AIG 又面临着全世界主流金融行业崩溃的威胁。卡萨诺负责 AIG 一个相对很小（400 人规模）的称为 AIG 金融产品的单位，即 AIGFP。AIG 之前一直在进行合理、稳定的投注，直到卡萨诺开始雇用信用违约互换（credit-default swaps，一种由各家银行推出的复杂投资工具）来对冲对抵押债务的投注。

在看似要恢复到传销时代的对冲计划中，卡萨诺的团队逐渐攀升到 5 000 亿美元的信用违约互换，超过 600 亿美元与次级抵押贷款相联系。[1] 如果子单元可以被纳入到大系统中，就像物理中一样，那么较小部分就会以可以操控的方式在更高层次上产生信息或者活动，使得上层可以随时监管处理。但是对尺度分隔的过度违背，让卡萨诺的阴谋没有受到任何监管，并渗透到整个操作中。他的活动没有像证券、赌博、保险一样被规划。信用违约互换遍及全球，没有人研究过它的潜在意义。因此当次贷危机爆发时，AIG还没有准备好，它就崩盘了。美国纳税人最终要承担这些损失以拯救该企业。

出于对个别机构健全性的考量，安全监管机构开始在一定程度上关注传统的安全问题，但他们并没有对整个系统或与它相关联的风险进行评估。有重叠债务与义务的更为复杂的系统，要求更好地理解这些相互联系，并进行更全面的评估、比较、风险裁决，以及对可能的益处的权衡。[2] 这个挑战适用于绝大多数大系统以及被认为是相关的时间区域。

这让加重我们计算和处理风险的困难性的因素更多了：我们的心智、市场与政治体系对于长短期风险所采用的不同逻辑——有时是理智的，但常常是贪婪的。大多数经济学家与一些金融学家知道，市场泡沫不会无限期地持续下去。**风险不是指泡沫终究会破裂，而是指泡沫在不久的未来会破裂**。驾驭或者膨胀此泡沫——甚至连你都知道是不能持续下去的泡沫，如果你随时准备好在任何时候获取盈利（或者股息）并关闭商店，那么也就不算是目光短浅。

在气候变化的情形中，我们实际上不知道如何刻画格陵兰冰层的融化量。如果我们询问它在有限时间区间（比如说在接下来的几百年）开始融化的可能性，那么它的概率就更不确定了。但是不知道这个数字，我们也无须把头埋进冰水或者格陵兰的原生态冰水中。

我们很难就以下两点达成共识：

● 气候变化到什么程度才算具有风险？

● 当环境中可能相对缓慢的后果出现时，我们如何、何时避免这些气候变化带来的风险？并且，我们也不知道如何估计行动或者不作为的代价。

如果有变化更强烈的气候事件发生，我们更可能立即采取行动。而无论我们行动多快，对环境来说都为时已晚。这意味着，即便是不会导致灾难的气候变化也同样值得人们关注。

甚至当知道某种结果的可能性时，我们倾向于将不同的标准应用于低概率且具有大灾难结果的事件，而不是应用于高概率但结果并不太具有戏剧化的事件。我们听到的关于飞机失事与恐怖袭击的事件比汽车事故的多，而实际上每年死于汽车事故的人数要多得多。人们甚至不知道概率就谈论黑洞，只是因为灾难情景的结果听起来很悲惨。另一方面，许多低（或者不是很低）概率由于在雷达下的可见度低而被忽略。甚至海上钻井一开始被认为是完全安全的，直到墨西哥湾灾难真实发生后人们才知道错了。[3]

一个相关的问题是：有时巨大的收益或者成本来自概率分布的末端——那些最不可能的事件以及我们知道得最少的事件。[4]从理论上讲，我们希望我们的计算结果是由已经存在的相关情形的中间或平均估计客观决定的。但是如果类似的事情从来没有发生过或者如果我们完全忽略了可能性，那么我们是没有这样的数据的。如果成本或者收益在这些地方也足够高，假设你事先知道它们是什么，那么它们就会主导预测。无论如何，传统的统计方法不适用于这些数据太小、以至于取平均值没有意义的事件。

金融危机的发生是由于事件都出现在专家所考虑的范围之外。许多人基于可预测的方面赚钱，但是假设不可能事件决定了某些更负面的发展事态。在为金融工具的可信度建立模型之时，使用的绝大多数数据来自前几年，它们没有包含经济下滑（或急剧下滑）的可能性因素。关于是否需要调控金融工具的评估，也基于市场上升的那段时间。甚至当市场跌落的可能性也考虑进去时，跌落的假定数值也因为过低而不能准确地预言由于缺乏经济调控而造成的真实损失。本质上讲，没有人会关注可以主导危机的"不可能"事件。也许在其他情况下看起来很显而易见的风险，却从未被考虑在内。但是即使是不可能的事件，如果它们具有显著的影响，也需要被考虑进来。[5]

由于错误的潜在假设而导致的风险评估困难，是任何风险评估的疫病之源。而没有这些估计，任何估计都存在内在偏见。除了计算中的问题与隐藏在假设中的偏见，许多实际的政策决策还包含"不知之不知"（unknown unknowns）❶因素，即不能或者还没有被预期到的因素。有时我们根本无法预知会造成麻烦的那些确切的不可能事件。这使得所有的预测尝试（考虑不到这些未知因素是不可避免的）变得完全没有实际意义。

缓解风险

幸运的是，我们在求知探索的过程中，百分之百地确信制造出危险的黑洞的概率微乎其微。我们不知道出现灾难结果的确切的概率数值，但我们也无须知道，因为它完全可以被忽略。如果任何事件在宇宙的一生中都不会发生一次，那么它可以被放心地忽略。

然而更一般地，量化一种可以接受的风险的水平是极其困难的。我们当然希望完全避免主要的风险——那些使生命、地球或

---

❶ "不知之不知"是美国前国防部部长拉姆斯菲尔德（Donald Rumsfeld）在 2002 年 2 月回应记者提问时的名句。——译者注

者其他我们珍视的东西濒临绝境的风险。在我们能承担的风险之下，我们希望有方法来估计谁能受益、谁会失利，以及随之而来的可以评估与预期风险的系统。

风险分析师乔·弗拉格拉关于气候变化以及其他相伴的潜在危险的评论是：

> 真正的问题不是这些是否会发生，也不是它们的后果如何，而是它们发生的概率有多少、相关的不确定程度是多少。不仅基于发生的概率，也基于我们可能的举措来缓解它们的概率。有多少全球资源可供我们支配来解决这些危险？

调控往往依赖于所谓的成本-收益分析来评估风险与决定解决方案。表面上看，这个想法听起来很简单。计算支出与收益，并考察所提出的改变量是否值得。在许多情况下，这也许是最可行的方案，但是它可能产生一种危险的、但貌似数学严谨的欺骗性。而实际上，成本-收益分析是非常困难的。问题所涉及的不仅是成本与收益的度量——这本身已经是一种挑战了，而且还要事先定义什么是我们所指的成本与收益。许多假定情况涉及太多未知因素，以至于无法进行可以信赖的计算或者率先计算风险。我们当然可以尝试，但是需要将这些不确定性考虑进去，或者至少识别出来。

一种可以预期近期与将来的成本与风险的合理体系，毫无疑问是有用的。但是并非所有的交易都可以完全通过它们的成本进行评估。如果承担风险的东西是根本不能被取代的，又当如何？[6]要是大型强子对撞机可以在我们一生（或者甚至在百万年）中以一个相当高的概率产生可以吞没地球的黑洞，那么我们当然必须把这个实验终止。

即使我们最终会大大地得益于基础科学的研究，抛弃一个项目的经济成本也鲜少可以计算出来，因为收益很难量化。大型强子对撞机的目标包括获取基础认知，包括对质量与相互作用的更好理解，甚至可能包括对空间本质的理解。其好处也包括促使受过良好教育的大众深思与宇宙相关的问题。从更实用的角度来讲，我们一直在追随欧洲核子研究中心通过互联网创造的信息进步，网格（grid）使得全球信息处理成为可能，而电磁技术的进展产生了核磁共振等医疗设备。基础科学进一步应用的可能性可能会存在，但目前这些都是无法预期的。

成本 - 收益分析很难应用于基础科学之中。一个律师开玩笑地将成本 - 收益方法应用于大型强子对撞机并指出，与所提出的极其微小可能性的巨大风险相伴，大型强子对撞机也具有以极小可能解决世上所有问题的惊人效果。当然，尽管无数多律师都尝试过，没有哪一个结果恰好与标准的成本 - 收益计算相吻合。[7]

至少科学得益于它"永恒的"真理目标。如果你发现了世界运行的方式，那么不管你多快或者多慢地发现它，它都是真实存在的。我们当然不希望科学的进展很慢。但是大型强子对撞机的延期显示了太快运行它的危险。总的来说，科学家致力于安全的前行。

成本 - 收益分析对于任何复杂情况来说，都充满难度，例如气候变化政策或者银行业务。虽然原则上来讲成本 - 收益分析是合情合理的，并且可能也不存在什么禁忌，但是你如何应用它却可以产生巨大的差异。本质上讲，当成本 - 收益分析的捍卫者问我们如何可能做得更好时，他们会用成本 - 收益论证来证明一种方法，而且他们往往是对的。我只是倡议我们将方法应用在哪里，且更科学地应用它。我们需要清楚地知道我们所展示数据中的不确定性。在科学分析中，我们需要考虑错误、假设、偏差，并将它们公开出来。

气候变化一个很大的影响因素是：成本或者收益针对的是局部地区、国家还是全球。潜在的成本或者收益也可以越过这些范围，但我们并不总是将这些考虑周全。

美国政治家反对《京都议定书》的一个原因是：它对美国，特别是对美国的商业来说，成本将超出其收益。但这种算法并不真实，因为它没有考虑长期的全球不稳定性的成本，或者由于环境调控带来的可能繁荣的新商业收益。许多有关缓解气候变化成本的经济分析未能考虑，由于革新或者对外国依赖程度减轻，而产生的潜在附加经济收益。这里牵涉了太多未知因素。

这些例子也产生了如何评估与缓解跨国风险的问题。设想，黑洞真的造成了对地球的威胁，那么在夏威夷的某人可以合法地起诉这样一个在日内瓦进行的实验吗？根据现有的法律，答案是否定的，他只能在国内提起诉讼，干预美国财政对该实验的投入。

核扩散是另一个将全球稳定置于危险之中的问题。目前我们对于其他国家产生的危险只有有限的约束力。气候变化与核扩散看似是一国内政，但其影响力却可能会涉及其他国家或机构。当风险超越国界或法律管辖权时，如何去做就成为困难的政治问题。但它显然是一个重要的问题。

作为一个完全国际化的机构，欧洲核子研究中心的成功关键在于它的多方成员共有同一个目标。一个国家可以试图减少它自身的贡献，但是除此以外，各自的利益并不牵涉其中。所有参与的国家一起协同运作，因为科学的价值对它们来说是相同的。主办国——法国与瑞士，也许在劳动力与基础设施上占据一点经济优势，但总体而言，这不是一场零和博弈。❶并不存在一国受益而另一国失利的情况。

大型强子对撞机的另一个显著的特征是：如果发生任何技术或者实用问题，欧洲核子研究中心与其成员国需对其负责。2008年液氦泄露爆炸事故的维修费用需要由欧洲核子研究中心的预算支付。没有人，特别是在大型强子对撞机工作的人，可以从机械事故或者科学灾难中获利。当成本与收益不能完全匹配、受益者对风险不负全责时，成本 - 收益分析就无用武之地。这与科学常常试图解决的封闭体系问题所采用的论证方法非常不同。

在任何情况下，我们都希望避免道德风险，也即，当人的利益与风险不一致时，人们可能有动机承担更大的风险。我们需要合理的动机。

例如对冲基金。一般合伙人在赚钱的时候，每年会从基金获得一定比例的盈利，但是如果基金面临损失或者破产时，那么他们也不会放弃相当比例的盈利。个人获得利润，而他们的雇主（或者纳税人）分担损失。有了这些参数，对雇员来说最具有盈利性的策略将促成浮动与不稳定性。一种有效体系与有效的成本 - 收益分析将对风险、回馈与责任的分配负起责任。它们必须将涉及不同类型与规模的人们的因素分离开来。

银行业务在风险与收益不一致时也会面临明显的道德风险。一种"大到不能失败"的政策与弱杠杆限制的结合会产生一种情况：对损失负责的人们（纳税人）与利益的最主要代表方（银行

❶ 零和博弈，又称零和游戏或零和赛局，与非零和博弈相对，是博弈论的一个概念，属非合作博弈。零和博弈表示，所有博弈方的利益之和为零或一个常数，即一方有所得，其他方必有所失。——译者注

与保险公司）不相一致。人们可以就 2008 年的救市是否有必要展开争论，但最初通过责任来调整风险以阻止情况恶化的举措似是一个好方法。

而且，所有关于大型强子对撞机实验与风险的数据都是现成的。安全报告放在网上，任何人都可以查阅。当任何机构如果在失利时或者存在潜在的不稳定性时，期待获得救援，就应该提供足够的数据，以使相关的收益风险比可以被外界评估出来。准备好可供访问的可靠数据，能够帮助抵押贷款专家、监管机构或者其他机构来预测未来的金融风险或其他风险。

虽然解决方法不在它自身，但是另一个至少可以改善或者澄清分析的因素是：在利益与风险类别方面，将尺度与时限考虑在内。尺度问题可以转变成计算中牵涉的是谁的问题：它是单独个体、一个组织、一个政府还是整个世界，以及我们所关注的期限是一个月、一年还是十年？对高盛公司来说好的政策，可能最终并不能使整体经济受益或者使个人受益。这意味着即使存在完全准确的计算，也不能保证结果正确，除非它们被应用在基于问题的正确、仔细的思考上。

当制定政策或者评估成本与收益时，我们倾向于忽视可能来自全球稳定局面与帮助他人的收益——不仅出于道德考量，而且出于长期考量。一部分原因是，这些增益很难量化；还有一部分原因是，在瞬息万变的环境中做评估与制定强有力的法规所面临的挑战。不过，很显然，考虑了所有可能好处的法规，不仅仅是那些针对个人、机构或国家的法规，而且更加可靠，甚至可能创造一个更美好的世界。

时间框架也可以影响计算成本或者收益的政策决定，如同决策方所做的假设，也如我们所看到的金融危机。在其他方面，时间尺度也有影响，因为行动过于匆忙会增加风险，而快速交易则可以提高收益（或利润）。但即使快速交易可以使定价效率更高，但快速交易并不一定能使整体经济受益。一位投资银行家向我解释可以出售股份是多么重要，但即便如此，他也无法解释为什么他们在持有仅仅几秒甚至更短的时间之后，就需要出售，而事实上，他与银行赚了很多钱。这种交易在短期内为银行与金融机构创造了更多的利润，但从长远来看，它们加剧了金融行业现有的弱势。也许一个在短期竞争中不占优势的系统却可以激发人们更多信心，在长期范围内可能更有利可图，因此是更好的选择。当然，我提到的那位银行家在一年内就为他的机构赚了 20 亿美元，所以他的雇主可能不会认同我的建议。但是任何最终为这笔利润埋单的人则可能会认同。

专家的角色，科学里没有金色降落伞

许多人听信了错误的教训，并得出结论认为缺乏可信的预测意味着缺乏风险。事实上恰恰相反。在我们可以确切地排除特别的假设或者模型之前，可能的结果是包含在所有可能范围之内的。尽管存在不确定性以及诸多预测危险结果的模型，但在气候或经济（或者海上钻井）中糟糕之事发生的概率是小到可以忽略不计的。也许有人会说，在一个明确的时间跨度之内，这些风险发生的机会是很小的。然而，从长远来看，除非我们有更好的信息，在很多情况下忽略这些危险将导致灾难性的结果。

只对底线感兴趣的人会联合起来反对调控，而那些对安全与预测感兴趣的人则为其辩护。人们很容易在两方阵营动摇，因为想在两者之间画一条界线本身就是一个让人望而生畏的任务。在计算风险时，不知道决策点不表示它不存在或者我们不应该定下最好的趋近目标。即使没有可以作出细致预测所必须的启示，也应当先解决结构问题。

这带给我们最后几个重要问题：

- 谁来决定？
- 专家的角色如何？
- 谁能评估风险？

鉴于大型强子对撞机所涉及的资金与管理机构以及审慎的监督，我们可以认为风险已经被充分地分析过了。而且，在它所能达到的能标上，我们并未处在粒子物理学基本出发点即将失效的新区域。物理学家很确信，大型强子对撞机是安全的，并且我们期待粒子对撞的结果。

这并不是说科学家对此不负重大责任。我们总是需要确保科学家对风险有责任而且非常谨慎。我们需要像对待所有科学机构一样，对大型强子对撞机满怀信心。如果你在创造物质或者微生物，或者其他以前不存在的东西（或者为了得到它，在地球上钻出深井或者进行其他前沿探索），你需要首先确信不会产生什么极其糟糕的后果。关键是理智地做事，而不是相信毫无理由的、从而可能阻碍进步与收益的谣言。不仅科学如此，任何有潜在风险的努力也是如此。对于想象中的未知因素，甚至对于"不知之不知"的答案就是，理性以及在需要时实施干预的自由度。在墨西哥湾的任何人都可以证明，你需要具有在出错时将输油开关关闭的能力。

在本章前面，我总结了博客作者与怀疑论者对物理学家所采用的黑洞计算（包括基于量子力学）方法的抗议。霍金确实使用量子力学得出了黑洞衰亡的猜想。尽管费曼提出"没有人真正理解量子力学"，物理学家却明白如何应用它，即使我们对量子力学为何是正确的，无法形成什么哲学洞见。我们相信量子力学，因为它解释了数据并且解决了经典物理学无法解释的问题。

当物理学家为量子力学争辩不休时，他们争论的不是它的预测能力。它一再的成功"迫使"一代又一代的学生与研究人员接受其理论的合理性。现今关于量子力学的论辩在于它的哲学基础。是否存在其他拥有经典前提的理论，然而又可以预言出量子力学的怪异假设？即使人们在诸如此类的问题上取得了进展，它也不能对量子力学的预测产生任何影响。**哲学进步可能影响我们用于表述预测的观念框架，却不能改变预测本身。**

以此为鉴，我发现在这个方向上有重大进展是不可能的。量子力学可能就是一个基本理论，它比经典力学丰富。所有经典预测都是量子力学的极限形式，但是反之不然。因此很难相信我们最终可以用经典的牛顿逻辑来诠释量子力学。试图用经典基础来诠释量子力学的行为，就好像我用意大利语写这本书。所有我能用意大利语说出来的话我也可以用英语说，但是由于我的意大利语的词汇量有限，反过来则不一定了。

虽则如此，无论是否赞成哲学的出发点，所有物理学家都对如何应用量子力学具有认同感。量子力学的预测是值得信赖的，而且已经被验证过很多次了。哪怕没有它们，我们仍然有其他实验证据（以地球、太阳、中子星与白矮星等的形式）来证明大型强子对撞机是安全的。

大型强子对撞机的危言耸听论者也反对使用弦理论的意图。的确，使用量子力学还勉强可以接受，而依赖弦理论则是不可能的。但是关于黑洞的结论却从来不需要弦理论。人们的确竭力使用弦理论来理解黑洞内部，即根据广义相对论能量密度变成无穷大的表观奇点（apparent singularity）❶的几何学。并且人们已经

----

❶ 黑洞的中心处应该是引力奇点（gravitational singularity），黑洞的视界处才是表观奇点。——译者注

通过基于弦理论的计算给出非物理条件下的黑洞蒸发，来支持霍金的结果。但是黑洞衰亡的计算依赖于量子力学，而非完全的量子引力理论。甚至在没有弦理论的情况下，霍金也可以进行他的计算。一些博客所贴出的问题说明，缺乏足够的科学理解来权衡这些因素。

对于这种反对的一种普遍解释是：反对不是针对科学本身而是针对科学家们理论中"基于信仰"的信念。毕竟，弦理论已经超出了实验可以验证的范围。然而许多物理学家认为它是对的，并且继续研究它。但是科学界关于弦理论的各种观点，很好地说明了正好相反的观点。没有人会考虑弦理论中的安全因素。一些物理学家支持弦理论，一些则反对。然而他们也知道它既没有被证明，也没有完全被排除。在人人都认同弦理论的有效性与可靠性之前，在有风险的情况下应用弦理论将是鲁莽的行为。至于我们的安全问题，"弦理论尚未取得实验结果"，不仅是我们还不知道它是否正确的原因之一，也是它不需要我们在有生之年预测将遇到的真实现象的原因。

尽管我确信可以信赖专家，来评估来自大型强子对撞机的潜在风险，我也意识到了该策略可能存在的限制因素，而且我也不清楚如何解决它。毕竟，"专家"告诉我们，衍生品是最大限度减少风险的方法，而非创造潜在的危机。经济学"专家"告诉我们，放松管制对美国企业的竞争力是至关重要的，而不会导致美国经济发展的衰落。"专家"还告诉我们，只有银行业的人充分理解了他们的交易，才能解决其困境。那么问题来了，我们如何确认专家的考虑是足够全面的呢？

显然，专家们也可能毫无远见，他们的利益也可能发生冲突。我们可以从科学中学到什么经验吗？

我下面的话并非出于偏见。在大型强子对撞机可以产生黑洞一事上，我们审查了可以在逻辑上设想的所有潜在风险，考虑了理论论证与实验证据。我们还想到了在宇宙中使用相同的物理条件，而没有破坏任何邻近结构的情况。

经济学家对存在的数据也作了相似的比较，如此乐观是很好的。但是卡门·莱因哈特（Carmen Reinhart）与肯尼斯·罗格夫（Kenneth Rogoff）的著作《这次不一样》（*This Time Is Different*）却不这么认为。虽然经济条件并不相同，但是在经济泡沫中，一些广泛的措施却会一再出现。

> 现今，许多人认为的没有人可以预期放松管制所带来的危险的论断也站不住脚。商品期货交易委员会（CFTC）的布鲁克斯丽·波恩（Brooksley Born）曾经对期货与商品期权市场作出预测。她指出了放松管制的危险，事实上她还相当合理地建议了对潜在风险的探索，但是她却被喝止了。当时并不存在关于多少警戒是合理的具体分析，但只有一个派系认为行动缓慢对商业发展不利（正如华尔街在短期所呈现出来的那样）。

对调控与政策发表过观点的经济学家，可能在政治与金融方面拥有影响力，而这可能会干扰到事情的正确执行。理想情况下，相比于政治，科学家们更关注具有优越性的论点，甚至包括那些与风险相关的论点。大型强子对撞机的物理学家做了严肃的科学调查，以确保没有灾害发生。

虽然也许只有金融专家才了解某个特定金融工具的细节，但是任何人都可以考虑一些基本的结构性问题。大多数人甚至在没有预测、不理解可能导致崩溃发生的触发因素时，都能理解为什么一个过度杠杆调控的经济体是不稳定的。并且大多数人都可以理解，用纳税人的钱不加限制或者限制很少地提供给银行上千亿美元的资金，可能也不是什么好办法。甚至一个水龙头的安装方式也要考虑到开、关的可靠方法，或者即便是一个拖把的设计和摆放，也要考虑其对环境整洁度的影响。人们很难理解为什么同样的考虑不能应用于深海石油钻井平台的设计上。

当我们考虑专家时，心理因素介入了。《纽约时报》的经济专栏作家大卫·伦哈特（David Leonhardt）撰文道，在2010年时，将经济学家艾伦·格林斯潘（Alan Greenspan）与本·伯南克（Ben Bernanke）的错误归因于"比经济因素更重要的心理因素"。他解释说："他们被困在传统智慧的恶性循环中。困扰'挑战者'号航天飞机的工程师、越南与伊拉克战争的设计者，以及驾驶舱发生悲剧性错误的飞行员等人的弱点，也困扰着他们两人。两人没有充分地质疑自己的假设。这完全是人为错误。"[8]

解决复杂问题的唯一方法是广泛听取他人意见，甚至是外行人的意见。尽管银行家有能力预测可能会陷入黑洞的经济，但孤芳自赏的银行家们却满足于现状，而不顾警告。我们都聚在一起，为正确的答案投票，在这个意义上，科学是不民主的。但是，只要有人提出一个有效的科学观点，它最终会被注意到。通常人们会关注来自更杰出科学家的发现与见解。尽管如此，一个不知名的人，只要能提出一个好的观点，最终他也会获得人们的关注。

由于一个知名科学家的聆听，一个不知名的人甚至可以马上被他人注意到。这就是为什么爱因斯坦能通过一种理论，就几乎立即动摇了科学的基础。而理解了爱因斯坦相对论见解的德国物理学家马克斯·普朗克，那时恰巧负责管理最重要的物理学杂志。

今天，各种想法都可以通过互联网快速传播，这让我们受益颇丰。任何一个物理学家都可以写一篇论文，并通过物理资料库第二天将其发送出去。当卢博胥·默托（Luboš Motl）在捷克读本科时，他解决了罗格斯大学（Rutgers University）一名杰出科学家正在研究的科学问题。汤姆·班克斯（Tom Banks）会注意任何好的想法，即使它们来自一个他从未听说过的研究所。不是每个人都那么容易接受新观点，但哪怕只有几个人关注，一个好想法最终也将进入科学的殿堂。

大型强子对撞机的物理学家与工程师为了确保安全不惜牺牲时间与金钱。他们在不丧失安全性或准确度的前提下，尽可能地节省开支。每个人的利益都是一致的。**没有人可以在经不起时间考验的结果上获得任何好处。**

科学注重的是声誉，科学中没有金色降落伞。❶

超前预测

希望大家现在都同意，我们不应该担心黑洞——虽然我们有许多其他事情值得担心。在大型强子对撞机的情况中，我们应该思考它能提供的所有好东西。它所产生的粒子将有助于我们解答有关物质基础结构的深层次、根本性问题。

回到我与内特·希尔的谈话，我意识到了我们的特殊情况。在粒子物理学中，我们可以把自己限制在足够简单的体系内，采用系统的方法在旧的基础上建立新的结果。有时，我们的预测源于基于现有证据产生的正确模型。在其他情况下，我们的预测基于那些我们有理由相信可能存在，并通过实验滤掉了一些可能性

---

❶ 金色降落伞（Golden Parachute，又称黄金降落伞），是一种补偿协议，它规定在目标公司被收购的情况下，公司高层管理人员无论是主动还是被迫离开公司，都可以得到一笔巨额安置补偿费用，金额可能高达数千万甚至数亿美元，这会使收购方的收购成本增加，成为抵御恶意收购的一种防御措施。但其弊端是，巨额补偿有可能诱导管理层低价出售企业。——译者注

的模型。甚至在还不知道这些模型是否正确之时，我们可以预测实验证据会是什么，以及这些想法是否可以被实现。

粒子物理学家根据不同尺度各自施展才华。我们知道，小尺度的相互作用与在大尺度上的相互作用非常不同，但是它们以一种合理的方式反映在大尺度的相互作用中，给出我们已经知道的结果。

而在所有其他情况下，预测是非常不同的。对于复杂系统，我们经常需要同时解决发生在一系列尺度上的问题。这不仅对社会组织有效，例如一个不负责任的交易者会动摇美国国际集团与社会经济，而且还可以发生在其他科学领域。这些情况下的预测会包含很多变量。

例如，生物学的目标包括预测生物模式，甚至动物与人类的行为。但是，我们还没有完全理解所有的基本功能单元，或者通过基本元素产生复杂的效果来理解更高级别的组织。我们也不知道所有的反馈回路，即那些使得不同尺度下的相互作用相分离成为不可能的因素。科学家能建造模型，但是如果不能更好地理解关键性的基本元素，或者理解它们如何对相关行为负责，那么建模的人将会面临数据与各种可能性相争的谜团。

进一步的挑战是，生物模型的设计是为了与已经存在的数据相匹配，但是我们还不知道其规则是什么。因为我们还没有确认所有简单而又独立的系统，所以很难知道哪个模型是正确的。当我与研究神经科学的同事交谈时，他们谈到了同样的问题。没有新测量的质的飞跃，模型所能做到的最好的程度就是与所有现有数据保持一致。既然所有存留下来的模型必须与数据一致，所以很难确定哪一种基本假设是正确的。

与内特讨论这类他试图预测的事情不乏趣味。许多最近流行的书籍都提出一些不靠谱的假设。内特则更多地使用科学方法。他最初因对棒球运动与选举结果的准确预测而出名。他的分析建立在对过去相似情况仔细统计与评估的基础上，他会竭尽所能地纳入尽可能多的变量——那些他可以操控、可以尽可能精确地应用到历史教训中的变量。

内特现在必须明智地选择在哪里运用他的方法。但他意识到，他所关注的各种关系，都可能是难以解释的。你可以说发动机起火导致了飞机坠毁，在失事飞机中找到一个起火的引擎并不是一件多么令人吃惊的事情。然而什么才是根本原因？同理，当你将一个突变基因与癌症相联系的时候，你也会遇到类似问题。即使它是相关因素，但它不一定是造成疾病的根本原因。

内特也意识到了其他潜在陷阱。即使存在大量数据，随机性与噪声也可以增强或抑制让人感兴趣的底层信号。因此，内特不会做与金融、地震或气候相关的预测工作。虽然他很有可能可以预测总体趋势，但是短期预测本身就是不确定的。内特现在研究的是其他方面，他的方法揭示了诸如如何最好地推广音乐与电影、如何评估 NBA 巨星等问题。但是他承认，只有极少数的系统可以准确地被量化。

尽管如此，内特告诉我天气预报员采用的确实是另一种预测方法。他们中的许多人都在做"超前预测"——预测人们将尝试的预测。

12

一切都是概率

KNOCKING ON HEAVEN'S DOOR

熟知概率与统计学对科学测量的计算大有裨益，更不用说它们在当今这个复杂世界的许多疑难事宜中所起的作用。概率逻辑之优美令我想起几年前的一件事。

我的一个朋友问我是否打算参加第二天晚上的一个活动，而我的回答是"不知道"，这着实令他沮丧了一番。然而对我而言十分幸运的是，他是一个擅用数学的赌徒，所以他没有坚持问我要一个肯定的答案，而是让我告诉他，他的胜算有多少。令我吃惊的是，这个问题要容易回答得多。即便我告诉他的只是一个粗略估计的概率，却比直接给出"是"或"否"的答案更能反映我当时的权衡和不确定性。结果是，它反而更像一个真诚的回应。

从那以后，每当我的朋友和同事认为他们不能回答某个问题时，我都尽量采用概率的方法向他们解释。我发现绝大多数人（无论是不是科学家）都有着强烈，但并非不可改变的观点——他们常常觉得概率的表达方法更合适。比如，有人很可能不知道三周后的那个周四晚上他是否想去看一场棒球赛。即便他知道自己喜欢棒球而且又想不出有没有其他工作安排，然而他还是会有所顾虑——毕竟那是在周中，所以即使他不能百分之百地确定，但也有 80% 的可能性会去看。虽然这只是一个估计，但是在这个点上他所给出的概率更准确地反映了他的真实期望。

在一场关于科学以及科学如何运作的谈话中，作为编剧和导演的马克·维森特（Mark Vicente）注意到，在遇到相同的事时，与绝大多数人不同，科学家不愿做明确、不合适的评论，这令他很吃惊。科学家虽然不必做到最准确，但是他们的宗旨是清楚地表达（至少是在他们作为专家的领域内）他们知道或者不知道、理解或者不理解的东西。所以他们鲜少说"是"或者"否"，因为这种答案并不能准确地反映各种可能性。因此取而代之，他们会以概率或者其他合适的方式来表达。不过具有讽刺意味的是，这种行业的差别常常导致人们误解或者低估科学家的论断。尽管科学家旨在提高精确度，非专业人士却不必知道如何权衡他们的论断，因为非专业人士一旦有足够多支持其论点的证据，他们会不加顾虑地说出更确信的东西。科学家没有百分之百的信心不代表他们缺乏认知。简单来说，这是存在于任何测量本质中的不确定性的结果，也是我们现在要展开探索的主题。**概率思维有助于澄清数据与事实，并且为更全面的决策提供可能**。在本章节，我们将思考测量能告诉我们的东西以及为什么概率表述会更准确地反映认识的程度，这些认识是在任何特定时间的对科学或其他事情的认识。

科学的不确定性

哈佛大学近来完成了一个课程评估，试图确定素质教育的核心内容。教员们考虑、讨论并打算将其纳入科学类的一个课程类别是经验推理（empirical reasoning）。这项教学提案显示了大学的宗旨应该是：教导学生如何搜集和处理经验数据，权衡证据，理解概率估计，当条件成熟时，从数据中得出推理，并在问题不能在现有证据基础上被解决时，及时作出反应。

这项教学要求的议案及后来的补充，其主旨非常好，但是它暗含了一个关于测量如何发挥作用的基本误解。科学家在解决问题时通常会使用概率。当然在某些特定的观点和观察上，我们可以获得确证并可以通过科学来作出合理的论断。但是人们只能偶尔依据科学或者其他方法在事实的基础上绝对正确地处理问题。虽然我们可以搜集足够多的数据来确信因果关系，甚至作出令人难以置信的精确预测，但是这种事情具有相当的概率性。正如第 1 章所讨论的，不确定性（不管多么小）允许有趣的潜在新现象被发现。**极少有事物是百分之百确定的，在任何还没有做过测试的条件下，没有哪些理论与假设完全适用。**

现象只能在它们可以被测试的有效范围内，以一定的精确度呈现出来。测量往往都存在概率。许多科学测量基于一个假设：存在着我们可以通过足够清晰和准确的测量来揭示的潜在本质。我们尽量做到精确的（或者说好到足以达到我们的目标）测量以发现这些隐藏的事实。这因此存在一种情况，例如，一系列测量结果的中心区域有 95% 的概率包含了测量的真实值。在这种情形下，我们可以说我们有 95% 的把握。这样的概率告诉我们任何特定测量的可信度以及整个概率与含义的范围。如果你既不知道它伴随的不确定性也对其没有确定估计，你就不可能完全理解一个测量。

不确定性的一个来源是缺乏无限精确的实验装置。一个精确的测量可能要求测量仪器必须校准到小数点后的无穷多位，测量值因此就会精确到小数点后的无穷多位。实验物理学家不可能有这样的测量，他们只能校准他们的仪器到技术允许的可能精度——就像天文学家第谷·布拉赫在四个世纪以前所做的那么专业。技术的不断发展促使测量仪器精度不断提高。即便如此，测量也永远达不到无限精确。一些系统的不确定性（*systematic uncertainty*）❶，即测量仪器本身的特质，总是会存在。

不确定性不表示科学家对所有选项或者表述都一视同仁（尽管新闻播报时常犯此错误）。这些二选一的选项仅在很少的情况下各居 50% 概率。但它们意味着科学家（或者任何追求完全准确的人）会作出声明，告诉人们哪些已经被测量了，哪些是以概率的形式体现的，哪怕这概率非常高。

当科学家与文人墨客都极为小心谨慎时，他们将"精确"（precision）与"准确"（accuracy）区别对待。一个装置是"精确的"意味着：当你重复测量单一数量时，你所记录的数值之间相差无几。"精确度"是描述变化程度的指标。如果重复测量的结果变化不大，那么测量就是精确的。越精确的数值所跨越的范围越窄，如果你重复测量，那么平均值也越快地收敛。

"准确度"告诉你的是：测量的平均值与准确结果接近的程度。换言之，它描述了测量装置是否有偏差。从技术上来讲，虽然测量装置的内禀误差不会降低它的精确度（因为你每次会犯同样的错误），但是它会毫无疑问地降低你的准确度。系统的不确定性反映了源于测量仪器本身的无法避免的准确度缺失。

然而在许多情形下，即便你可以构造出完美测量的仪器，你仍需采取多次测量来得到正确的结果。这是因为另一个不确定性的来源❷是"统计性的"，也就是说测量通常需要重复很多次才能给出你所信赖的结果。所以，即便是一个准确的设备也不一定在任一特定的测量中给出一个正确的结果，但是多次测量的平均值会收敛落到正确的结果上。**系统的不确定性掌控了测量的准确**

❶ 本书中我使用了"系统的不确定性"而非更常用的"系统误差"。误差常常伴随着错误，而不确定性指的是在实验装置给定的情况下，不可避免的不精确度量级。

精确度

当你重复测量单一数量时，你所记录的数值之间相差无几。"精确度"是描述变化程度的指标。

准确度

"准确度"告诉我们的是测量的平均值与准确结果接近的程度。换言之，它描述了测量装置是否有偏差。

❷ 同理，人们通常使用"统计误差"来指由于有限统计而造成的测量不确定性。

度，而统计的**不确定性**影响其**精确度**。一个好的科学研究在这两个方面上都要考量，因此测量要在可行的范围内、尽量多的样品上尽可能仔细地展开。理论上说，你想让你的测量既准确又精确，以至于所期的绝对误差很小，因此你可以信赖你所发现的结果。也就是说，你想让数值落到一个尽可能窄的范围内（精确），并让它们收敛到正确的数值上面（准确）。

我们可以考虑一个熟悉且重要的例子：药物疗效实验。医生通常不会讲他们可能也不了解相关的统计。当你被告知"这种药有时有效、有时没效"时，你有没有感到沮丧？不少有用资讯被这种表述所抑制，使人对这种药物的有效性充满疑惑。于是，怎么做成为一件难以抉择的事情。一个相对较为有用的表述应该告诉我们：药物或者疗程以怎样的一个比例，在年龄和胖瘦程度相似的病人身上起了什么作用。这样，即便医生们自己不懂统计学，他们也可以肯定地给出一些有用的数据和信息。

平心而论，人的差异性加之个体对药物的不同反应，使得断定一种药品是否有效成为一个复杂的问题。所以让我们先考虑一个简单一些的情形，来检测一个单独的个体。

我们用测试阿司匹林是否有助于减轻头疼的过程来作为例子。解决的方法看似相当简单：吃一颗阿司匹林看是否有效。但是实际情况要稍微复杂一点。因为即便你感觉好些，你又怎能知道一定是阿司匹林起的功效呢？为了能确切知道是不是阿司匹林的效用（即，是否你服药了头疼就会减轻，或者疼痛好得比没有服药时快），你需要有吃药与不吃药的比较。然而，你要么吃药要么不吃，单单一次测试是不足以告诉你答案的。

奏效的方法是做很多次测试。每次一旦头疼，抛硬币来决定是否需要吃一颗阿司匹林并且记录结果。当你做了足够多测试，把各种不同类型的头疼，以及变化的环境（例如，当你没那么困倦时头疼好得更快一些）取平均，并用统计来得出正确的结论。假定你的测试没有偏差，因为你是用抛硬币来决定是否吃药，并且你所采用的人口样本就只有你自己，那么你的结果会在自己所采用的足够多的测试上正确收敛。

要是总能了解药物在这样简单的程序下有效与否那该有多好。但是绝大多数药物治疗的都是比头疼严重得多的疾病，而且许多药物还有长期效应，因此哪怕你想，你也不能在一个病患身上反复地进行短期试验。

通常当生物学家或者医生测试一种药品的功效有多少时，他们不是研究单一的病患，即便从科学的角度上看他们更愿意那样做。因此他们必须接受一个事实，那就是人们对同种药物的反应不同。任何药物都产生不同结果，哪怕是在病情严重程度一样的群体上进行测试。于是在多数情况下，科学家所能做到的最好的事情是：在他们决定要给单一病患用药前，研究尽可能与其相似的群体。然而在现实中，多数医生并不自己开展研究，因此他们很难保证病人病情严重程度的相似性。

医生可能打算转而试图使用已经存在的研究——那些还没有人做过仔细设计的实验，而结果简单地来源于对已经存在的群体的观察，比如说对美国健康维护组织（HMO）成员的观察。他们就会面临如何作出正确诠释的挑战。在这些研究中，要确定相关测试导致的是因果关系而非其中的关联性，这是很困难的。比如有人可能会错误地论断说：黄色手指会导致肺癌，因为他们发现很多肺癌患者的手指都是黄色的。

这就是为什么科学家比较喜欢研究中的治疗结果或对象都是随机选取的。例如，一项吃药与否由抛硬币决定的研究会更少地依赖于人口样本，因为病患是否服药取决于抛出硬币的随机结果。

相似地，随机研究原则上也能揭示吸烟与肺癌和黄色手指的关系。如果你将一个群体的成员随机地分配到吸烟组或者禁烟组，你会确定吸烟对于你所观察的病患至少是一个对黄色手指与肺癌两种现象都负有责任的潜在因素，但不能确定其是否造成了这种结果。当然这种特殊的研究是不合伦理的。

在任何可能的时候，科学家总是尽可能地简化系统，来分离出他们想研究的特定现象。**选择明确的人口样本与合理的控制组，对于结果的精确度与准确度都至关重要。**一些类似人体生物学中药效如何作用的复杂问题总是伴随着诸多同时发挥作用的因素。于是一个相关的问题是：这些结果需要有多少可信度？

测量的客观性

测量永远不可能完美。**在科学研究（以及任何决策）中，我们需要决定不确定性的可接受程度。**这使我们可以不断向前。举例来说，如果你想通过吃药来减轻头疼的症状，如果那种药可以有效帮助哪怕只有 75% 的一般患者（只要副作用很小），那么你可能也愿意试试。反过来，如果调整饮食可以使你从本来已经很低的心脏疾病的可能性中减低 0.1 个百分点的风险，比如从 5%减少到 4.9%，那么恐怕这也不足以令你担心到让你放弃自己最爱的波士顿奶油派的地步。

关于公众政策，决策点可能更不清晰。公众观点通常具有一个灰色区域——在改变律法或者实施法规时，人们不必赞同我们对于某些事情的了解程度有多准确。许多因素使必要的计算变得更加复杂。就像在前文讨论的在目标与方法中存在的歧义性使得成本 - 收益的分析变得非常难于可靠地（即便不是完全不可能）进行。

《纽约时报》的专栏作家纪思道（Nicholas Kristof）在关于谨慎对待食品与容器中含有的潜在有害化学物质BPA❶的辩论中写道："BPA的研究已经敲响警钟几十年了，证据依然复杂而且处于争论中。这就是生活：在真实世界，监管决策时常必须由有争议与有冲突的数据组成。"[1]

所有这些并非表明我们不应该在评估政策时立足于成本与收益的定量估计。然而这表示了我们应该清楚地知道评估的意思，以及根据假设或目标，成本、收益可以改变的程度，计算中哪些被考虑了、哪些没有。成本-收益分析可以是有用的，但也可以显现出具体性、必然性与安全性的错觉，从而可能导致其在社会上被误用。

对物理学家来说幸运的是：通常我们所问的问题比公众政策的问题（至少在制定政策方面）简单得多。当我们处理纯粹的知识而非其应用时，我们会进行不同的调查。测量基本粒子至少在原则上简单得多。所有电子的本质相同。你必须考虑统计与系统误差，但不用考虑种群的差异性，一个电子的行为可以代表它们所有电子的行为。但是对相同的统计与系统误差，科学家试图在可行的范围内将这些减到最小，然而他们能达到的程度取决于他们想回答的问题。

尽管如此，即便在"简单的"物理系统中，测量也从来不是完美的，因此我们需要确定准确度目标。在应用水平上，相同的问题是，实验物理学家要重复多少次测量、测量仪器需要准确到什么程度。答案取决于物理学家自己，可以接受的不确定性范围有赖于他所问的问题。不同的目标需要不同的准确度与精确度。

例如，原子钟测量时间的稳定性达到了十万亿分之一❷，但

----

❶ BPA（bisphenol A），双酚A，一种化工原料，是已知的内分泌干扰素。——译者注
❷ 根据最新数据，不确定性的精确度已达到3 000万年中差一秒，即千万亿分之一。——译者注

是很少有测量需要对时间达到这么高的精度。测量爱因斯坦的引力理论是一个例外，它需要使用尽可能高的精确度和准确度。即便目前的所有测试都证明这个理论正确，测量还需要不断改进。有更高的精确度，至今还未被发现的偏差所代表的新物理效应就可能显现出来，而这在以前精确度较低时是不可能的。如果有，偏差就会为我们提供对新物理现象的重要洞察力；如果没有，就可以相信爱因斯坦的理论比我们已经论证的还要更准确，就可以在更高能标、更广距离范围、更高准确度上放心地使用它。反过来，如果你要将人类送去月球，你必须充分懂得物理定律，这样才可以正确地瞄准火箭方向，但是你无须使用广义相对论——你当然也无须考虑可能存在的偏差的潜在影响。

走运的粒子物理学家

在粒子物理学中，我们会探索可以探测的统治最小与最基本物质组分的基本定律。单次实验并不测量混杂在一起的许多单次碰撞或多次复杂碰撞。我们所做的预测应用于已知粒子在给定能量上的单次碰撞。粒子进入碰撞点，相互作用，沿着探测器飞行，沿途沉积能量。物理学家刻画粒子碰撞乃是依据粒子飞出时的不同性质，即其质量、能量及电荷。

从这种意义上说，尽管我们的实验技术面对不少挑战，粒子物理学家却很走运。我们研究尽可能基本的系统，以便分离出基本的组分和定律。该想法是，让实验体系在现有资源的允许下尽量单纯。物理学家面对的挑战是获得所需的物理参数而非解开复杂体系。科学为了得到有趣的结果必须要推动认知的前沿，所以实验是很困难的。它们因此往往处在技术所能达到的能量与距离的极限处。

事实上，粒子物理学实验并不都那么简单，即使它仅仅研究基本物理量。实验物理学家在展示他们的结果时面临两种挑战。如果他们的确发现奇异的东西，那么他们还必须证明它不是寻常标准模型的事件。另一方面，如果没有发现新东西，那么他们还必须确定其准确度足以展现一个更严格的新极限，使得事物可以出现在标准模型以外。他们必须充分了解测量设备的灵敏度以便知道哪些情况是可以排除的。

宇宙的答案
KNOCKING
ON
HEAVEN'S
DOOR

为了确定结果，实验物理学家必须将代表新物理的事件从标准模型已知物理粒子的背景事件中区别出来。这是我们需要许多碰撞来探索新发现的原因之一。许多碰撞的出现，确保了有足够多事件所代表的新物理，能有别于与之相似的标准模型的常规反应。

故此，实验需要适当的统计。由于测量本身的一些内在不确定性，需要重复进行实验。量子力学告诉我们基本事件也有不确定性。量子力学意味着不管我们如何将技术设计得何等精良，我们也只能计算相互作用发生的概率。无论我们如何测量，不确定性依然存在，即为了准确测量相互作用的强度，唯一的方法是重复测量很多次。有时这种内在不确定性比测量技术的不确定性还小，且小到可以忽视。但是有时我们仍需要将其考虑在内。

例如，量子力学的不确定性告诉我们，衰变粒子的质量是一个内禀的不确定物理量。该原理告诉我们，当测量发生在有限的时间内，所测的能量就不可能精确。因为测量的时间一定比衰变粒子的寿命短，这确定了质量测量所期的变化量。所以如果实验物理学家想通过发现粒子衰变产物来发现新粒子，就需要反复地测量多次质量。虽然单次实验不可能精确，但多次测量的平均值可以收敛到正确的数值上。

在许多情况下，量子力学质量不确定性比测量仪器的系统不确定性（内禀误差）小。如果那样，实验物理学家就可以忽略量子力学的质量不确定性。尽管如此，由于相互作用中的概率本质，大量测量还是需要用来确保精确度。就像药品测试的例子，大量统计可以帮助我们得到正确的结论。

一个很重要的认识是：**伴随着量子力学的概率不是完全随机的**。该概率可以通过良好定义的定律来进行计算。在第 14 章讨论 W 玻色子质量时，我们将看到这一点。用一条曲线描述给定质量和寿命的粒子在一次碰撞中产生的可能性有多少，我们知道了该曲线的形状。每次能量的测量值会落在以正确值为中心的一个区域，其分布与粒子寿命和不确定性原理相容。即使单次测量不足以确定质量，多次测量却可以确定。一个明确的方案告诉我们如何从重复测量的平均值推导质量。足够多次的测量保证了实验物理学家在一定的精确度和准确度水平上决定正确的质量。

大型强子对撞机的全新可能性

应用概率来呈现科学结果与量子力学的内在概率性，两者都不代表我们什么都不知道。事实恰恰相反，我们知道很多。例如，电子磁矩（magnetic moment）是电子的一个内禀属性，我们可以用量子场论来进行极其精确的计算。量子场论结合了量子力学和狭义相对论，是一个研究基本粒子物理属性的工具。我在哈佛大学的同事、物理学家杰拉尔德·加布里埃尔斯（Gerald Gabrielse）已经测量了电子磁矩，精确到小数点后 13 位，并且该值与理论预测值在这个水平上是吻合的。不确定性在万亿分之一的水平上才参与进来。这使得电子磁矩作为一个自然参数在理论与测量之间有着最精确的吻合。

物理学之外，没有谁能如此准确地预测这个世界。但是绝大多数人一旦有这样精确的数字，就会认为自己确切地知道理论与它预言的现象。科学家虽然比其他人能够给出更准确的论断，他们还是认为测量与观察的精确度不管多高，都始终为现今未知的现象与新观点留下了空间。

他们也可以给新现象的尺度设定一个确定的极限。新的假设可能改变预测，但只能发生在目前测量的不确定性或更小的水平上。有时预测的新效应是如此微小，以至于在宇宙的一生中我们都无法指望与之相逢。在这种情形下，甚至连科学家都可能断言说"这件事不会发生"。

显然，加布里埃尔斯的测量显示，量子场论在一个很高的精度上是正确的。即便如此，我们也不能断定量子场论、粒子物理学或者标准模型就是所有理论了。正如第 1 章所阐述，新现象的效应只能在不同能标时显现，或者当我们能做更精确测量时暗含在我们所看到的东西里。我们还没有从实验上研究该能量和尺度的范围，因此我们现在还不得而知。

大型强子对撞机实验在前所未有的高能标上进行，因此它提供了新的可能性。实验探求的新粒子与相互作用很直接，而不是那种需要用极端精确的测量来确认的间接效应。在所有可能性中，大型强子对撞机的测量不会达到足够高的能量来发现离开量子场论的偏差。但是它们可能展示其他现象，预测出与现今精度水平上的标准模型所预言的测量相偏离的结果（甚至是现在测得很准的电子磁矩）。

对于任何标准模型之外的物理模型，任何预测的小差异都是真实世界基本属性的一大线索。到目前为止还没有出现这些差异以告诉我们需要发现新事物的精度和能量水平，即便我们不知道潜在新现象的精确属性。

在开篇所介绍的有效理论是指，我们仅仅全面了解我们所学习的是什么，以及在哪一个点上它们失效的极限。有效理论整合了现有的约束——不仅在给定的尺度上归类我们的想法，而且提供了系统的方法来确定新效应在特定能量上有多大。

关于电磁相互作用力和弱相互作用力的测量与标准模型的预言在 0.1% 的精度上吻合。粒子碰撞速度、质量、衰变率，以及其他性质也都在这个精确度和准确度上相吻合。标准模型为新发现留下了空间，它们必须小到足以避开现今的探测。新现象或者暗含的理论效应必须小到目前还不能看见，或是因为相互作用本身很小，或是因为效应所伴随的粒子太重，以现在的反应能量还不足以产生它们。现有的测量告诉我们在多高的能量上能发现新粒子或者新的相互作用，同时在当前不确定性允许的条件下不造成对测量的更大偏差。这些测量也告诉我们新事物是多么少见。但随着测量精度变得足够高，或者实验发生在不同的物理条件下，实验物理学家就可以搜寻模型的偏差，虽然该模型迄今为止描述了所有实验粒子物理学的结果。

当今的实验基于一个通识：新想法都建立在一个成功应用于低能量的有效理论基础上。这些实验的目标都是为了揭示新物质与新的相互作用，并牢记物理是按一个又一个能标建构知识的。**通过研究大型强子对撞机的更高能标，我们希望发现并完全理解到目前为止我们所见事物的背后理论。**在测量新现象以前，大型强子对撞机数据将为我们提供宝贵、严格的约束，限制标准模型之外可能存在的现象和理论。如果我们的理论考虑是正确的，那么新现象最终会在大型强子对撞机现在所研究的高能区域中出现。这样的发现迫使我们推广或者将标准模型纳入一个更复杂的理论体系中。这个更全面的模型将在一个更大的能量尺度上更准确地与实验符合。

我们不知道哪个理论会在自然中实现，也不知道何时才能给出新发现。答案依赖于有什么，并且我们还不知道它是什么或者我们应该看什么。对于任何有关何种新事物存在的特定设想，我们知道如何从实验结果中发现、如何计算以及估计它何时可能发生。在后文中，我们将探讨大型强子对撞机的实验如何工作、实验可能会发现什么。

13

进入大型强子对撞机
KNOCKING ON HEAVEN'S DOOR

2007 年 8 月，西班牙物理学家和欧洲核子研究中心理论组组长路易斯·阿瓦瑞智·高密热情地鼓励我加入一次参观超环面仪器（ATLAS）实验的旅程。并且，物理学家彼得·詹尼（Peter Jenni）与法比奥拉·贾诺蒂（Fabiola Gianotti）还计划拜访诺贝尔奖获得者李政道以及其他几位物理学家。想要抗拒彼得与法比奥拉满怀感染力的热情几乎是不可能的。他们当时乃是超环面仪器实验的发言人与副发言人。他们所有的话，字里行间都充满了对实验细节的专业与熟稔。

我和同行的参观者戴上安全帽进入了大型强子对撞机的隧道。我们的第一站是一个可以向下俯视到一个深井的平台（见图 13-1）。这个巨大的洞穴有竖直的管道可以将探测器从我们所站的地方输送到 100 米以下的地面。我们几个参观者都热切地期盼一睹其真容。

第一站以后，我们继续走到下面的地板上，那里堆放着还没有安装好的超环面仪器探测器。没完工最妙的事情就是你可以看到探测器的内部。一旦最终封闭就什么都看不见了，只有在大型强子对撞机停止实验的检修维护期间，才可能再次看见其内部结构。所以我们才有这样一个机会可以直接观看这个精密工程，它是那么色彩斑斓又庞大无比，甚至比巴黎圣母院大教堂的中殿还大。

图 13-1

从平台向下俯瞰超环面仪器的深井，视线中的管道可以将材料输送下去。

但是最宏伟的不仅仅是超环面仪器的规模。我们当中来自纽约或者其他大城市的人不会仅仅因为一个庞大的建筑而感到震撼。超环面仪器真正雄伟壮观的是：如此巨大的一个探测器竟然是由许许多多小的探测元件组成的。有些元件设计成可以测量到微米量级的精度。最具讽刺意味的事情正体现于此：我们需要用如此庞大的实验装置来测量如此微小的距离。当我展示一张来自报告会的探测器的照片时，我不得不强调说超环面仪器不仅巨大而且构造精密。这是它最神奇的地方。

2008 年，我又重返欧洲核子研究中心并再次目睹了超环面仪器的工程进展状况。2007 年时探测器的两端还开放参观，这时已经封闭。我又踏上了一次参观紧凑 μ 子线圈（CMS）的壮观旅途。紧凑 μ 子线圈是大型强子对撞机的第二个通用型探测器。这次同行的还有物理学家辛西娅·达维亚（Cinzia da Via）和我的合作者吉拉德·佩雷斯（Gilad Perez，即图 13-2 中的男子）。

图 13-2

我的合作者吉拉德·佩雷斯站在一层层的紧凑 μ 子线圈 μ 子探测器／磁返回轭前面。

　　吉拉德还没有参观过大型强子对撞机的实验室，所以我借此机会通过他的兴奋回想起了我上一次的经历。我们趁着监管不严，攀上攀下，甚至俯瞰了一个粒子束管道（见图 13-3）。吉拉德觉得这里可能会成为一个额外维度粒子产生的地方，进而为我以前提出的理论提供证据。但是无论它将为我的模型还是其他模型提供证据，它都给了我们一个很好的提醒：这个管道将洞悉即将出现的新元素。

　　第 8 章介绍了大型强子对撞机，它用来加速质子并使它们对撞。本章重点讲述大型强子对撞机的两个通用型探测器——紧凑 μ 子线圈与超环面仪器，以及它们的粒子对撞产物。其他大型强子对撞机实验如 ALICE、LHCb、TOTEM、ALFA 以及 LHCf，都设计有特殊的用途，包括对强相互作用力的理解以及底夸克的精确测量。这些实验很可能让我们可以更加细致地研究标准模型，但是它们不太可能发现超越标准模型的新能标下的物理现象，而这才是大型强子对撞机的首要目的。紧凑 μ 子线圈和超环面仪器是用来测量和揭示新现象、新物质的首要探测器。

图 13-3
辛西娅·达维亚（左图）正走过那个我们可以俯瞰粒子束管道并观看其内部构造的地方（右图）。

　　本章会涉及大量技术细节。即便像我这样的理论物理学家也不需要知道这些因素。总的来说，如果读者仅仅对我们可能发现的新物理或者大型强子对撞机的概念感兴趣，那么可以选择跳到后面的章节。然而，大型强子对撞机实验巧夺天工、令人难以置信，省略这些细节仍将损失一二。

一般原理

　　在某种意义上说，超环面仪器与紧凑 μ 子线圈探测器是几百年前伽利略和其他发明家策划改良的逻辑演变。自从显微镜发明以后，技术的不断发展让物理学家可以研究越来越小的尺度。小尺度上的研究不断地揭示物质的结构，这只能通过小的探针来观测。

大型强子对撞机的实验都设计成可以研究十亿亿分之一厘米尺度上的结构与相互作用。这大约是以往实验观测尺度的 1/10。虽然大型强子对撞机探测器与此前的高能对撞实验，例如美国费米实验室的 Tevatron，基于相同的原理，但新的探测器在能标与对撞速度上创下新纪录，也将面临众多新挑战，同时也迫使它们在尺度与复杂程度上开创新河。

与太空望远镜类似，这些探测器一旦建成，本身就很难再触碰。它们都被安置在很深的地下而且有大量辐射。一旦探测器开始运行，没人能再靠近它们。哪怕没有运行，要想接近任何专门的探测元件也是极其困难的。因此探测器建好之后至少可以使用10 年而无须修缮。不过为了大型强子对撞机每次能持续运行两年，在两次运行之间会有一个很长的关闭时期，此时物理学家与工程师可以接触到许多探测器部件。

粒子实验与望远镜在一个重要方面上有着本质的不同。粒子探测器是不需要指向一个特定的方向的。从某种意义上讲，它们同时观看各个方向。对撞发生，粒子出现。探测器记录的任何事件都可能是有意义的。超环面仪器与紧凑 μ 子线圈是通用型探测器,它们不只记录一种粒子或事件抑或是只关注某一特殊过程。这些实验装置都设计成可以从最广泛的相互作用与能量区域来汲取数据。实验物理学家有极强的计算能力，他们试图从实验记录的图像中明确地解读出粒子和其衰变产物的信息。

来自 38 个国家 183 个研究所的超过 3 000 名科学家参与到了紧凑 μ 子线圈的实验中，从事建造与操纵探测器、分析数据的工作。最早作为副发言人的意大利物理学家圭多·托内利（Guido Tonelli）当时是这项合作项目的领队。

优秀的意大利女物理学家法比奥拉·贾诺蒂也从超
环面仪器另一个通用型实验的副发言人转为发言人，从而打破了欧洲核子研究中心由男性物理学家主导的传统。她很适合担当此角色。她有着温和、友好、礼貌的举止，而且她在物理学和组织管理方面的贡献也很重要。然而，令我忌妒的是，贾诺蒂还是一个技艺精湛的大厨——虽然对意大利人而言，对厨艺细节的过分关注是可以理解的。

超环面仪器也有巨大的合作圈。来自 38 个国家 174 个研究所的超过 3 000 名科学家参与了超环面仪器的实验（2009 年 12 月）。这项合作最早形成于 1992 年的两个实验——精确光子、轻子与能量测量实验（Experiment for Accurate Gamma, Lepton, and Energy Measurements, EAGLE）以及超导环场仪器（Apparatus with Super Conducting Toroids, ASCOT）的合作，这两者在设计上与以前的一个提案——超导超级对撞机（SSC）探测器在某些方面有着相同的面貌。1994 年最终的项目书提交了，两年后资助被批准。

两个实验在基本框架上是相似的，但是在细节的构造与应用上却不同（见图 13-4）。每个实验都有不同的长处，这种互补关系使得物理学家可以交叉检验实验结果。由于粒子物理学的发现极具挑战性，两个实验有着相同的搜索目标，当它们的发现互相印证时，结果就会有更强的可信度。如果它们给出相同的结果，那么每一人都会更加确信。

两个实验的出现也引入了一种强烈的竞争元素，这是我的同行常常提醒我的。这种竞争催促他们更快、更详细地得到结果。两个实验的成员们也在互相学习。往往一个好的办法在两个实验中都有用武之地，即便它们的应用有些不同。这种竞争与合作，与两套基于不同构造与技术的独立探测系统地交融在一起，其本质是因为两个实验拥有相同的目标。

图 13-4

超环面仪器和紧凑 μ 子线圈探测器的横截面（注意这个图的尺寸已经全部重新调整过）。

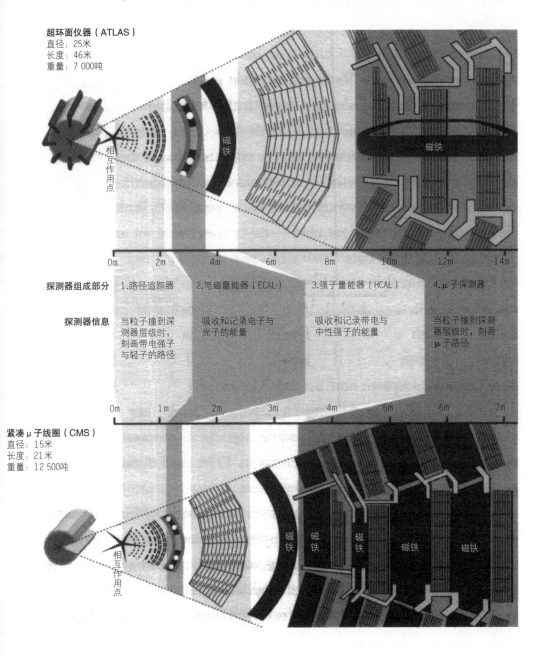

超环面仪器（ATLAS）
直径：25米
长度：46米
重量：7 000吨

磁铁

磁铁

相互作用点

| | 0m | 2m | 4m | 6m | 8m | 10m | 12m | 14m |

探测器组成部分　1.路径追踪器　2.电磁量能器（ECAL）　3.强子量能器（HCAL）　4.μ子探测器

探测器信息　当粒子撞到深测器层级时，刻画带电强子与轻子的路径　吸收和记录电子与光子的能量　吸收和记录带电与中性强子的能量　当粒子撞到探测器层级时，刻画μ子路径

| | 0m | 1m | 2m | 3m | 4m | 5m | 6m | 7m |

紧凑 μ 子线圈（CMS）
直径：15米
长度：21米
重量：12 500吨

磁铁　磁铁　磁铁　磁铁　磁铁

相互作用点

我经常被问到，大型强子对撞机何时将运行我的实验以检验我和合作者提出的特定模型。答案是马上，但是他们也同时在寻找其他人的方案。

理论物理学家通过引入新的搜索目标和新的策略来帮助寻找新物质。我们的研究目的是尽力确定新方法，以期在高能标下可以显现一些新的物理元素或新的基本作用力。这样，物理学家就可以寻找、测量以及诠释这些实验结果，进而从浩如烟海的数据中洞见隐于其中的理论实质，不论它最终呈现出何种风貌。只有当这些数据被记录下来，各个分析团队的无数实验物理学家才能研究这些信息，以确定这些数据与我们的或是其他有潜力的提案相容或是相悖。

理论物理学家与实验物理学家接着会检查这些数据看它们是否遵从某些特殊假设。即使许多粒子寿命只有几分之一秒，即使我们没有直接观测到它们，实验物理学家也能使用数字数据来刻画这些组成物质核心的粒子，以及它们相互作用的"图像"。考虑到这些探测器与数据的复杂程度，实验物理学家总是会有很多令他们满意的信息。本章后文将为读者介绍具体这些是什么样的信息。

超环面仪器与紧凑 μ 子线圈探测器

到目前为止，我们跟随大型强子对撞机的质子从它们由氢原子中剥离出来，到它们约 27 公里的圆环上被加速到高能量。两个完全平行的质子束永远不相交，两束质子也不会朝着相反方向运动。接着在沿着环的几个位置上，二极磁铁将它们从其路径上分开，而四极磁铁则将它们汇聚，使两束质子可以在一个直径小于 30 微米的区域内相遇并相互作用。每一个探测器的质子 - 质子发生对撞的中心被称作相互作用点。

实验都设置在以这些相互作用点为中心的同心球面上，吸收和记录频繁对撞的质子所发射出的众多粒子（见图 13-5）。紧凑 μ 子线圈是圆柱状的，因为尽管两个质子束以相同速度沿着相反方向运动，对撞也倾向于包含大量在两个方向上的前向运动。事实上，因为单个质子远比粒子束小得多，绝大多数质子并不发生对撞，而是沿着粒子束管道继续直直地（只稍微有点偏转）运动下去。只有极个别的单个质子对头碰撞事件能让人感兴趣。

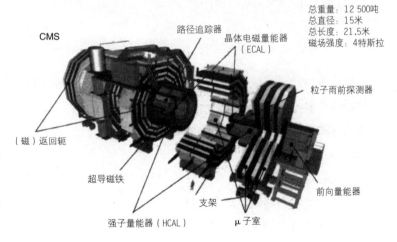

图 13-5

电脑绘制的紧凑 μ 子线圈分离示意图，显示了各个探测单元。（感谢 CERN 与 CMS 友情提供图片）

这意味着，虽然大多数粒子继续沿着粒子束管道运行，但是潜在的有趣事件是一个与粒子束运动明显垂直的粒子束。考虑到沿着粒子束的方向粒子会广泛分散，柱形探测器被设计成可以尽可能多地探测这些相互作用产物。紧凑 μ 子线圈探测器被安置在法国塞西（Cessy）地下的一个质子对撞点处，该地接近日内瓦边境；而超环面仪器相互作用区域则是在瑞士梅兰镇（Meyrin）的地下，靠近欧洲核子研究中心主体建筑的地方（见图 13-6，该图模拟粒子从对撞点出来，沿着超环面仪器探测器的截面射出）。

图 13-6

模拟超环面仪器探测器的一个事件。该图模拟横向粒子束穿过探测器各层（注意，图中的人物是用来进行对比的，对撞发生时是没有人处在其中的）。其中，特别的环形磁铁清晰可见。（感谢 CERN 与 ATLAS 友情提供图片）

标准模型粒子都被其质量、自旋以及相互作用类型所刻画。不管最终产生出什么，两个实验都依赖已知标准模型的力和相互作用来探测它。那就是所有的可能性。不带电的粒子会不留痕迹地离开相互作用区。

当实验测量标准模型的相互作用时，它们可以确认通过的是什么，这就是探测器设计出来的目的。紧凑 μ 子线圈与超环面仪器都测量光子、电子、μ 子、τ 子以及强相互作用力粒子，它们被纳入沿着几乎平行方向运动的喷射流中。检测质子对撞区域所发出粒子的探测器被设计成可以测量能量与电荷以此甄别粒子，它们还包含复杂、设计精良的计算机硬件、软件与电子器件来处理铺天盖地的数据。实验物理学家可以确认带电粒子，因为它们与其他已知的带电物质相互作用。他们还发现了其他由强相互作用力联系的物质。

探测器组件最终依赖电线与电子来记录所通过的物质——那些电子是由反应产生的粒子与探测器材料相互作用所产生的。有时因为产生了众多的电子和光子，出现了带电粒子雨（particle shower）[1]；有时仅限于材料被记录的电荷所电离。但不管哪一种情形，电线记录信号并将之传送给物理学家以供他们在计算机上处理和分析。

磁铁对于两个探测器都至关重要，它们对测量电荷符号与带电粒子的动量都是不可或缺的。电磁相互作用中带电粒子在磁场中根据它们运动速度的大小发生相应的偏转。有着更大动量的粒子，路径更直，并且带不同符号电荷的粒子的偏转方向不同。大型强子对撞机的粒子能量（以及动量）如此之高，实验中需要采用非常强的磁铁，才有机会测量高能带电粒子那弯曲很小的轨道。

紧凑 μ 子线圈仪器是两大通用型探测器中尺寸较小的一个，但是它更重，重量高达 12 500 吨。它的"紧凑"尺寸为：长 21 米、直径为 15 米，它比超环面仪器小，但其占地面积可以占一个网球场。

紧凑 μ 子线圈最显著的特征是它的强磁场达到 4 特斯拉，这是它名字中"线圈"部分的由来。探测器内部的线圈由一个直径为 6 米的柱状超导电缆线圈组成。在探测器外围一圈的磁返回轭也非常可观，占据了绝大部分的重量，它的含铁量比巴黎埃菲尔铁塔还高。

你也许对紧凑 μ 子线圈中"μ 子"的来源感到好奇（我第一次听到这个名字时也一样）。快速确认高能电子与 μ 子（电子的较重部分，可以穿透到探测器外层）在新粒子探测中是非常重要的，因为这些高能粒子有时产生于重物质的衰变。由于这些重物质不参与强相互作用，它们很可能是新的东西，因为质子并不是自动产生它们的。而这些轻易可以确认的粒子（电子和 μ 子）

----

[1] "particle shower" 也可翻译成粒子簇射，但此处及后文都将其译为"粒子雨"，这样更生动形象。——译者注

为此可以指示从对撞中产生的衰变粒子。紧凑 μ 子线圈中磁场的设计初衷就是重点关注高能 μ 子，以便能够引发它们。这表明它将记录任何与 μ 子相关的事件数据，哪怕它被迫为此要牺牲掉许多其他数据。

超环面仪器与紧凑 μ 子线圈相似，它的名字中也指示了磁铁的存在，因为大磁场也是它运作的一个关键。如前所述，超环面仪器的英文是"A Toroidal LHC ApparatuS"。**"环面"（toroid）指的是磁铁，它的磁场没有紧凑 μ 子线圈那么强，但是遍布广泛。** 这个巨型环形磁铁使得超环面仪器成为两个通用型探测器中尺寸更大的一个，并且是迄今为止最大的实验仪器。它长 46 米、直径为 25 米，贴合地安置于一个 55 米长、40 米高的洞穴中。超环面仪器大约重 7 000 吨，是紧凑 μ 子线圈重量的一半多。

为了测量粒子的性质，越来越多的大型柱状探测器元件被安置在对撞发生的区域。紧凑 μ 子线圈与超环面仪器都有几个测量粒子轨道与电荷的嵌入单元。对撞产生的粒子首先遇到内层追踪器（inner tracker），它可以精确测量带电粒子接近对撞点的路径；接着遇到的是量能器（calorimeter），它可以测量由被截停粒子造成的能量沉积；最后是外围 μ 子探测器，它可以测量穿透力极高的 μ 子能量。每一个探测元件都有很多层级来增加每个实验的精度。我们现在从最里层的探测器出发到最外层，来一次实验之旅，以解释粒子束离开对撞点后如何变成可记录、可确认的信息。

三个追踪器，截获信号

仪器最里层的部分是追踪器，即用来记录带电粒子离开反应区域的位置，以便它们的路径可以得到重现并且动量可以被测量。在超环面仪器与紧凑 μ 子线圈中，追踪器由几个同心部件组成。

最接近粒子束与相互作用点的层级，划分最精细，也能获得最多的数据。硅像素（silicon pixel）有着极其微小的探测器元件，位于最里层区域，从粒子束管道里面几个厘米的地方开始。它们专为精确地跟踪非常接近粒子密度最高的相互作用点附近的区域。硅被用在现代的电子器件中，因为它的精致结构使它可以被切割成更小的部分，而粒子探测器也看中了这一点。超环面仪器和紧凑 μ 子线圈的像素元件被设计成能以高分辨率探测带电粒子。通过将点与点的连接与产生粒子的相互作用点相连，在内层区域非常接近粒子束的地方，实验物理学家找到了粒子的运动轨迹。

紧凑 μ 子线圈探测器的前三层沿径向（向外 11 厘米）排列着 100~150 微米量级的像素，总计 6 600 万个。超环面仪器的内层像素探测器也有相似的精度，它最里层的探测器可以被读取的最小单元是大小为 50 微米 ×400 微米的像素。超环面仪器的总像素为 8 200 万，稍微比紧凑 μ 子线圈多一点。

有着上千万元件的像素探测器需要精细的电子读数。对于两大探测器来说，电子读数系统的广度与速度以及探测器内部承受的巨大辐射是两个主要的挑战（见图 13-7）。

图 13-7
辛西娅和工程师多梅尼科·达拓拉（Domenico Dattola）站在紧凑 μ 子线圈其中一个硅追踪器舱壁前面的脚手架上。

因为内部追踪器有三层，任何寿命足够长的带电粒子通过时，它们会记录三次闪光。这些轨迹一直延续到像素层以外的外层追踪器，产生一个强健的信号以便能够确认粒子。

我与合作者马修·巴克利（Matthew Buckley）花了很多精力在内层追踪器的几何学上。我们意识到，由于纯粹的巧合，一些猜想的新带电粒子通过弱相互作用力衰变成其中性粒子时，将会留下一条只有几厘米长的轨迹。那意味着在这些特殊情形中，轨迹可能仅仅在内层延伸，以至于可读取的信息也全部都在这里了。若实验物理学家只能依赖于探测器内部最里层的像素探测器，我们认为他们会面临更多的挑战。

然而绝大多数带电粒子可以存留到进入下一个追踪器单元，因此探测器会记录到一条更长的轨迹。所以，在内层高分辨率像素探测器之外，在两个方向上有着不同大小的硅条，其中一个方向较为粗糙。较长的硅条与柱状实验相容并覆盖了一个更大的可用区域（半径越大、面积越大）。

紧凑 μ 子线圈的硅追踪器在它的中心区域总共有 13 层，前面与后面区域❶各有 14 层。在如前所述的前 3 个高像素层级后面有 4 层硅条，延展到半径 55 厘米处。在这里的探测器元件都是 10 厘米长、180 微米宽的长条。其余 6 层在较为粗糙的方向上更不准确，由 20 厘米长、宽度从 80 微米～205 微米渐变、延展到半径 1.1 米处的硅条组成。紧凑 μ 子线圈内层探测器总的硅条数目为 960 万。这些硅条对于重现那些带电最多的粒子的轨迹是至关重要的。总的来说，紧凑 μ 子线圈的硅覆盖总面积有整个网球场那么大（远比以前的最大硅探测器的 2 平方米优越得多）。

---

❶ 这里指的是两个端帽部分。——译者注

超环面仪器的内层探测器延展到稍小一点的半径，即 1 米处，沿纵向有 7 米长。与紧凑 μ 子线圈一样，在内 3 层硅像素层之外的半导体追踪器（semiconductor tracker, SCT）由 4 层硅条组成。在超环面仪器中，其尺寸为长 12.6 厘米、宽 80 微米。半导体追踪器总的面积也极大，能覆盖 61 平方米。这些像素探测器对于重现接近相互作用点的精细结构非常有用，半导体追踪器是所有追踪器中最重要的一个环节，它的高精度与大面积覆盖区域（尽管只是在其中一个方向上），非常重要。

与紧凑 μ 子线圈不同的是，超环面仪器的外层探测器不是由硅做成的。跃迁辐射追踪器（transition radiation tracker, TRT）——内部探测器的最外层组件由充满了气体的麦管（straw tube）组成，它同时被用作追踪器与跃迁辐射探测器。当带电粒子电离麦管中的气体时，它们可以被追踪和测量。麦管长 144 厘米、直径 4 毫米，有金属丝延伸到其中心探测电离度。麦管在横向方向上精度最高。麦管探测轨迹的精度为 200 微米，比最内层的追踪器精度低，但覆盖面更广。根据它们产生的所谓跃迁辐射，麦管探测器还可以区分速度非常接近光速的不同粒子。因为轻粒子通常运动速度更快，这也区分了不同质量的粒子，从而有助于确认电子。

如果你觉得这些细节有点难以消化，那么你只须记住，这些信息对于绝大多数物理学家来说也有些过多了。它们只是提供给你一个关于尺度与精度的概念，但对研究特殊探测器组件的研究者来说很重要。哪怕是对于其中一个组件极其熟悉的人也不必对其他知识都一一了解。我也是在我出于研究要确认探测器图片是否正确时偶然学到的。假如你没有在第一时间掌握这些信息，你也不要觉得沮丧，很多实验物理学家也不必通晓每一个细节。

电磁量能器（ECAL），搜寻粒子流

一旦通过了上述三种追踪器，粒子在其沿径向往外的征程中，遇到的探测器的下一个环节是电磁量能器（electromagnetic calorimeter, ECAL）。它可以记录经停的带电粒子和中性粒子（主要是电子和光子）的能量沉积以及它们离开的位置。其探测机制是，搜寻入射电子或者光子与探测器材质发生碰撞时产生的粒子流。探测器的这一部分会产生对粒子精确能量与位置的追踪信息。

紧凑 μ 子线圈实验中电磁量能器的材料是一个奇迹。它是由钨酸铅晶体做成的，选材原因是由于这种晶体足够致密而又光学透明，正好可以用来截停和探测电子与光子（见图 13-8）。最重要的是这种晶体的令人难以置信的清晰度，你恐怕从未见过这样的致密程度和透明程度。这种晶体之所以有用，是因为其测量电磁能量可以达到不可思议的精确度，这也是第 16 章要介绍的发现希格斯粒子的关键。

图 13-8

用在紧凑 μ 子线圈电磁量能器中的钨酸铅晶体。

超环面仪器探测器用铅来截停电子和光子。在这种吸收材料中的相互作用，将能量从初始的带电轨迹转化成可以检测到能量的粒子雨。氩是一种惰性气体，与其他元素没有化学反应，并且

抗辐射，液体氩被用于从粒子雨的能量中取样来导出入射粒子能量。

尽管我偏好理论，但超环面仪器的探测元件也令我着迷。法比奥拉参与了这个量能器的前沿几何设计与构建——沿着径向呈手风琴状层叠的铅板，层与层之间有一个薄层的液体氩与电极。她描述了这个几何形状如何能更快地读取电子，因为电子更靠近探测元件（见图 13-9）。

图 13-9

超环面仪器电磁量能器的手风琴状结构。

定位粒子的强子量能器（HCAL）

在粒子束管中，我们沿着径向往外的旅程，下一站是强子量能器（hadronic calorimeter, HCAL）。强子量能器主要用来测量强子（参与强相互作用力的粒子）的能量与位置，然而它测量的精度比电磁量能器测量电子与光子能量的精度低得多。这是必然的，因为强子量能器是巨大的。举例来说，强子量能器直径为 8 米、长 12 米。如果将强子量能器按照跟电磁量能器一样的精度划分，那么将需要极其高昂的成本，所以追踪器的精度必须降低。最重要的是，能量的测量对于强相互作用力粒子来说更难，抛开划分不说，因为强子雨的能量涨落更大。

　　紧凑 μ 子线圈中的强子量能器含有致密材料层——黄铜或者钢，与塑料的闪烁片交叠安放，通过闪光的强度，记录穿过强子的能量与位置。虽然在超环面仪器中心区域的吸收材料是铁，但是其中的强子量能器的工作方式也基本相同。

μ 子探测器，发现有趣的碰撞

　　任何通用型探测器最外层都是 μ 子室（muon chamber）。μ 子是类似电子的带电粒子，但比电子重 200 倍。它们在电磁或者强子量能器中不会被截停，相反，它们会高速穿过探测器厚厚的外层（见图 13-10）。

图 13-10

紧凑 μ 子线圈中在建的磁回路线圈与 μ 子探测器交错排列。

高能 μ 子对于寻找新粒子非常有用，因为与强子不同，它们相当孤立，因此它们的探测与测量结果相对纯净。实验物理学家想记录所有高能 μ 子在垂直方向上的事件，因为 μ 子很可能伴随着更加有趣的碰撞。μ 子探测器对于验证其他能达到外层探测器的稳定的带电重粒子也是有用的。

μ 子室记录 μ 子留下的到达最外层探测器的信号。它们与内层探测器中的轨迹在某些方面是类似的——磁场使 μ 子的轨道弯曲，所以轨迹和动量能被测量到。然而在 μ 子室中，磁场是不同的，并且探测器的厚度大得多，因此允许测量一些曲率更小、动量更高的粒子（动量越高的粒子在磁场中偏转得越小）。在紧凑 μ 子线圈中 μ 子室沿径向从 3 米处向外延伸到 7.5 米处，而在超环面仪器中它们从 4 米处伸展到 11 米处。这些巨型结构能够测量 50 微米粒子的轨迹。

端帽，记录所有动量

最后介绍的探测元件是端帽（endcaps），即实验仪器前后两端的探测器（见图 13-11）。我们不再从内向外"参观"（μ 子室是那个方向的最后一步），我们现在沿着柱状探测器的轴向前进到两个端点处，并将端帽切开。探测器柱状部分被端帽探测器截断的地方是确保其能记录到尽可能多粒子的地方。因为端帽是探测器的最后一个安装组件，2009 年 ❶ 我参观超环面仪器时才可以看到安置于探测器内部的众多层级。

探测器被安置在这些端点区域，以确保大型强子对撞机实验可测量到所有粒子的动量。目标是让实验装置密封性更好，即在

----

❶ 怀疑这里是作者笔误，译者认为应为 2007 年。——译者注

各个方向都被覆盖而没有空洞和缝隙。密闭实验确保了即使不参与相互作用或者参与非常弱的相互作用的粒子也能被发现。如果能观测到横向动量缺失，那么必然有不可直接测量的一个或更多粒子产生。这样的粒子带有动量，它们所带走的动量使得实验物理学家知道了它们的存在。

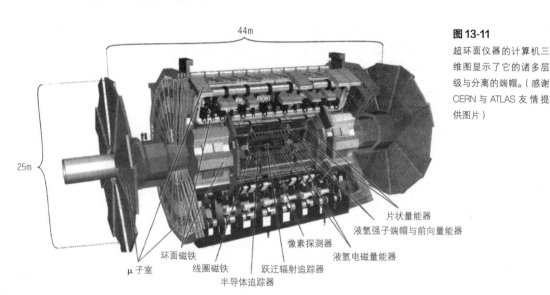

44m

25m

μ子室　环面磁铁　线圈磁铁　跃迁辐射追踪器　像素探测器　液氩电磁量能器　片状量能器
半导体追踪器　　液氩强子端帽与前向量能器

图 13-11
超环面仪器的计算机三维图显示了它的诸多层级与分离的端帽。(感谢 CERN 与 ATLAS 友情提供图片)

如果你知道探测器测量了所有横向动量，而垂直于粒子束方向上的动量在对撞后不守恒，那么一定有物质没有被探测到，或消失了并且带走了动量。如我们所见，探测器测量垂直方向上的动量非常仔细。前向与后向的量能器保证了极少的垂直于粒子束的能量或动量可以不被察觉地逃脱，以此确保探测器的密闭性。

紧凑 μ 子线圈仪器在两端有钢吸收板和石英纤维，其致密性可以使其将粒子轨道分离得更好。在端帽的黄铜是一种可回收的材料，最初它被用于制造炮弹的外壳。超环面仪器在前向区域使用液体氩量能器来检测的粒子不仅有电子、光子，还有强子。

重要成员：磁铁

两个探测器还需要详细介绍的剩余部件是磁铁。磁铁并不是探测器的基本因素，因为它不能记录粒子的性状。但是磁铁在粒子探测中至关重要，因为它可以帮助确认动量与电荷，这是用于鉴定与表征粒子轨迹的重要属性。粒子在磁场中偏转，所以它们的轨迹是弯曲的而非直线的。偏转的方向与程度依赖于粒子的能量与电荷。

紧凑 μ 子线圈巨螺线管磁铁长 12.5 米、直径为 6 米，是由冷冻的超导铌 - 钛线圈制成的。该磁铁是此探测器的基本特征，并且是这一类型史上最大的磁铁。螺线管导线线圈绕在一个金属芯上，当电流通过时产生磁场。磁铁中存储的能量与半吨 TNT 炸药的能量相当。不用说，必须考虑危险预防措施，例如磁铁万一猝息或突然失去超导性。2006 年 9 月，螺线管 4 特斯拉的测试成功完成，但是当它正式运行时，磁场会略微低一些（3.8 特斯拉），以确保它可以运行更长时间。

螺线管大到可以容下追踪器与量能器。位于探测器外围的 μ 子探测器在螺线管外面。μ 子探测器的 4 层结构与一个巨大的环绕在引导磁场的线圈上的钢铁结构交织在一起，从而确保了均匀性和稳定性。磁返回轭长 21 米、直径 14 米，延伸到探测器半径 7 米处。事实上，它也是 μ 子探测器的一部分，因为 μ 子是唯一已知的带电粒子，可以穿透 10 000 吨铁并穿进 μ 子室（在现实中，高能强子有时也会进入 μ 子室，这令实验物理学家很头疼）。在磁返回轭中的磁场让外层探测器中的 μ 子偏转。μ 子在场中偏转的程度依赖于它们的动量，所以磁轭对测量 μ 子动量与能量至关重要。同时，巨大而又稳定的磁铁结构还起到另一个作用：它支撑整个实验装置，并且保护此装置不受来自自身磁场产生的巨大作用力的破坏。

超环面仪器中的磁场构造是完全不同的。它有两套磁铁系统：一个是 2 特斯拉的螺线管，它把跟踪系统包围起来；另一个是外层区域的巨大环状磁铁，它与 μ 子室交织在一起。当你看到超环面仪器的图片（或者实验本身）时，最引人注目的部件就是这 8 个巨大的环状结构（见图 13-6），以及端帽处的两个附加的环状结构。它们产生的磁场在粒子束轴向方向展开有 26 米长，从 μ 子谱仪沿着径向展开有 11 米长。

在访问超环面仪器实验期间，我所听过的许多有趣的故事中有一个是关于最初施工人员是如何将磁铁降到地面下的。他们从一个（侧面看上去为）椭圆形的结构出发。工程师在安装磁铁之前将重力因素分离出来，所以他们能正确地计算出磁铁自身的重量，在一段时间以后，这些磁铁构型会变成圆形。

另一个给我留下了深刻印象的故事，是关于超环面仪器的工程师如何考虑以下问题：由于开凿工程会导致洞穴内静水压力发生变化，从而会导致洞顶每年会稍微上升 1 毫米。他们重新设计实验，使得这样一个微小的变动刚好可以在 2010 年将仪器摆到最优位置（最初的计划是 2010 年开始首次最大限度的运行）。由于大型强子对撞机的延期，结果并不是那样。但是到目前为止，实验的地基已经安置在一个停止移动的地点上，所以在整个运作中它都会保持在正确的位置上。尽管美国职业棒球大联盟前教练尤吉·贝拉（Yogi Berra）的训诫是"作出预测是困难的，尤其是关于未来的预测"，超环面仪器的工程师却做到了。

庞大的计算能力

一个缺少了描述大型强子对撞机的庞大计算能力的介绍是不完全的。除了前面考虑的追踪器、量能器、μ子系统和磁铁中的卓越硬件之外，世界范围内的协同计算对于处理众多对撞产生的海量数据也至关重要。不仅大型强子对撞机比此前能量最高的对撞机 Tevatron 的能量高出 7 倍，而且它的速度也快 50 倍。大型强子对撞机需要处理极其高分辨率的图片——记录发生速率为每秒 10 亿次的对撞事件。每个事件的"图片"包含 1MB 的数据。

这一数据对于任何计算系统来说都太巨大。所以触发系统要决定哪些数据需要保留，哪些需要丢弃。到目前为止，最频繁的对撞是在普通质子之间通过强相互作用发生的作用。没人关心这些绝大多数的对撞，因为它们代表了已知的物理过程但没有新物质。

质子对撞与两个装满豆子的袋子的碰撞，在某些方面有相似之处。因为袋子是软的，大部分时间它们皱缩而疲软，在碰撞中不会产生有趣的现象。但当袋子偶尔猛撞在一起时，单个豆子会以较大的力度互相碰撞——这种力可能大到让袋子破损。在这种情况下，发生对撞的单个豆子会快速飞出，因为单个豆子十分坚硬，其局部的能量很高。而其他没有发生对撞的豆子会沿着原路继续向前飞行。

类似地，当粒子束中的质子彼此撞击时，其单个子单元对撞产生了有趣的事件，而其余的质子成分会继续沿着粒子束管道照着相同方向飞行。

与豆子的碰撞不同，豆子仅仅碰撞然后改变运动方向。当质子猛撞对方时，内部成分（夸克、反夸克、胶子）互相撞击时，最初的粒子可以转变为能量或者其他类型的物质。在低能时，对撞只涉及三个带有质子电荷的夸克；而在高能时，量子力学的虚拟效果产生了可观数目的胶子与反夸克，正如我们在第6章所看到的。有趣的对撞来自这些质子中亚组分之间的碰撞。

当质子能量很高，它内部的夸克、反夸克、胶子的能量也相应会很高。然而它们的能量不是质子的全部能量，只是其中一部分。更多的情况是，夸克与胶子以质子的少部分能量发生碰撞，以至于不能产生比较重的粒子。正是由于这些较低的相互作用强度或者较重新粒子的可能性，使得迄今未见的粒子或者相互作用产生的概率比预料之中的标准模型碰撞的概率低了很多。

正如装满了豆子的袋子的碰撞一样，大部分粒子束对撞也是无趣的。要么是质子彼此擦肩而过，要么对撞产生了我们所知道的标准模型的事件。另一方面预测告诉我们，大型强子对撞机产生新粒子（如希格斯玻色子）的概率大约为十亿分之一。

结果是，不仅在很短而且很需要运气的一段时间之内才能产生好成果。这也是为什么我们一开始就需要那么多的对撞，但绝大多数没有发现新物质。极少事件是非常特殊且带有信息量的。

触发系统中的软件与硬件的设计使其可以确认有潜力的有趣事件并将它们搜寻出来。要理解这项极其艰巨的任务（假设你考虑了各种不同的反应道），假设你有一台15 000万像素（每束交叉信息量一样）的相机，每秒可以拍摄4 000万张照片。每束交叉有20~25个事件发生，这相当于每秒10亿物理事件。触发系统就相当于负责从其中选出一些有趣照片的装置。你还可以把触发系统想象成垃圾邮件过滤器。这项工作是要确定只有有趣的数据才能进入实验物理学家的计算机。

触发系统需要确定潜在的有趣对撞，并将没有新东西的数据抛弃。这些事件本身（离开相互作用点并被探测器记录下来的）必须足以能从标准模型的普通过程中区分出来。识别出特殊事件的方法即筛选出需要保留下来事件的方法，这使得能辨认出新事件的概率更低。触发系统有一个强大的任务，它们负责从每秒十亿事件中筛选出几百个可能是有趣的事件。

硬件与软件相结合的"大门"完成了这项使命。每一个连续触发级别会拒绝它收到的没有新东西的大部分事件，剩下一些容易处理得多的数据。这些数据接下来会被全球 160 个研究机构的计算机系统分析。

第一级触发系统修建于探测器中，是基于硬件的系统，在鉴定不同的性质时起到一个总通行证的作用。例如选择包含高能 μ 子或者量能器中大的横向能量沉积事件。在等待第一级触发系统出结果的几微秒中，来自各个束交叉的数据被储存在缓冲区内。更高级的触发系统是基于软件的。筛选算法运行在探测器旁边一个大型计算机群上。第一级触发系统将每秒 10 亿事件减少到每秒 10 万事件，然后软件触发系统再进一步将此比率减少到千分之一，即几百事件。

每个通过触发系统的事件都携带巨大的信息量（此前我们讨论的从探测元件读取的），并超过 1MB。每秒几百事件，实验物理学家需要每秒往计算机写入 100MB 的数据，等于 1 000 万亿字节，也即 10^{15} 字节，相当于每年成千上万台 DVD 所存的信息。

蒂姆·伯纳斯 - 李首先开发出万维网来处理欧洲核子研究中心的数据，并让全世界的实验物理学家可以实时共享计算机的数据。大型强子对撞机计算机网格是欧洲核子研究中心的另一个主要计算优势。网格是在 2008 年年底（在广泛的软件开发之后）开始进行计算的，以帮助处理实验物理学家要处理的海量数据。欧洲核子研究中心的网格使用私用光缆以及高速部分的公用网络。它名字的由来是因为数据不是仅仅与单一的位置相关联，而是分布在全世界的计算机中——就像都市的电力不是只与哪家特别的电厂相关一样。

一旦触发系统审核通过的事件被存储起来，它们就通过网格遍布全球。在网格的帮助下，世界范围内的计算机网络都准备好接收冗余存储的数据。当网络共享信息时，网格却在众多参与项目的计算机中共享计算能力和数据存储。

在网格的帮助下，分层的计算中心会分别处理数据。第 0 层是欧洲核子研究中心的中心设备，数据被记录下来并从其原始形式预处理到一个更适于物理分析的形式。高带宽连接将数据送达 12 个大型国家级计算中心，组成第 1 层计算中心。分析组可以访问这些数据，假如他们选择这样做的话。光缆会连接第 1 层与 50 个左右的设在大学里的第 2 层分析中心。第 2 层有足够的计算能力来模拟物理过程，并进行具体的分析。最后，全球任何一所大学的群组都可以做第 3 层分析，绝大多数具体物理数据最终在此被提取出来。

此时，各地的实验物理学家可以通盘考虑他们的数据以找出高能质子对撞可以揭示的东西。这些可能是令人欣喜的新结果。但是为了确定能否出现这些情况，实验物理学家的首要任务是推断出已经存在的东西究竟是什么。我们将在接下来的一章继续探讨这些内容。

14

鉴定粒子，期待新粒子出世
KNOCKING ON HEAVEN'S DOOR

粒子物理学的标准模型简洁地归类了我们目前对基本粒子及其相互作用的理解（见图 14-1 的总结）。

图 14-1 包括分别罗列了左手与右手粒子条目，这些粒子根据其手征性区分。对于零质量粒子，手征性表示沿着运动方向的自旋。质量将两种手征性混合起来，例如左手和右手的电子。图中严格的左、右手区分性质没有它们之间相互作用的差别更重要。如果粒子都是零质量的，那么将上夸克变成下夸克或者将带电轻子转变为中性轻子的弱相互作用只作用在左手粒子上。另一方面，强相互作用力与电磁相互作用力在左手与右手粒子上均发生作用，但是在强相互作用力下只有夸克带荷。

不仅包括上、下夸克与处在物质核心的电子，也包含许多其他有着同种相互作用的更重的粒子（通常不易在自然中发现的粒子），那些我们只能在高能对撞实验中仔细研究的粒子。绝大多数标准模型的要素，例如大型强子对撞机目前正在研究的粒子，都一直被完全埋没，直到 20 世纪后半叶由于新理论与新实验方法的出现，它们才得以被发现。

手征性

左手　右手

粒子是左手的或者右手的，根据的是它们以运动方向为轴的旋转方向。

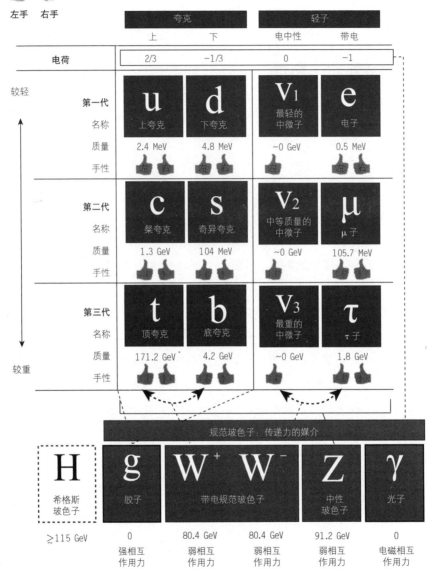

图 14-1

粒子物理学标准模型的元素，质量已标注，同时标注的还有左手或右手粒子。弱相互作用力可以改变粒子类型，并只作用在左手粒子上。

在大型强子对撞机中，超环面仪器与紧凑 μ 子线圈实验都被设计成可以探测和鉴别标准模型粒子。当然，真正的目的超越了我们目前了解的知识，乃是为了发现新的粒子和相互作用来解决悬而未决的难题。为了能这样做，物理学家需要区分标准模型背景事件，确认可能从新奇粒子衰变出来的标准模型粒子。大型强子对撞机的实验物理学家就像侦探一样分析数据、拼凑线索，确定那里有什么。他们只有排除了所有熟悉的东西才能推导出新东西的存在性。

在介绍完通用型实验之后，我们在这一章将重新"造访"它们，以便更好地理解大型强子对撞机的物理学家如何鉴别个别粒子。更熟悉粒子物理学的现状以及标准模型的粒子如何被发现，将有助于我们在后文讨论大型强子对撞机的探索能力。

发现轻子

粒子物理学将标准模型的基本粒子分成两类。一类是轻子，包括类似于电子、不参与强相互作用力的粒子。标准模型也包括两种较重版本的电子，它们与电子的电荷相同，但是质量大了很多，分别称为 μ 子与 τ 子。事实证明每一种标准模型的基本粒子都有三个版本，都有相同的电荷，但是相邻的每一代（generation）[1] 都比前一代重一些。但我们不知道为什么正好是三个版本的粒子，为什么这些粒子都具有相同电荷。诺贝尔奖获得者伊西多·拉比（Isidor Isaac Robi）听说存在 μ 子时，夸张地表达了他的困惑与感叹："谁下的订单？"

较轻的轻子是最容易被发现的。虽然电子与光子都在电磁量能器中沉积能量，因为电子带电而光子不带电，所以电子可以很

---

[1] 图 14-1 中每一行代表一代，每一列的三个粒子表示相似粒子的不同版本。——译者注

容易从光子中区分出来。电子在到达量能器进行能量沉积之前，会在内层探测器中留下一条轨迹。

μ子的确认也相对直接。就像所有其他较重的标准模型粒子，μ子衰变太快以至于无法在普通的物质中找到它们，因此我们很少在地球上发现它们。然而μ子的寿命又足够长，使得它们在衰变前可以到达探测器的外层。因此它们留下了长长的从内层探测器到外层μ子室的清晰可见的轨迹。μ子是唯一的标准模型粒子，它可以到达这些外层探测器并且留下可见信号，所以它们容易被挑选出来。

τ子虽然可见，却不容易被找到。τ子与电子和μ子一样是带电粒子，它重得多。与许多重粒子一样，不稳定是其共性，也就是说衰变只留下其他粒子的痕迹。τ子快速衰变成一个较轻的带电轻子与两个叫作中微子的粒子，或者衰变成一个中微子与一个叫作π子的经受强相互作用的粒子。实验物理学家会研究这些衰变产物——从初始的粒子衰变得到的粒子来推断它们是否来自一个重的衰变粒子，以及在这种情况下，它的性质是什么。即便τ子没有直接留下一个轨迹，所有实验记录的衰变产物的信息也可以帮助确认它与它的性质。

电子、μ子与更重的τ轻子带有电荷−1，与质子所带电荷相反。对撞也产生了伴随这些带电轻子的反粒子——正电子、反μ子与反τ子。这些反粒子带电荷+1，在探测器中留下相似的轨迹。然而由于它们的电荷相反，所以它们在磁场中会往相反的方向偏转。

除了上述三种带电轻子，标准模型中也包含中微子，它们是不带电的轻子。三种带电轻子经受电磁力与弱相互作用力，中微子是电中性的，因此不受电磁影响。20世纪90年代以前，实验结果都暗示中微子没有质量。然而在那之后的10年，一个非常有趣的发现表明，中微子有非0的但是非常小的质量，它为标准模型的结构提供了重要信息。

尽管中微子很轻，因此对撞机有足够的能量可以产生它们，大型强子对撞机却不可能直接探测它们。因为它们不带电，所以耦合很弱。它如此之弱，以至于即便每秒会有50万亿中微子从太阳而来并穿过我们，要是没人告诉我们，我们也根本无从得知。

尽管中微子不可见，物理学家沃尔夫冈·泡利（Wolfgang Pauli）却猜想它们的存在，作为解释中子衰变时能量走失问题的"救命稻草"。没有中微子带走一些能量，该过程的能量守恒就被打破，因为衰变后探测到的质子和电子的能量加起来与中子衰变前的能量不相等。即使卓越的物理学家尼尔斯·玻尔，那时也打算牺牲该守恒原理，承认能量有缺失。然而泡利更忠诚于已知的物理理论，他猜想能量的确是守恒的，只是实验物理学家不能看到电中性粒子把剩余的能量带走了。事实证明他是对的。

泡利将这种假想的粒子命名为"中子"，该名称此后还被用于其他方面，也即，命名处在核子中的质子的电中性伙伴。故此，意大利物理学家恩里科·费米（Enrico Fermi，发展了弱相互作用理论，最有名的是设计了世界上首个核反应堆）给此粒子起了一个可爱的名字——"中微子"，在意大利语中是"小中子"的意思。当然中微子不是个头小的中子，但是它像中子一样不带电，并且中微子比中子轻了太多。

与其他标准模型的粒子类似，存在三种中微子。每一种带电轻子（电子、μ子和τ子）都有一种通过弱相互作用力来相互作用的中微子。❶ 我们已经知道如何发现电子、μ子与τ子。剩下的实验问题是实验物理学家如何发现中微子。因为中微子不带电荷而且耦合很弱，所以当它们离开探测器时，它们根本不会留下任何轨迹。大型强子对撞机的人要怎样知道它们在哪里？

❶ 三种类型的中微子通过弱相互作用与三种带电轻子配对。然而一旦它们产生了，中微子还可以通过振荡变成其他类型的中微子，不再由此前与其配对的带电轻子唯一确定。中微子有时用相对质量的类别简单标记，有时用文中所述的带电轻子类别所标记。

动量（当粒子缓慢运动时等于速度乘以质量；粒子以接近光速运动时，更像能量在特定方向的移动）在各个方向守恒。与能量相同，我们从未发现任何证据来表明动量可以缺失。所以，如果探测器中测到的粒子动量小于进入探测器的动量，那么一个其他粒子（或者多个粒子）必定已经逃离，而且在此过程中带走了缺失的动量。这种逻辑导致泡利在第一时间（当时是在核衰变的 β 衰变中）推断出中微子的存在性，这也是现今我们如何知道看似不可见的弱相互作用粒子的存在性的逻辑。

在强子对撞中，实验物理学家会测量所有与粒子束相垂直的动量，并且计算是否有缺失的部分。他们关注于垂直方向，因为大量的动量被粒子沿着粒子束管道方向带走，所以在该方向上太难追踪。而垂直于初始质子的动量方向则容易测量和考虑得多。既然对撞前垂直于粒子束方向的总动量本质上为零，那么对撞后也应如此。因此如果测量与预期不同，实验物理学家就可以"测到"有物质缺失。剩下的问题是如何区分这些是哪种不参与相互作用的可能粒子。对于标准模型过程，我们知道中微子是不可探测的元素的其中一种。基于我们接下来要简单介绍的中微子已知的弱相互作用力，物理学家计算和预测了中微子的产生速率。而且，物理学家已经知道 W 玻色子的衰变应该如何，例如衰变得到的孤立电子或者 μ 子的横向动量带有相当于 W 玻色子一半质量的能量，这是相当独特的。所以使用动量守恒与理论输入，中微子可以被"找到"。显然，这些粒子的定义标签比我们可以直接看到那些粒子的少。只有理论的考虑与缺失能量的测量相结合，才可以告诉我们会有什么。

我们在考虑新发现时保持这样的想法很重要。相似的考虑也适用于其他不带电或者所带电量低到无法被直接检测的新粒子上。只有一个将缺失能量与理论输入综合起来的考虑可以用来推断会存在什么。这就是为什么密闭性（检测尽可能多的动量）如此重要。

发现强子

我们已经考虑了轻子（电子、μ子与τ子以及它们伴随的中微子）。标准模型中其余类别的粒子被命名为强子，即相互作用为强相互作用力的粒子。这个类别包含了所有由夸克与胶子组成的粒子，例如质子、中子以及其他被称为π子的粒子。强子也有内部结构——它们是夸克与胶子通过强相互作用力结合起来的束缚态。

然而标准模型没有列出许多可能的束缚态。它列出的是更基本的由夸克与胶子束缚成的强子态。除了处于质子与中子内的上夸克与下夸克，重的夸克称为粲夸克、奇异夸克、顶夸克以及底夸克。与带电和中性的轻子一样，重夸克与它们较轻的伙伴——上夸克和下夸克带有相同的电荷。重夸克在自然界中不易被发现。对撞机也需要研究它们。

强子（通过强相互作用力耦合的粒子）与轻子（不参与强相互作用力的粒子）在粒子对撞机中看起来非常不同。这主要因为是夸克和胶子有强相互作用力，它们从来不会单独出现。它们总是在可能包含初始粒子的喷射流中，但同时还包含了参与强相互作用力的其他粒子。喷射流不是只包含单个粒子，而是包含对初始粒子形成一层"防护"的强耦合粒子流，可以从图14-2中看到。

强相互作用力将在第一时间从引发喷射流的夸克与胶子之中产生许多新夸克与胶子，即使初始事件中并不包含它们。质子对撞产生大量喷射流，因为质子本身是由强相互作用力的粒子组成的。这些粒子会产生许多附加的强相互作用力的粒子流，这些粒子流会伴随它们一起运动。它们有时产生的夸克与胶子会沿着不同的方向飞离，并构成它们自己独立的喷射流。

我在《弯曲的旅行》一书中所引用的电影《西区故事》（*West*

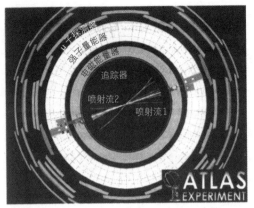

横截面视图

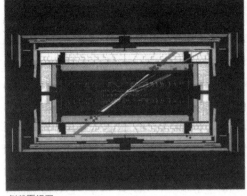

侧截面视图

Side Story）中的《喷射机帮派之歌》(*Jet Song*)❶ 把强子喷射流描述得很好：

> 你从不孤单，
>
> 你从不会被疏远！
>
> 即便你独自守候，
>
> 只要呼唤陪伴，
>
> 必有人到你身边誓死保护你！
>
> *You're never alone,*
>
> *You're never disconnected!*
>
> *You're home with your own:*
>
> *When company's expected,*
>
> *You're well protected!*

单独的夸克（以及许多"帮派"成员）不会被发现，不过在一群相关的强相互作用力粒子中会被发现。

喷射流通常留下可见轨迹，因为喷射流中的一些粒子是带电

图 14-2

喷射流是环绕着夸克和胶子的强相互作用力粒子流。这张图片显示了它们在追踪器和强子量能器中的检测。（感谢CERN 友情提供图片）

---

❶ 电影中的一个帮派的名称是喷射机（jet）。——译者注

的。当一个喷射流到达量能器，它将能量沉积下来。细致的实验研究、分析与计算机计算帮助实验物理学家在第一时间推导出产生喷射流的强子的性质。虽然如此，强相互作用力与喷射流使得夸克与胶子的测量非常巧妙。你不需要探测夸克与胶子本身，而是它们所处的喷射流。这使得绝大多数夸克和胶子流无法与其他流区分开。它们都沉积了很多能量并且留下许多轨迹（图14-3所示为探测器如何确认标准模型的关键粒子）。

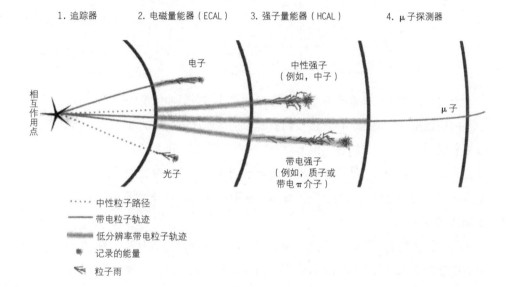

图 14-3
一个关于如何将标准模型粒子从探测器中区分出来的概括。中性粒子在追踪器中没有记录。带电和中性强子可以在电磁量能器中沉积少量能量，但是会在强子量能器中沉积几乎全部的能量。μ子会穿透到外层探测器。

测量完喷射流的性质，要分辨出不同的夸克或胶子引发的喷射流，虽然这样并非完全不可能，但也极具挑战性。与下夸克带有相同电荷的底夸克（以及较重的奇异夸克）是这一类中最重的夸克，它是该原则下的一个特例。底夸克之所以特殊的原因是，它比其他夸克衰变得慢。其他不稳定夸克在产生后立即衰变，所以它们的衰变产物似乎在质子对撞的相互作用点就开始它们的运行轨迹了。然而底夸克存在的时间足够长——大约1.5皮秒（picosecond，10^{-12} 秒），也即有足够的时间以光速来运行半毫米，它们会在相互作用点留下一条可以观测到的足够长的轨迹。内层硅探测器探测这个偏离顶点，如图 14-4 所示。

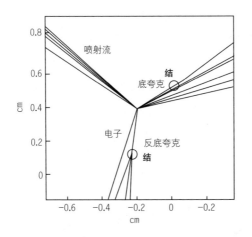

图 14-4

底夸克构成的强子存在
的时间足够久，在衰变
成其他带电粒子前，在
探测器中会留下一条可
见的轨迹。在硅顶点
探测器中留下一个结
（kink），可以被用于鉴定
底夸克。这张图来源于
顶夸克衰变图。

　　当实验物理学家从底夸克重建轨迹时，它并不会延伸回事件
中心的初始相互作用点。该轨迹反而看起来是从内部追踪器的底
夸克衰变点出发的，在轨迹中留下一个结——一个连接进入的底
夸克和衰变产物的结。❶ 在硅探测器的精细划分之下，实验物理
学家可以看到靠近粒子束的轨迹的细节，从而在相当一部分时间
中确认底夸克。

　　另一种实验上有优势的夸克是顶夸克，它很特殊，这是因为
它的质量非常大。与上夸克所带电荷相同的三种夸克（还有一种
是粲夸克）中，顶夸克是最重的。它的质量是带不同电荷的底夸
克的 40 倍，是带相同电荷的上夸克的 30 000 倍❷ 还多。

　　顶夸克重到它们的衰变产物会留下不同的轨迹。当一种较轻
的夸克衰变时，因为衰变产物与初始粒子相似，以接近光速运行，
所以它们一起运动，看起来是一个单独的喷射流——哪怕喷射流
来源于两个或更多不同的衰变产物。另一方面，除非顶夸克是极
端高能的，它们会衰变成底夸克和 W 玻色子（带电的弱规范玻
色子），而且可以通过发现这两者来确认顶夸克。因为顶夸克的

❶ 如果初始的 b 介子
（meson）是电中性
的，你只能看到从
衰变点出发的轨迹，
而看不到从中性态
出发的标识轨迹。

----

❷ 译者认为此处应该为 70 000 倍。——译者注

重质量意味着，它与希格斯粒子和其他我们希望能尽快理解的弱尺度物理中的粒子相互作用的紧密联系。顶夸克和它们相互作用的性质可能为标准模型下的物理理论提供有用的信息。

发现弱相互作用力载体

在我们结束讨论如何确认标准模型粒子之前，最后要考虑的粒子是弱规范玻色子——两种 W 玻色子和 Z 玻色子，它们是传递弱相互作用力的媒介。弱规范玻色子性质特殊，与光子和胶子不同，它们质量非零。传递弱相互作用力的规范玻色子的质量，造成了标准模型中主要基本疑难问题的产生。W 与 Z 玻色子的质量（以及本章讨论的其他基本粒子的质量）来源于希格斯机制，我们马上介绍。

W 与 Z 玻色子很重，所以这些规范玻色子会衰变。这意味着，W 与 Z 玻色子以及顶夸克与其他不稳定的重粒子，可以通过寻找它们衰变产生的粒子得以确认。由于重的新粒子很可能也是不稳定的，因此我们将使用弱规范玻色子来举例说明衰变粒子的另一种性质。

W 玻色子会与所有感受到弱作用的粒子（也即我们已经讨论的所有粒子）相互作用。这让 W 玻色子有多种衰变的选择。它可以衰变成任何带电轻子（电子、μ 子与 τ 子）以及它们伴随的中微子。它也可以衰变成上夸克 - 下夸克或者粲夸克 - 奇异夸克对，如图 14-5 所示。

图 14-5

W 玻色子可以衰变成带电轻子以及它伴随的中微子，或者上夸克 - 下夸克，或者粲夸克 - 奇异夸克。实际上，物理粒子是不同类型夸克或者中微子的叠加态，这允许 W 玻色子有时可以同时衰变成不同代的粒子。

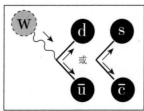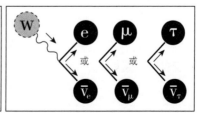

粒子的质量在决定其衰变方式时也很关键。一个粒子只能衰变成几个质量之和小于初始粒子的其他粒子。虽然 W 玻色子也与顶夸克和底夸克相互作用，但是顶夸克比 W 玻色子重，所以衰变是禁止的 ❶。

让我们假设 W 玻色子衰变成两个夸克，因为在这种情况下实验物理学家会测量两个衰变产物（这不适用于衰变成轻子和中微子的情况，因为中微子是测不到的）。因为能量、动量守恒，所以测量夸克的末态（final state）总能量和动量告诉我们，衰变成它们的初始粒子，即 W 玻色子的能量和动量。

此时，爱因斯坦的狭义相对论与量子力学使得故事变得更有趣。爱因斯坦的狭义相对论告诉我们质量如何与能量和动量联系。绝大多数人知道 $E = mc^2$。如果将 m 换成 m_0（即当粒子静止时它的内禀质量），该公式对于静止的粒子也适用。一旦粒子运动，完整的公式变为 $E^2 - p^2c^2 = m_0^2c^4$。❷ 在这个公式下的能量和动量使得实验物理学家可以推导出粒子质量，即便初始粒子早已通过衰变消失了。实验物理学家只要将所有动量、能量加和并应用该方程，初始的质量就可以确定。

量子力学发挥作用的原因更微妙。一个粒子表面看起来并不总是有真实的质量。因为粒子可以衰变，量子力学不确定关系说需要用无限长时间来精确测量能量，它也告诉我们，任何粒子如果不能永远存在，那么它的能量也不能被精确知道。与能量精确值的偏离越大，衰变越快、寿命越低。这意味着在任何既定测量中，质量可以逼近（但不能等于）真实的平均值。只有经过很多次测量实验物理学家才能导出粒子的质量（最可能值以及平均收敛值）与寿命，因为这是粒子在衰变前存在的时间，它决定了粒子的质量展宽（见图 14-6）。对于 W 玻色子来说是这样，对于其他衰变粒子也是如此。

❶ 然而，在 W 玻色子、顶夸克与底夸克之间的相互作用，正是顶夸克可以衰变成底夸克和 W 玻色子的原因。

❷ 我们也可以利用能量和动量推断出相对论性质量，其他条件不变。

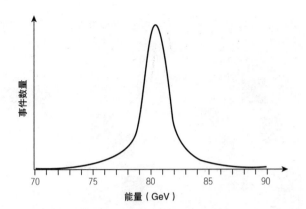

图14-6

衰变粒子的测量值以真实质量为中心，但是允许一个由其寿命决定的质量展宽值。该图刻画的是 W 规范玻色子。

❶ 注意，图 14-7 区分了玻色子与费米子，即由量子力学分类的粒子。相互作用的媒介粒子和理论假设的希格斯粒子是玻色子。所有其他标准模型的粒子都是费米子。

当实验物理学家使用本章所描述的方法将他们所测量数据的整合起来时，他们可能发现标准模型粒子（见图 14-7 标准模型粒子及其性质总结）❶。但是他们也可能最终确认一些完全新的东西。大家的希望是，大型强子对撞机可以产生新的奇异粒子，并产生对物质本质、乃至时空本身的更深层次洞见。本书下一部分将探索一些更加有趣的可能性。

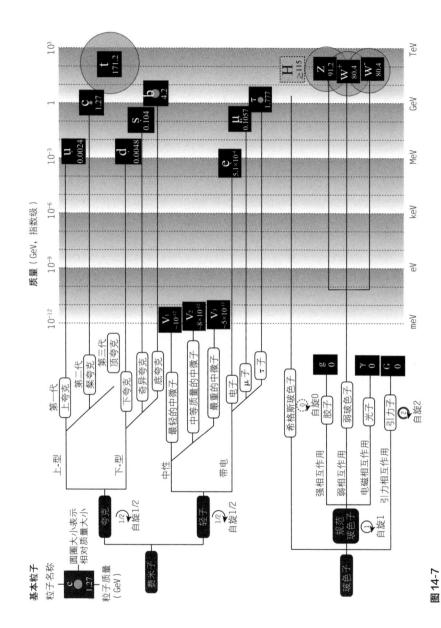

图14-7

根据类型和质量排列的标准模型粒子的总结表。灰色圆圈（有的在方框内）表示粒子质量。我们会从中发现标准模型元素的神奇变化。

第四部分
寻找 "上帝粒子"

KNOCKING ON
HEAVEN'S DOOR

15

真、美与其他科学错觉
KNOCKING ON HEAVEN'S DOOR

2007 年 2 月，诺贝尔奖获得者、理论物理学家默里·盖尔曼在美国加州召开的 TED 大会上发表演讲。TED 大会每年召开一次，与会者在各种主题上发表自己的新想法，是一次在科学、技术、文学、娱乐以及其他前沿领域中分享创新理念的盛宴。盖尔曼那万人空巷的演讲获得了全场观众的起立鼓掌，他演讲的主题是关于科学中的真与美。演讲的基本前提可以很好地用他的话总结——恰好呼应英国诗人约翰·济慈（John Keats）的诗："真即是美，美即是真。" ❶

盖尔曼有很好的理由相信这个伟大宣言。他的重要发现足以令他获得诺贝尔奖，其中有一些是关于夸克的，他掌握着可以把 20 世纪 60 年代实验中发现的看似随机的数据优美地组织起来的基本原理。在默里的亲身经历里，对美（或者至少是简洁性）的追寻也催生了真理。

听众中没有人质疑他的观点。毕竟绝大多数人喜欢美与真理相伴的想法，因此寻找一个往往会揭示另一个。但我总是觉得这

------

❶ 出自约翰·济慈所作诗歌《希腊古瓮颂》（*Odeona Grecian Urn*）。——译者注

个假设有一点不可靠。虽然每个人都相信伟大的科学理论的核心是美，并且真理永远在美学上是令人满意的，但是美从某种程度上来说，是一个主观标准而非真理的可靠裁决者。

在真理与美的评判中，基本的问题是：该判定不是一直成立的，只有时机合适时才成立。如果真理与美等价，那么"丑真理"就永远也不会进入我们的字典里。尽管这些话不是专门针对科学，我们对世界的观察也并不总是美的。达尔文的同事托马斯·赫胥黎（Thomas Huxley）很好地总结了这种观点。他说："**科学是整理好的常识，许多美的理论都被丑陋的事实给扼杀了。**"[1]

让事情变得更难的是，物理学家必须接受"宇宙和它的元素不全都是美的"这个令人不安的事实。我们观测到过很多我们想要理解的杂乱现象。在理想情况下，物理学家很想发现一个简单的理论，它仅仅需要很少的规则与最少可能的基本元素，就能揭示所有的结果。但是即使在寻找最简单、优美、统一的理论的过程中——该理论可以用来预测任何粒子物理学实验的结果，哪怕我们找到了这种理论，我们也需要众多步骤才能将它与现实世界相联系。

宇宙是如此复杂。在我们将一个简单、备用的构想联系到更复杂的周遭世界之前，我们还需要有新的元素和原理。这些附加的元素可能会破坏初始设定的构想中的美感，就像特殊条款经常会干扰国会法案理想的立法初衷。

由于存在失败的可能性，我们如何尝试去超越我们所知道的？如何诠释目前还没有解释的现象？本章将阐述关于美的概念以及审美标准在科学中担当的角色，以及将美作为指导原则的优缺点。本章同时会介绍建模知识，它采用一种自下而上的科学研究方法并且兼顾美学标准，来猜想接下来会被发现的理论。

美

我最近与一位艺术家聊天，他幽默地评论当代科学的一个巨大讽刺是，今天的研究者看起来比时下的艺术家更有可能将美作为他们的目标。当然艺术家们并没有遗弃美学标准，但是他们在讨论工作的同时还会讨论发现与发明。科学家们虽然也珍视其他属性，但他们同时致力于发现最引人注目的优美理论。

尽管许多科学家对于优雅的评价很高，他们关于简单与美却有不同的定义。就像你与邻居就当今艺术家，例如达明安·赫斯特（Damien Hirst）的才华有着强烈的分歧一样，不同科学家对不同的科研方向也有着各自的喜好。

与志同道合者一样，我倾向于寻找能将观测到的表观不同的现象联系起来的基本原理。我的绝大多数弦理论同行研究具体的可解理论，他们会使用艰深的数学公式解决玩具问题（toy problem）——不必与真实的物理设置相关联的问题，那些只有以后才能被发现可以应用于观测到的物理现象的问题。其他物理学家则倾向于关注仅有简洁优雅公式的理论，这些理论可以产生许多他们可以进行系统计算的实验预测。

有趣的原理、高级数学与复杂的数值模拟都是物理学的一部分。绝大多数科学家很重视它们，但是我们根据自认为最满意或者最可能引领科学发展的事物选择最优的。事实上，我们常常按照哪一种方法与我们独特的偏好和天赋相契合，来选择它们。

不仅当前的审美观点会变。与艺术一样，随着时间流逝，连态度也会演变。默里·盖尔曼的专业——量子色动力学，就是一个极好的例子。

21
世纪大猜想

KNOCKING ON
HEAVEN'S DOOR

盖尔曼关于强相互作用力的猜想基于一个天才的洞察力——20 世纪 60 年代不断发现的粒子可以被组织成一个合理模式，以此来解释它们的丰度和类型。他假设存在更多被称为夸克的基本粒子，认为它们带一种新型的电荷。这样，强相互作用力就会影响任何携带该种假想电荷的物质（就像电相互作用将电子和带电原子核结合起来，形成电中性原子）。如果这是真的话，那么所有被发现的粒子就可以被理解成这些夸克的束缚态（聚集在一起的不带净电荷的物质）。

盖尔曼意识到，如果有三种不同类型的夸克，其中每种夸克带一种不同的色荷（color charge），那么它们可以形成有许多种组合的中性束缚态。这些组合的确对应于实验发现的过多粒子。盖尔曼从而发现了看起来杂乱无章的粒子的一种优美解释方法。

然而，当盖尔曼以及另一位物理学家（后来的神经生物学家）乔治·茨威格（George Zweig）第一次提出这个理论时，人们甚至不相信这是一个正式的科学理论。其原因虽然是出于技术考虑，却也很有趣。粒子物理学的计算依赖于距离很远、没有相互作用的粒子，当粒子接近时，我们能计算其产生的相互作用的有限效应。在这种假设下，任何相互作用都可以完全被非常相近粒子的区域相互作用刻画。

另一方面，盖尔曼猜想的相互作用在粒子进一步分开时反而变得更强了。也就是说即使夸克相距较远时，它们也会相互作用。根据当时占统治地位的标准，盖尔曼的猜测甚至没有对应到一个可以用来做可靠计算的真实理论。因为夸克总是相互作用，即使所谓的渐近态（asymptotic state，夸克远离任何其他物质的状态）也非常复杂。在一个明显的向丑让步的情况下，他们所提议的渐近态不是一个你希望看到的可计算理论中的简单粒子。

起初，没人知道如何在这些复杂的强束缚态中开展计算。然而，今天的物理学家关于强相互作用力的想法截然相反。我们现在的理解比该想法刚提出之时已经好得多了。戴维·格罗斯、戴维·普利泽（David Politzer）与弗朗克·韦尔切克（Frank Wilczek）因其名为"渐近自由"（asymptotic freedom）的研究获得诺贝尔奖。在高能时，强相互作用力并不比其他相互作用的耦合更强，前者的计算工作与后者类似。事实上，一些物理学家今天认为，在高能时耦合变弱的理论（例如强相互作用力）才是唯一合理定义的理论。因为相互作用的强度在高能时不会达到无穷大，而其他理论的强度则可能达到无穷大。

盖尔曼有关强相互作用力的理论是一个联系美学与科学准则的有趣例子。简洁性是他最初的指导原则。但在每个人都认同他的这个美的提议之前，还需要有艰难的科学计算和理论洞见。

当然，这不是唯一的例子。我们所相信的许多理论都有着表观丑陋和毫无说服力的方面，甚至受人尊敬、卓有成就的科学家最初也反对它们。量子场论（将量子力学和狭义相对论结合起来）是所有粒子物理学的基本理论。而诺贝尔奖获得者、意大利科学家恩里科·费米等一开始也反对它。对于他来说，尽管量子场论将所有的计算正规化与系统化并且作出了许多正确的预测，然而它涉及的许多计算技巧，哪怕在今天的一些物理学家看来也是非常怪异的。量子场论在不少方面都相当优美，且其洞见也引人注目。不过，我们必须忍受它的其他复杂、不甚让人满意的特点。

这种故事已经重复了很多次。美被认可经常是后验的。弱相互作用力违背了宇称守恒。这意味着，向左旋转的粒子的相互作用与向右旋转的不同。这种左右等价的基本对称性的破缺令人烦恼，且毫无吸引力。然而正是这种不对称性催生了我们在世界上所看到的不同质量类别，它们对这个世界的构成、生命的形成也是必要的。起初它被认为是丑陋的，而现在我们知道它是必不可少的。虽然它自身可能很丑，但是宇称破缺让我们对所见之物有了更至关重要、更优美的解释。

美不是绝对的。一种想法对于创造它的人来说可能是有吸引力的，但从其他人的角度来看可能是麻烦的或是杂乱的。有时我会陶醉于自己想到的一个猜想，很大程度上是因为我知道以前人们所想到的其他想法都没有奏效。**比以前出现的理论更好，却并不保证优美性**。我让自己参与创建的模型满足了这个标准，但不甚熟悉该模型所表达主题的同事仍然对此表示怀疑和困惑。我想到了一个认定什么是好想法的更好标准：**一个好的想法可以让甚至从来没有研究过相应问题的人都能欣赏到它的美**。

事情的反面有时也会发生——好的想法被拒绝，是因为其发明者认为它们不够优美了。马克斯·普朗克不相信存在光子（他觉得这是一个让人讨厌的概念），即使是他引发的诸多逻辑导致了这种猜想。爱因斯坦认为根据其广义相对论得出的宇宙膨胀理论不可能正确，部分原因是它与他的美学和哲学倾向相违背。彼时，两者中没有哪一个想法看起来是最美妙的，然而物理定律与它们所应用的宇宙却并不会在意它们美不美。

看起来很好

鉴于美具有演变性和不确定性，值得考虑一些特征——它们可以使一个想法或者一个形象在某种形式上具有客观美丽性并具有普遍吸引力。也许关于审美标准最基本的问题是：**人是否拥有"何为美"的统一标准（在任何情景中），无论是艺术，还是科学**。

没有人知道答案。毕竟，美与品位相关，而品位可以是很主观的判断。然而，我发现很难相信人们毫无审美标准的共识。例如，在特定的展览中哪些艺术展品是最好的，或者人们常选择去看哪些展览，人们的意见总是令人吃惊地一致。当然这并没有证明什么，因为我们处在相同的时间与空间中。很难将关于美的各种信仰从它们所产生的具体文化背景及时空背景中隔离开来，因此我们很难将浑然天成的属性从后天习得的价值与判断中分离出来。在一些极端情形中，人们可能会一致赞同某件事物看起来不错或者不好。而在极少的情况下，每个人都同意一个想法的美妙之处。但是即使在这些鲜少的事例中，人们也不一定赞同所有的细节。

即使如此，一些审美标准看起来仍是统一的。任何艺术课刚开始的时候都要讲平衡。米开朗基罗的《大卫》雕塑就是这一原则的典范。大卫优雅地站着，他永远不会翻倒或者崩塌。人们可以从中寻找平衡与和谐。艺术、宗教与科学都给了人们接触这些品质的机会。当然平衡也可能只是一个规划的原则。当艺术打破了平衡感时，它同样可以让人陶醉，比如雕塑家理查德·塞拉（Richard Serra）的早期雕塑作品（见图 15-1）。

图 15-1

理查德·塞拉的早期雕塑作品表明，有时一点失衡感反倒为艺术增添了几分趣味。（版权©2011，理查德·塞拉／艺术家权利协会，纽约）

对称性通常在美学的考虑中至关重要，艺术与建筑也经常展现出由对称产生的秩序。有些东西具有对称性是指当你改变它——例如当你转动它、用镜子反射它，或者交换它的部件时，经历这些改变后的体系仍与原来的体系没有什么差别。对称的和谐感可能是宗教符号常具有对称性的一个原因。基督教的十字架、犹太教的大卫之星、佛教的转经轮与伊斯兰教的新月等标志都是如此（见图 15-2）。

十字架　　大卫之星　　新月　　转经轮
基督教　　犹太教　　伊斯兰教　佛教

图 15-2
宗教符号常常具有对称性。

　　更广泛地，伊斯兰艺术禁止象征，而依赖几何形式，尤以使用对称著称。例如，印度的泰姬陵是一个壮观的建筑。任何参观过泰姬陵的人，无一不被它高超的几何形状应用与对称性所吸引。位于西班牙南部的阿尔罕布拉宫（Alhambra）使用了摩尔人（Moorish）的艺术思想与有趣的对称图案，它可能是如今世界上目前保存完整的最美丽的建筑之一。

　　近代艺术，例如埃斯沃斯·凯利（Ellsworth Kelly）或布里奇特·莱利（Bridget Riley）的作品，展现了清晰的几何对称性。哥特式或文艺复兴时期的建筑，例如沙特尔大教堂与西斯廷教堂的穹顶，也精巧地使用了对称性（见图 15-3）。

图 15-3
沙特尔大教堂的建筑以及西斯廷教堂的穹顶都体现了对称性。

图 15-4

日本艺术很有意思，某种程度上是因为它的不对称性。

最美的艺术却常体现在其不对称性上。日本艺术以其优雅及其不对称性著称。日本绘画和丝绸印花有一个清晰的取向，可以将人的目光吸引到图画上（见图 15-4）。

简单性是另一个可以品评美感的标准。一些简单性出自对称性，但是背后的秩序可以被呈现出来，甚至在缺乏明显的对称时仍是如此。杰克逊·波洛克（Jackson Pollock）的画作在颜料的密度之中隐藏着简单性，尽管它给人的第一印象是杂乱无章。虽然每一次颜料的溅落看起来完全随机，但在他最著名、最成功的作品中，每种色彩都有比较均匀的分布。

艺术中的简单性往往具有欺骗性。我曾经试着临摹法国画家马蒂斯（Matisse）的几幅画，这几幅作品是他在年老体弱时所作。然而当我试图再现它们时，我意识到它们并非那么简单——至少对于不懂绘画技术的我来说如此。简单元素可以包含的结构，比我们表面上能观察到的要多。

无论如何，美不仅仅出现在简单基本的形式中。一些人崇尚的艺术作品，例如拉斐尔（Raphael）或者提香（Titian）的画包含许多内部元素的丰富复杂的画布。完全简单的东西会让人头脑麻木，因此当我们看待艺术时，我们倾向于一些有趣的、吸引眼球的东西。我们希望一些简单到可以理解而又不能太过简单以至无聊的东西。这似乎也反映了这个世界的建构规律。

科学中的美

审美标准很难确定。科学与艺术一样有统一的主题但没有绝对。即使科学的审美标准并没有被很好地定义，它们却大有用处，且无所不在。它们指导我们的研究，哪怕它们不能担保成功或者发现真理。

科学中的审美标准不像我们刚才罗列的艺术标准。它们帮助我们组织计算并会联系不同的现象。有趣的是，与艺术一样，对称性往往只是近似的。最好的科学描述常常在保留对称理论优美性的同时，结合必要的对称性破缺，来对世界作出预测。对称破缺丰富了对称性包含的想法，由此产生了更多元的解释。**与艺术一样，具有对称性破缺的理论比那些完全对称的理论更美、更有趣。**

希格斯机制——使基本粒子获得质量的机制，就是一个绝好的例子。希格斯机制巧妙地揭示了与弱相互作用力相联系的对称性，如何可以被轻微地破坏掉。我们目前还没有发现可以为该机制提供无可辩驳的证据的希格斯玻色子，希格斯机制美妙又独特地满足了实验和理论双方的要求，因而许多物理学家都相信希格斯粒子的存在。

简单性对理论物理学家来说是另一个重要的客观标准。我们有一种根深蒂固的观念：简单元素构成了我们所看到的复杂现象。寻找组成现实或者现实所代表的简单基本要素，从很久以前就开始了。在古希腊，柏拉图想象的完美形式——几何形态与理想存在，在地球上只有近似的存在。亚里士多德也相信理想形式，但他认为，由物理对象近似给出的理想将只能通过观察揭示。宗教也常常假设一个更完美、更统一的状态，远离但又以某种方式与现实相联系。甚至从伊甸园堕落的故事，它所预设的前提是一个理想化的先验世界。虽然现代物理学的问题和方法与我们祖先时代的方法已经截然不同，但是许多物理学家仍在寻找一个更简单的宇宙——不是在哲学意义和宗教意义上，而是在组成世界的基本要素上。

寻找隐含的科学真理往往需要寻找简单的要素，它建构出了我们所观察到的复杂而丰富的现象。这样的寻找通常包括试图找出有意义的模式或组织原则。只有简洁地实现一个简单和优美的想法，绝大多数科学家才能期望这个提案有正确的可能。出发点涉及最少的输入，它承诺最具预测力的效果越显著。当粒子物理学家考虑什么是标准模型的核心的建议时，如果一个想法的实现变得非常烦琐，那么我们常会变得疑心重重起来。

宇宙的答案
KNOCKING ON HEAVEN'S DOOR

与艺术一样，科学理论自身可以是简单的，或者它们可以是由简单且可预料的元素构成的复杂组合。当然，即使初始组件甚至规则本身都是简单的，那结果也不一定是简单的。

这种追求的最极端版本是寻找一个仅仅由几个简单元素组成、遵从很少原则的统一理论。这一追求是一个颇有抱负（有人可能说太大胆）的任务。显然，阻止我们立即发现一个能完全解释所有观测的完美理论的一个明显障碍是：我们周遭的世界表明，一个理论只包含世界的一部分简单性。一个统一的理论，同时又是简单的、优美的，还必须在某种程度上容纳足够多的结构来与观测相符。我们愿意相信一个简单、优美、可预测的理论就是物理学的全部。然而宇宙不像理论那么纯粹、简单与有序。即使有一个潜在的统一表述，也仍需要大量研究，因为它们将理论与我们在世界上所见的引人入胜的复杂现象联系了起来。

当然，我们可以在这些表征美与简单性上走得更远。教科学或数学的教授总会说已经研究透彻的现象"太容易"（trivial），不管它们有多复杂。教授已经知道答案并且对基本元素与逻辑很了解，但是对课堂上的学生来说情况并非如此。当学生们把问题约化成简单部分后，对他们来说也可以是"太容易"的了。但他们首先需要想出如何做到那一步。

美的标准并不唯一

像在生活中一样，美在科学中并非唯一标准。实验的约束以及直觉可以指导我们探索新的知识。艺术中与科学中的美可能有一些客观属性，但几乎所有的应用会与品味和主观性相关。

然而，对于科学家来说差别巨大。最终实验会决定我们的哪一种想法是正确的。科学的发展可能开发出更多审美标准，但是真正的科学进步还要求理解、预测与分析数据。不管一个理论看起来多么美丽，它也可能是错的——就此必须被丢弃。即使是最理智、最令人满意的理论，如果不能应用到真实世界中，同样也要被抛弃。

尽管如此，在我们达到更高能量，或者获得确定正确物理描述所需的足够参数之前，物理学家只能采用美学与理论思考来猜测超出标准模型之外的东西，除此之外别无选择。在此期间，只有有限的数据，我们依赖现有的谜团与交织在一起的不同品位以及组织标准，来指导前行的道路。

理论上说，我们希望能够研究各种可能的结果。建模是我们做这种研究的通常方法。我和同事探讨各种粒子物理学模型，它们是构成标准模型基础的物理理论的猜测。我们的目标是探索将复杂现象组织在一起的简单原理，那些复杂现象出现在更容易看到的尺度上，以至于我们可以通过我们的认识来解决当前的疑难。

物理模型的创建者采取有效的理论观点，理解越来越小尺度的渴望已经深深印在他们的心里。我们依据"自下而上"的方法，从已知的出发（我们可以解释的及我们感到迷惑的现象），并试图推导基本模型，从而可以解释观测到的基本粒子的性质以及它们相互作用之间的联系。

"模型"一词可能引发一个物理结构，如同房子的缩微版，用来展现和探索它的建筑结构。或者你可以想象在计算机上的数值模拟计算出已知物理原理的结果，这类似于气象建模或传染病传播的模型。

粒子物理学中的建模与上述两种定义都不同。粒子模型与杂志或者时装秀的模特的天赋有相似之处。模型（模特）在物理中（在 T 型台上）都展现了富有想象力的新想法。人们纷纷涌向那美丽的或者至少是更引人注目或更令人惊叹的模型（模特）。但最终，他们会被那些真正给人承诺的模型（美丽的模特）所吸引。

毋庸多言，相似性到此为止。

粒子物理学模型是关于什么可能隐藏在理论背后的猜测，这些理论预测已经被检验并且已经被我们理解。审美标准在决定哪一个想法值得探求时非常重要。**想法的相容性与可检验性同样重要**。模型所刻画的不同基本物理元素与原理适用在比现今实验尚未测量到的还要小的距离和尺度上。在模型的帮助下，我们可以确定不同理论假设的本质和结果。

模型是一种从已知事实出发，创造出说服力与综合性更强的理论的推断方法。它们是各种提案的组合，一旦实验允许我们深入到更小尺度或者更高能量上，我们就可以检验它们的基本假设和预测，它们则可能会、也可能不会被证明正确。

请记住"理论"与"模型"是不同的。"理论"这个词，我指的不是粗略猜测——比如更常见的口头用语。已知粒子与它们遵从的已知物理定律是一个理论的组成部分，它是一个定义良好的元素与原理的集合，有法则和方程来预测元素之间如何相互作用。

即使我们完全理解了一种理论与它的启示，同一理论也还可以有不同的应用，而这些应用在真实世界中会有不同的物理后果。模型是一种抽样这些可能性的方法。我们将已知的物理原理和元素结合成为一个描述现实的备选者。

如果你将理论想象成幻灯片模版，那么模型就是你特定的演讲报告。理论允许连续的动画模拟，但模型只包含你需要用来概述你要点的部分。理论会给出标题与要点，而模型包含刚好你需要传达以及你期望能很好地应用到手边的任务。

物理中建模的本质已经随着物理学家试图解答的问题不同而发生变化。物理总是试图从最小数目的假设预测大量物理量，但那不意味着我们可以立即确定最基本的理论。物理学的进展常常发生在对所有事物最基本层面的理解获得之前。

19 世纪，物理学家理解了温度与压力的定义，并将它们应用于热力学和引擎设计中，远早于人们能够从更基本的大量原子分子随机运动的微观角度来诠释这些想法。20 世纪初期，物理学家试图运用模型以电磁能量的方式来解释质量。虽然这些模型都来源于系统如何成功运行的共同信念，但是它们都被证明是错误的。后来，物理学家尼尔斯·玻尔构造了一个原子模型，来解释人们所观测到的发射光谱。不久，他的模型被更全面的量子力学理论取代，该理论不但吸收而且发展了玻尔的核心理念。

模型的创建者今天试图确立超越粒子物理学标准模型的理论。之所以现在被称为标准模型，是因为它已经得到了很好的验证和理解，但是它终究是一个猜测——如何将已知的观测与当时已经发展起来的理论配合起来。尽管如此，由于标准模型隐含着如何检测它的前提预言，实验最终可以证明它是正确的。

标准模型解释了迄今为止所有的观测，但物理学家却相当确信它是不完整的。特别是，它留下了悬而未决的问题：在希格斯区域中的元素，应该对基本粒子的质量负责的正确粒子与相互作用有哪些，以及为什么是这个区域中的有着特定质量的那些粒子。超越标准模型的理论应该阐述更深入的潜在连接与关系，从而解释这些问题。它们涉及基本假设与物理概念的特定选择，以及它们可以应用的尺度和能标。

我近来的许多工作都涉及新模型的思考，以及新的或者更细致的搜索策略——如若不然将会错过新现象。我思考自己提出的模型以及其他全方位的可能性。粒子物理学家知道元素的类型和可能涉及的法则，比如粒子、力以及允许存在的相互作用。但是我们并不明确知道哪一种元素是现实成分的一部分。通过应用已知的理论成分，我们试图确认那些潜在的简单基本想法，它们可以被运用到最终的复杂理论中。

同样重要的是，模型为实验设定探索目标，在比目前物理学家实验所研究的更小的距离上探讨粒子的行为。测量为我们提供线索，帮助我们区分相互竞争的候选者。我们还不知道新的基本理论是什么，但是可以描述可能的偏离标准模型的性质。通过考虑反映基本现实与结果的候选模型，如果模型正确，那么我们就可以预测大型强子对撞机可能揭示的东西。使用模型可以确认我们想法的性质，认识到与现有数据相一致的过多的可能性，并解释至今仍令人费解的现象。只有一些模型会被证明是正确的，但创造与理解它们是确定选项的最佳方法，是建立一个令人信服的要素资源的手段。

探索模型与模型给出的详细结果，有助于我们确定可以令实验物理学家搜寻的可能存在的东西。模型为实验物理学家勾勒出新物理理论的有趣面貌，这使得他们可以检验模型的创建者是否已经正确地给出了物理元素或物理原理，指导体系之间的关系与相互作用。新物理定律的任何模型应用在可测的能量上，将预测新粒子与它们之间的联系。观测从对撞产生的粒子及它们的性质有助于确定存在的粒子类型、质量以及它们的相互作用。在发现新粒子或者测量不同相互作用的过程中，实验物理学家将确认或者排除已提出的模型，为更好的模型做好铺垫。

获得足够的数据后，实验物理学家将决定哪一个基本模型是正确的，至少在我们可以研究的精度、距离与能量上做到这一点。我们希望在大型强子对撞机能标可以探测的最小尺度上，基本理论法则足够简单，这让我们可以推导和计算相关物理定律的效应。

物理学家常常热烈地讨论，哪些是最好的研究模型，以及从实验上寻找最好的获取它们的方法。我经常跟实验物理学同事们一起坐下来，讨论如何最好地使用模型来指导他们的研究。例如，具体参数在具体模型中的基准点是否太特殊？有没有更好的方法来覆盖所有的可能性？

大型强子对撞机实验太具挑战性了，以至于如果没有确定的搜索目标，实验结果就将被标准模型的背景所掩盖。实验不仅会根据已经存在的模型进行设计及优化，而且它们也会寻找更广泛的可能性。实验物理学家意识到，构造一个应用广泛的模型非常关键，因其遍布了所有可能出现的新迹象，这尤为重要，因为没人想要一个有太过偏见的具体模型。

理论物理学家与实验物理学家都在努力工作，以确定我们没有漏掉任何重要的东西。我们不知道不同提议中哪一个是正确的，一直到实验验证的那一刻。所提出的模型可能是现实的正确描述，但即使它们不是，它们也启发了我们的搜索策略，并告诉我们至今尚未发现的新物质的不同面貌。希望大型强子对撞机会给我们一个结果——不管结果如何，我们都要做好准备。

16

希格斯玻色子，宇宙万物为何产生

KNOCKING ON HEAVEN'S DOOR

2010 年 3 月 30 日，我在雪花般的电子邮件中醒来。邮件都是有关前一天晚上欧洲核子研究中心的 7TeV 对撞实验。它的成功，标志着大型强子对撞机实实在在的物理项目的开始。而 2009 年接近年底时的加速与对撞实验已经成为关键的技术里程碑。这些事件对大型强子对撞机的实验物理学家来说非常重要，因为他们终于可以通过来自大型强子对撞机真实对撞实验的数据，来校准并更好地理解探测器，而不是仅仅采用偶然穿过仪器的宇宙射线数据。在接下来的一年半时间里，欧洲核子研究中心的探测器会记录真实数据，使得物理学家可以证实或证伪他们的模型。最终，经过了起起伏伏的实验，大型强子对撞机的物理项目终于在排除万难后开始了征程。

7TeV 的对撞能量只是大型强子对撞机设定能标的一半。真实的目标能标——14TeV 在几年之内还无法达到。同时，在 7TeV 的一轮运行上目标锁定的光度（每秒相互碰撞的质子的数目），远低于实验设计者最初计划的数目。但是无论如何，有了这些对撞结果，大型强子对撞机的实验终于在经历重重困难之后步入了轨道。我们终于可以相信我们对物质内部本质的理解将很快得到提高。如果一切顺利的话，那么两年后仪器将经历完全关闭、整装待发、再重新以满负荷运转的阶段，来为我们提供我们所期盼的真实结果。

其中一个最重要的目标是，研究基本粒子如何获得质量的问题。为什么所有粒子不都像那些零质量粒子一样，以光速穿过？回答这个问题的关键是一系列被统称为希格斯区的粒子，包括希格斯玻色子。本章将介绍为什么成功的粒子搜寻过程可以告诉我们关于基本粒子质量的想法是否正确，以及一旦大型强子对撞机以更高强度和更高能量华丽地回归，重新启动搜寻工作，那么它终将告诉我们隐藏在这重要而又引人注目的现象之下的粒子和相互作用的本质。

希格斯机制，给出基本粒子质量的唯一方法

没有物理学家质疑在现今我们所能研究的能量上的标准模型。实验物理学家已经测试了很多它的预测，在 1% 的精度上，实验结果都与预测符合得很好。

然而标准模型建立在一个还没有观测到的因素上面。以英国物理学家彼得·希格斯命名的希格斯机制是我们所知的给出基本粒子质量的唯一方法。根据最初版本标准模型的基本前提，传递相互作用的规范玻色子没有质量，对标准模型来说非常重要的基本粒子，诸如夸克和轻子，也都没有质量。然而对物理现象的测量明显证明它们具有质量。基本粒子的质量对于理解原子与粒子的物理现象——例如原子中电子轨道半径或者弱相互作用的极微小范围，至关重要，更不用说它对宇宙结构的影响了。根据质能方程 $E = mc^2$，质量也决定了有多少能量是需要用来产生基本粒子的。然而对于一个没有希格斯机制的标准模型来说，基本粒

子的质量将是一个谜题。这样的理论是不被允许的。

粒子对其质量丧失了不可剥夺的权利，这听起来似乎有点专制。你可能还期望粒子有权选择获得非零质量。然而标准模型与所有相互作用理论的精妙结构，恰恰表明它是非常独断专行的。该结构限制了允许的质量类型。规范玻色子的质量解释与费米子的有些不同，但是两者的基本逻辑都与处于所有相互作用理论核心的对称性相关。

粒子物理学的标准模型涵盖了电磁、弱相互作用力以及强相互作用力，并且每一种相互作用都伴随着一种对称性。如果没有这些对称性，那么由量子力学与狭义相对论所预言的传递相互作用的规范玻色子其振动模式就会出现很多冗余。没有对称性的理论，其计算结果将产生荒谬的预测，例如赝振动（spurious oscillation）模式的高能相互作用的概率大于1。在任何对自然的准确描述中，这种非真实的物理粒子，也即在错误方向振动的非真实存在的粒子，显然需要被剪除。

从这个意义上说，对称性就像垃圾邮件过滤器或者质量监控管理局。例如，质量规定只有平衡性能 ❶ 良好的汽车才能被留下来，这使得所有从工厂出产的汽车能像预期的一样，良好地行车。对称性在任何相互作用的理论中都会排除不良因素。这是因为发生在不想保留的非物理粒子上的相互作用不遵从对称性，反之，那些遵守对称性的粒子则以它们被允许的方式振动。因此对称性确保了理论预测中只涉及物理粒子，这样理论才能合理并与实验相符。

对称性使得相互作用理论拥有了一种优美构想。**与其通过计算将非物理模型逐一排除，不如利用对称性一举将所有非物理理论全部消灭。**总之，任何具有对称性的相互作用理论只涉及物理

---

❶ 平衡性本身就是一个对称性的体现形式，参见作者在第15章关于艺术中平衡性的描述。——译者注

振动模式，它们的行为是我们想描述的。

对任何理论来说，只要传递相互作用的粒子的质量为零（比如电磁或者强相互作用力），这种方法就很奏效。也就是说，对称理论对于它们的高能相互作用的预测都合情合理，而且的确只有自然中存在的物理模式才被涵盖。对于零质量的规范玻色子，高能相互作用问题的解决相对来说很直接，这是因为相应的对称性限制和排除了理论中的非物理、表现不良的模式。

对称性解决了两类问题：第一，排除了非物理模式；第二，解决了伴随非物理模式而来的错误的高能预测。然而，非零质量的规范玻色子有一个额外的、物理的（即存在于自然中的）振动模式。参与弱相互作用力的规范玻色子就属于这一类别，对称性会过多地剪除它们的振动模式。因此，如果没有新要素被添加进来，那么弱规范玻色子的质量就将使它不能遵从标准模型的对称性。更进一步，对于非零质量的规范玻色子，我们别无选择，只能保留它们的一种不良模式，这也意味着解决高能的不良结果的问题将变得困难起来。无论如何，理论需要一些新要素来产生合理的高能相互作用。

此外，在没有希格斯粒子的情况下，没有一种标准模型的基本粒子可以既获得非零质量，又同时遵从最原始相互作用理论的对称性。由于相互作用的对称性，在没有希格斯粒子的标准模型中，夸克与轻子也不会具有非零质量。其原因看似与规范玻色子的逻辑无关，但是也可以追根溯源到对称性上面。

在第 14 章，我们展示了一张包括左手与右手费米子的图（即图 14-1），图中非零质量的粒子成对出现。当夸克与轻子质量非零时，它们引入了将左手与右手费米子相交换的相互作用。但是为了左手与右手费米子可以互换，它们必须参与相同的相互作用。然而实验表明，弱相互作用力在左手夸克和轻子与右手夸克和轻子上的作用并不相同，但是后者可以由前者转换而来。这种对宇称守恒的破坏（宇称守恒的意思是左手与右手遵从相同的物理定律）令每个第一次听闻它的人瞠目结舌。毕竟其他已知的自然定律都不区分左与右。但是这个显著的特性，也即弱相互作用力区别对待左与右，已经被实验证明并且是标准模型的重要特征。

左手与右手的夸克和轻子有着不同相互作用告诉我们，如果没有一些新要素，非零质量的夸克和轻子将与已知的物理定律不相容。并且非零质量将把带弱荷的粒子与不带弱荷的联系起来。

换言之，因为只有左手粒子带弱荷，那么这种荷也可以失去。也即荷可以明显地消失于真空——宇宙中不含任何粒子的状态。通常这是绝不可能发生的，因为荷必须守恒。如果荷可以无中生有，又可以凭空消失，那么与之相伴的相互作用的对称性一定会破缺，并且那个荒谬的高能规范玻色子相互作用的概率超过1的预测又会重新出现。因此，假如真空确实空无一物（没有粒子和场），那么荷永远不会神奇地消失。

假如"真空不空"，而是包含了可以向真空提供弱荷的希格斯场，那么荷就可以产生或者消失了。一个希格斯场，尽管可以向真空提供荷，却不是由真实粒子组成的。它本质上是一个分布——只有当场自身取得非零值时，宇宙中弱荷才出现的一个分布。当希格斯场非零时，就好像宇宙有一个无穷供给的弱荷源。想象一下你有数不尽的金山银山，你可以任意借出和收回金钱，并且你将一直拥有无穷的钱财供你使用。与这个比喻类似，希格斯场将无穷的弱荷投放到真空中。这样，它就破坏了相互作用中的对称性，并且让荷流进与流出真空而使粒子出现了非零质量，却没有产生任何问题。

一种考虑希格斯机制以及质量产生的方法是，让真空表现得像带有弱荷的黏滞流体（希格斯场渗透布满真空）。带有这种荷的粒子，例如弱规范玻色子与标准模型中的夸克和轻子，可以与这种流体相互作用，从而使其运动速度减慢。这种减慢效应对应于粒子获得了质量，因为零质量的粒子将以光速在真空中运动。

这个巧妙的基本粒子获得质量的过程就是希格斯机制。它不仅告诉了我们基本粒子如何获得质量，还告诉了我们很多这些质量的性质。例如，这个机制解释了为什么一些粒子重而另一些轻。简单地说，**粒子与希格斯场的相互作用越多、质量越大，反之则质量越小**。顶夸克是最重的夸克，因此它的相互作用最强。电子或者上夸克的质量相对较小，相互作用就比较弱。

希格斯机制也提供了一个关于电磁以及传递该种相互作用的光子的深刻洞见。它告诉我们：只有这些相互作用的媒介粒子与分布于真空中的弱荷相互耦合，这些粒子才获得质量。W 规范玻色子与 Z 玻色子都与这些弱荷耦合，所以它们具有非零质量。然而布满了真空的希格斯场虽然携带弱荷，却是电中性的。光子与弱荷没有相互作用，所以它的质量保持为零。于是，光子被单独地拣选出来。如果没有希格斯机制，那么将有三种零质量的弱规范玻色子以及另一种零质量的相互作用媒介粒子——即被称作超荷（hypercharge）的规范玻色子。那样，根本没有人会提出光子的概念了。但是希格斯场的出现，使得只有这种超荷规范玻色子与三种弱规范玻色子之一的唯一组合方式，可以给出作为传递电磁相互作用的媒介光子。光子具有零质量，对电磁理论的现象来说至关重要。它解释了为什么电磁波可以远程传播，而相反，弱相互作用力只能在一个极小范围内传播。正是因为希格斯场带有弱荷而没有电荷，所以光子可以以光速传播（它因此得名），而弱相互作用力的媒介则是重的粒子，所以不能以光速传播。

不要混淆❶，光子才是基本粒子。但从某种意义上说，最初理论中的规范玻色子被错认了，因为它们并不对应于具有正确质量（可能是零质量）的物理粒子，而且它们在真空中的传播毫不受阻。在从希格斯机制得知遍布真空的弱荷之前，我们并没有办法从中确定哪些粒子有非零质量、哪些有零质量。由于希格斯机制，真空被带上弱荷，因为超荷规范玻色子与弱规范玻色子可以于真空中传播时相互转换，所以我们不能赋予它们确定的质量。在真空具有弱荷的前提下，只有光子和Z玻色子于真空传播时保持不变，其中Z玻色子有非零质量，而光子没有。于是希格斯机制可以将特殊的光子挑选出来，而与它相应的荷是它所传递的电磁作用的电荷。

希格斯机制解释了为什么光子而非其他相互作用媒介粒子具有零质量。它也解释了质量的另一个性质。这个问题更巧妙一些，却给了我们为什么希格斯机制中质量与合理的高能预测相容的洞见。如果将希格斯场考虑成一种流体，那么我们可以想象它的密度将对粒子的质量产生不同的影响。进一步说，假如我们认为它的密度来源于相隔一定距离的弱荷，那么有的粒子在很小距离上的传播使得它们不会与任何一个弱荷相撞，它们的运动方式就好像其质量为零；然而有的粒子在长距离上传播，它们不可避免地会撞到弱荷上而反弹回来，速度就会降低❷。

这对应一个事实：**希格斯机制伴随着自发破缺（spontaneous breaking）的弱相互作用力的对称性，而该对称破缺发生在一个确定的尺度上。当一种对称性在自然定律（比如作为相互作用的理论）中出现，却被系统的真实状态破坏时，我们称这种对称性发生了自发破缺。**如我们所讨论的，对称性存在的原因与理论中粒子的高能行为相关。唯一的解释是：对称性存在，但是它们自

---

❶ 指上文所说的超荷规范玻色子与光子。——译者注
❷ 也就不会以光速传播，换言之，质量非零。——译者注

发破缺了，从而使得弱规范玻色子可以获得质量而又规避了不良的高能行为。

希格斯机制背后的想法是：**对称性的确是理论的一部分。物理定律总有对称性，然而世界的真实状态不保持该对称性。**考虑一支铅笔尖端着地倒立，然后在一个特定的方向上倒下来。当铅笔还是直立着的时候，所有环绕着它的方向都是等同的。因此，倒下的铅笔自发地破坏了当它还是直立状态时所具有的旋转对称性。

类似地，希格斯机制自发地破坏了弱相互作用力的对称性。这意味着物理定律保持对称性，而它被真空充满弱荷的状态所破坏。希格斯场在宇宙中渗透的方式是不对称的，才使得基本粒子获得了质量。因为它破坏了弱相互作用力的对称性，也就是说，如果没有希格斯场，该对称性仍然存在。相互作用理论保持了与该弱相互作用力相伴的对称性，但是该对称性被充满真空的希格斯场破坏了。

通过将弱荷放进真空，希格斯机制使得与弱相互作用力相伴的对称性被破坏，并且发生在一个特定的尺度上。该尺度由真空中荷的分布所决定。在高能或者量子力学意义上等价的小尺度上，粒子不经受任何弱荷，因此它们体现出零质量的性质。因此在这种情形下，对称性得到了保持。然而，在大尺度时，弱荷在某些方面表现得像摩擦力，减慢了粒子的运动速度。只有在低能量，或者说大尺度时，希格斯场才会给粒子质量。

这正是我们所需要的。那些有害的、对于非零质量粒子无意义的相互作用只适用于高能情况。在低能时，根据实验，粒子可以，而且必须带有一定的质量。希格斯机制是我们所知道的唯一可以通过自发破缺弱相互作用力对称性的方法。

虽然我们还没有观测到在希格斯机制中负责提供给基本粒子质量的粒子，但是我们的确有希格斯机制在自然中应用的实验证据，并且在完全不同的领域——即超导材料中也发现了它的应用。

超导发生在当电子结成对并且电子对充满了整个材料时。所谓的超导体中的凝聚（condensate）由电子对组成，它与希格斯场的作用一样。

不过超导体中的凝聚携带的是电荷而非弱荷，因此凝聚为超导材料中传递电磁相互作用的光子提供质量。这质量将电荷"屏蔽"起来，意味着在超导体内部，电场、磁场不能达到很远的距离。相互作用在很短的距离上很快衰减。量子力学与狭义相对论告诉我们，超导体中的屏蔽距离（screening distance）是仅在超导基质中出现的光子质量的直接结果。在这些材料中，电场的穿透深度不能比屏蔽距离还要大，这是因为从遍布超导体的电子对碰撞反弹的光子获得了质量。

希格斯机制的运作方式与此相似。但我们预测希格斯场（带弱荷）布满真空而不是电子对（带电荷）布满基质。在此情形下，我们发现获得质量的弱规范玻色子屏蔽了弱荷，而不是获得质量的光子屏蔽了电荷。因为弱规范玻色子有非零质量，所以弱相互作用力只在亚原子尺度的短距离上有效。

这是赋予规范玻色子质量的唯一自洽方法，所以物理学家都相当确信希格斯机制在自然中存在。并且我们希望它不仅是规范玻色子获得质量的原因，也是所有基本粒子获得质量的原因。除此之外，我们不知道还有什么其他自洽理论可以让标准模型中带弱荷的粒子获得质量。

本章有一些抽象概念，因此可能非常难理解。希格斯机制和希格斯场的概念本质上与量子场论和粒子物理学相联系，与我们所能看见的现象相去甚远。所以让我来简要总结一些关键点。

- 首先，没有希格斯机制，我们不得不放弃易受影响的高能预测或者非零的粒子质量。然而这两者对于正确的理论来说都至关重要。

- 其次，该问题的解决方法是存在于自然定律中的对称性，然而它可以在非零希格斯场的出现下自发破缺。真空的对称性破缺允许标准模型粒子获得非零质量。

- 再次，因为对称性自发破缺与能量（或者说长度）标度相关，所以破缺效应只与低能——基本粒子质量所对应的能标，以及更低的能标相关（或者说只与弱相互作用力尺度以及更大的尺度相关）。

- 最后，在所有这些能量与质量的考虑中，引力的效应都可以忽略，标准模型（包括粒子的质量）正确地描述了粒子物理学的实验。然而，对称性仍在自然定律中呈现，它允许合理的高能预测。

- 另外，作为一个副产品，希格斯机制还解释了光子的零质量，其原因是光子与遍及宇宙的希格斯场没有相互作用。

虽然理论已经取得了极大成功，但我们还没有实验证据来证明我们的想法。甚至连彼得·希格斯本人也承认这些检测的重要性。他在 2007 年提到："该理论的数学结构已经非常令人满意"，但是，"假如没有实验的证实，那么它也仅仅是一个游戏而已。"[1] 我们希望彼得·希格斯的理论是正确的，所以我们期待接下来几年能有激动人心的发现。大型强子对撞机将把单个粒子或者多个粒子的证据展现给我们，并且在该想法最简单的应用中，其证据毋庸置疑将是希格斯玻色子。

实验证据的搜寻

"希格斯"既指一个人、一个机制，又指一个公认的粒子。希格斯玻色子是标准模型缺少的关键环节。[1] 这是希格斯机制有

❶ 有时，人们也争论标准模型中是否包含右手中微子。哪怕右手中微子确实包含于其中，它也可能极重，以至于在低能过程中并不是那么重要。

望遗留的痕迹，我们希望通过大型强子对撞机实验可以发现它。它的发现将肯定其理论，并告诉我们希格斯场的确遍布真空。**我们有很好的理由相信，希格斯机制在宇宙中是有效的，因为如果没有它，没有人知道如何可以构造一个可以给出基本粒子质量的合理理论。**我们也相信它的一些证据将很快在大型强子对撞机将要探索的能标上出现，而这个证据很可能就是希格斯玻色子。

作为希格斯机制一部分的希格斯场，以及作为真实粒子的希格斯玻色子之间的关系非常微妙，这与电磁场和光子之间的关系相似。比如你可以从手中靠近冰箱的一块磁铁感觉到经典电磁场的效应，哪怕没有真实的物理光子被制造出来。经典希格斯场（甚至在没有量子效应时也存在的场）遍布真空并且取非零值，可以使粒子获得质量。但是即使在空间中没有真实粒子时，那个非零的场也存在。

然而如果有一些东西给场"挠痒痒"，也即增加一点点能量，那么该能量在场中所产生的振动会导致粒子的产生。在电磁场中，可以产生的粒子是光子。而在希格斯场中，相应的粒子就是希格斯玻色子。希格斯场充满了真空，是电弱对称性破缺的原因。另一方面，希格斯玻色子从带有能量的希格斯场，例如大型强子对撞机中的希格斯场中产生出来。希格斯场存在的原因仅仅是基本粒子带有非零质量。大型强子对撞机中（或者任何其他来源）的希格斯玻色子的发现，将证实我们关于希格斯机制是粒子质量之源的信念。

有时媒体称希格斯玻色子为"上帝粒子"，这名字令许多人觉得很好奇。记者热衷于此词的原因恰好是它能吸引人眼球，这也是物理学家利昂·莱德曼（Leon Lederman）率先使用它的原因。但这也只是一个名称而已。希格斯玻色子将会是一个卓越的发现，而不会成为一个空头名号。

虽然也许下面的内容听起来太过理论化，但是，认为存在一种执行希格斯玻色子功能的新粒子的逻辑也非常合理。除了上面提到的理论缘由，含有非零质量粒子的标准模型理论的自洽性也要求这种新粒子存在。假设只有非零质量粒子作为基本理论的一部分，而没有希格斯机制来解释这些质量，那么本章前文提到的高能粒子的相互作用就是不合理的——甚至给出了概率超过 1 的荒谬结果。当然，我们不相信这样的预测。没有附加结构的标准模型是不完整的。因此引入附加的粒子和相互作用是唯一的解决方法。

有着希格斯玻色子的理论优雅地避开了高能情形的问题。有了它的相互作用不仅改变了高能相互作用的预测，而且完全消除了高能情形的不良结果。当然这不是一种偶然，而是由希格斯机制保证的。虽然我们还不确切地知道我们所正确预言的真实希格斯机制在自然中的应用，但是物理学家相当地确信一种或者多种新粒子将在弱尺度 ❶ 上显现。

基于这些考虑，我们知道无论由谁来挽救该理论，是新粒子也好，新的相互作用也好，它们都不能太重或者发生在太高的能标上。在缺失了附加粒子的情况下，荒谬的预测可能已经在大约 1TeV 的能标上产生了。因此不仅希格斯玻色子（或者其他起着相同作用的物质）必须存在，它还必须足够轻，让大型强子对撞机可以找到。❷ 更准确地说，除非希格斯玻色子的质量小于800GeV，标准模型将给出不可能正确的高能相互作用的预测。

事实上，我们预期希格斯玻色子的质量远比那个值来得小。当前的理论倾向于认为希格斯玻色子的质量很小，绝大多数理论所给出的线索都指向同一个数值，其略微超过当前的质量阈值114GeV（20 世纪 90 年代大型正负电子对撞机实验所发现的质

---

❶ 弱尺度，全称为电弱尺度（electroweak scale），指电弱理论的典型能量标度，约为246GeV。——译者注

❷ 大型强子对撞机运行在 1TeV 以上，而高能实验可以向下找寻低能粒子，反之则不行。——译者注

量）。它曾是大型正负电子对撞机所能产生并探测的希格斯玻色子的质量上限，过去许多人认为他们可能正处在发现它的边缘。当今的多数物理学家预期希格斯玻色子质量仍然很接近那个数值，并且很可能不会超过 140GeV。

关于所预期的希格斯玻色子质量比较轻的最强论据来源于实验数据，不仅包括希格斯玻色子本身的搜寻，而且包括其他标准模型物理量的测量。标准模型的预测与测量结果惊人地相符，甚至小小的修正也会影响这种一致性。**希格斯玻色子在标准模型中的贡献是通过量子效应体现的。如果它太重，这些效应就会太大，从而会破坏理论预测与实验结果之间的一致性。**

量子力学告诉我们，虚粒子对任何相互作用都有贡献。虚粒子从任何初始的状态中产生或者湮灭，并且对总的相互作用有贡献。因此，即使许多标准模型的过程根本没有涉及希格斯玻色子，相互交换的希格斯玻色子也影响所有标准模型的预测，例如 Z 规范玻色子衰变成夸克和轻子的速率以及 W 与 Z 规范玻色子的质量比。希格斯玻色子对精密电弱（precision electroweak）测试的虚效应的大小依赖于它的质量。而结果是，只有在希格斯玻色子的质量不是那么大时这些预测才适用。

第二个（并且更具推测性的）倾向于轻希格斯玻色子的原因与超对称理论相关。许多物理学家相信超对称在自然中存在，并且根据该理论，希格斯玻色子的质量与所测到的 Z 规范玻色子的质量相近，因此算是轻的。

因此，假设希格斯玻色子质量不是很大，那么你可以合理地追问：**为什么我们发现了标准模型中的几乎所有粒子，却还没有发现希格斯玻色子？**该问题的答案在于希格斯玻色子的性质。即使一种粒子很轻，我们也可能看不见它，除非对撞机可以制造并探测它，能否这样做依赖于其性质。毕竟，一种根本不参与相互作用的粒子不管多么轻，都是永远也无法看到的。

宇宙的答案

KNOCKING ON HEAVEN'S DOOR

我们已经了解了很多希格斯玻色子相互作用的形式，因为尽管希格斯场和希格斯玻色子与其他基本粒子有着不同的实质，但其相互作用与它们的类似。因此，通过其他基本粒子的质量大小，我们可以知道希格斯场与它们的相互作用。又因为希格斯机制是基本粒子质量产生的原因，我们知道希格斯场和最重的粒子的相互作用最强。并且希格斯玻色子从该场中产生，我们也知道了粒子的相互作用。故此，希格斯玻色子（和场一样）与标准模型中最重粒子的相互作用最强。

越强的相互作用发生在越重的粒子与希格斯玻色子之间，这表明如果你可以从越重的粒子出发，使它们对撞，那么你就越可能制造出希格斯玻色子。然而不巧的是，在希格斯玻色子的制造过程中，我们并不是从最重的粒子对撞开始的。考虑一下大型强子对撞机如何制造希格斯玻色子——或者任何可以产生它的粒子。大型强子对撞机对撞涉及较轻的粒子。它们较小的质量告诉我们希格斯玻色子的相互作用是多么微小，以至于如果没有其他粒子参与制造希格斯玻色子，那么其产生的概率将非常低，以至于任何我们迄今为止所造的探测器什么都探测不到。

幸运的是，量子力学提出了另一种可能。粒子对撞机中希格斯玻色子的产生，有一个涉及重的虚粒子的微妙过程。当轻的夸克互相碰撞时，它们可以制造重的粒子，紧接着发射出一个希格斯玻色子。例如，轻夸克可以对撞产生一个虚 W 玻色子，该虚粒子接着发射出一个希格斯玻色子（这个产生模式见图 16-1 第一张图）。因为 W 玻色子远比质子中的上夸克或下夸克重得多，W 玻色子与希格斯玻色子的作用相当大。当碰撞的质子足够多时，这种方式可以产生希格斯玻色子。

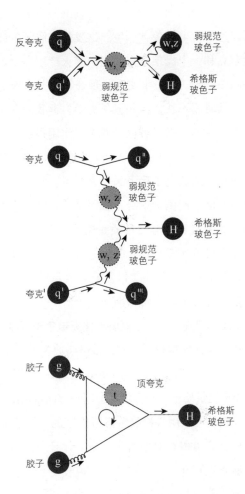

图 16-1

三种产生希格斯玻色子
的模式，从上到下依次
是：希格斯辐射、W-Z 融
合以及胶子 - 胶子融合。

　　第二种希格斯玻色子产生的模式是：当夸克发射两个虚的
弱规范玻色子时，它们接着碰撞出单一的希格斯玻色子（见图
16-1 第二张图）在这种情形下，当弱规范玻色子射出时，希格
斯玻色子产生，同时两个与夸克相伴的喷射流散开射来。第二种
与前一种模式的机制产生了希格斯玻色子以及其他粒子。在第一
种情况下，希格斯玻色子产生于与规范玻色子相交的结点处。而
后一种情况，这是大型强子对撞机更重要的一种模式，希格斯玻
色子的产生伴随着喷射流。

希格斯玻色子也可以单独产生。这发生在胶子的碰撞中，其产生一个顶夸克和一个反顶夸克，它们湮灭产生一个希格斯玻色子（见图 16-1 第三张图）。事实上，顶夸克与其反夸克都是虚夸克，因此存在的时间不长，但是量子力学告诉我们这个过程相当常见，因为顶夸克与希格斯玻色子的相互作用很强。这种模式的产生机制与前两种不同，它没有留下任何除了希格斯玻色子以外别的迹象，而希格斯玻色子接下来也衰变了。

因此即使希格斯玻色子本身不必很重（它的质量可能与弱规范玻色子相当，并且比顶夸克的质量略小），重的粒子如规范玻色子或者顶夸克也可能参与到它的产生过程中。因此，高能碰撞（例如大型强子对撞机的那些）以及有着大量粒子碰撞比率的实验也一样，都可以帮助产生希格斯玻色子。

即使产生比率很高，另一个影响希格斯玻色子观测的挑战，是它的衰变方式。与其他重粒子一样，希格斯玻色子也是不稳定的。注意，发生衰变的是希格斯粒子而不是希格斯场。遍布真空的希格斯场给基本粒子提供质量，并且场不会消失。而希格斯玻色子是一种真实粒子，它是可以用来检验希格斯机制的一个实验结果。与其他粒子一样，它可以在对撞机中产生。并且与其他不稳定粒子相似，它不能永远存在。因为本质上来说衰变来得太快，所以唯一发现它的方法是寻找它的衰变产物。希格斯玻色子可以衰变成与它有相互作用的那些粒子，也即，所有可以通过希格斯机制得到质量的粒子，而且是那些质量足够小到可以从它产生的粒子。当一个粒子和它的反粒子从希格斯玻色子的衰变中产生时，每个粒子的质量必须都小于希格斯玻色子质量的一半，以确保能量可以守恒。鉴于这个要求，希格斯粒子首先衰变成它能产生的最重的粒子。问题是，这意味着相当轻的希格斯玻色子极少衰变成容易鉴定和观测的粒子。

假如希格斯玻色子有违期待，质量不小，重于 W 玻色子的两倍（而是顶夸克质量的 1/2）时，那么对它的搜寻将相当简单。实际上，希格斯玻色子就可以凭借其较大的质量总是衰变成 W 或者 Z 玻色子（衰变成一对 W 粒子，见图 16-2）。实验物理学家知道如何检测剩下的 W 或者 Z 玻色子，因此发现希格斯玻色子并不难。

图 16-2

较重的希格斯玻色子将
衰变成 W 规范玻色子。

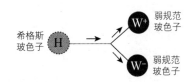

在这个相对较重的希格斯方案中，下一个最可能的衰变模式涉及底夸克与它的反粒子。然而衰变成底夸克及其反粒子的比率非常低，因为底夸克的质量比 W 规范玻色子小得多，所以它与希格斯玻色子的相互作用比 W 与希格斯玻色子的小得多。一个重得可以衰变成一对 W 玻色子的希格斯玻色子衰变成底夸克与反粒子对的概率低于 1%；衰变成更轻粒子的概率就更低。因此，如果希格斯玻色子相当重（比我们想象得重），它就会衰变成弱规范玻色子。而这些衰变将很容易被人们看到。

然而，正如前面暗示的，与实验数据相结合的标准模型的理论告诉我们：希格斯玻色子很可能轻到不能衰变成弱规范玻色子。在这种情况下，发生最多的衰变将会得到底夸克与它的反粒子（反底夸克）这一对粒子（见图 16-3），而对这种衰变的观测是一个挑战。

图 16-3

较轻的希格斯玻色子将
主要衰变成底夸克。

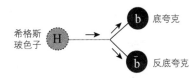

其中一个问题是，当质子对撞时，产生了大量参与强相互作用的夸克和胶子。这些粒子极其容易与假想的希格斯玻色子衰变

出来的极少量底夸克混淆。除此之外，大型强子对撞机将产生如此之多的顶夸克，它们衰变成底夸克时也将隐藏希格斯的信号。理论物理学家和实验物理学家努力探索，寻找控制希格斯衰变的末态底夸克 - 反底夸克的方法。即使这样，尽管这种衰变的发生概率最大，尽管理论物理学家和实验物理学家可能寻找到有效利用它的方法，它也可能不是最有希望被用来发现大型强子对撞机中希格斯玻色子的模式。

因此，实验物理学家必须考察其他从希格斯玻色子衰变得来的末态，即使它们的发生概率较低。其中最有前途的候选者是 τ 子 - 反 τ 子对，或者光子对。τ 子是三种带电轻子中最重的一种，并且它也是希格斯衰变可以得到的粒子中，是除了底夸克之外最重的粒子。衰变成光子对的比率低得多（希格斯玻色子只能通过量子力学虚效应衰变成光子），但是光子的观测相当容易。虽然这种模式很难，但是实验物理学家可以如此之好地探测光子的性质，一旦有足够多的希格斯玻色子衰变，那么他们将确实能分辨出哪些是由希格斯玻色子衰变得来的。

事实上，因为希格斯粒子发现的重要性，紧凑 μ 子线圈实验和超环面仪器实验投入了复杂而细致的研究策略来发现光子与 τ 子，并且两个实验的探测器都以探测希格斯粒子为核心来构建。第 13 章介绍的电磁量能器被设计成可以精确地探测光子，而 μ 子探测器辅助记录更重的 τ 子的衰变。这两种模式的结合有望确立希格斯玻色子的存在性，而一旦有足够多的希格斯玻色子被检测到，我们就可以进而研究它的性质。

产生与衰变都给希格斯玻色子的发现设置了极大的挑战。但是理论物理学家与实验物理学家以及大型强子对撞机本身必须能够面对这些挑战。物理学家希望在接下来的几年，我们可以欢声庆祝希格斯玻色子的发现，并了解更多它的性质。

希格斯区，对撞出足够多的质子

我们期望能尽快找到希格斯玻色子。从原则上看，它能在只有大型强子对撞机最初所预期能标的一半的第一轮运转中产生，因为这一能标级别对于产生该粒子来说已经足够。然而，我们看到希格斯玻色子从质子对撞中产生的概率很小。这就是说，**只有当足够多质子发生碰撞——光度很高时，希格斯玻色子才能产生**。大型强子对撞机为了预备以目标能标运行将停机一年半，在此之前，计划发生的对撞数目很可能太小以至于不能产生足够多可以被探测到的希格斯玻色子。但是大型强子对撞机当时计划于2012年全年运行，它可能可以探测到隐藏的希格斯玻色子。当然，当大型强子对撞机以满负荷运转时，光度将足够高，那时搜寻希格斯玻色子将会是它的一个主要目标。

假如我们已经很确信希格斯玻色子存在（并且如果探求太困难），这种搜寻看似有些多余。但它值得一试。**首先，也是最重要的一个原因——理论预言只能带领我们到这里了**。许多人只相信通过观测验证的科学成果，这是非常合情合理的。希格斯玻色子非常不同于其他任何已经被发现的粒子。它将是观测到的唯一的基本标量粒子（scalar）。与夸克和规范玻色子不同，标量粒子的自旋为零，也就是说，当你转动或者推动体系时，它保持不变。目前所观测到的自旋为零的粒子都是许多自旋非零粒子（诸如夸克）的束缚态。我们不确定希格斯标量粒子是否存在，除非它出现并在探测器中留下可见证据。

其次，即便我们发现了希格斯玻色子、确信了它的存在，我们也想知道它的性质。质量是所有未知量里面最重要的，但是了解它的衰变也同样重要。我们很清楚自己所期望的结果，然而我们需要测量这些数据是否与预测相符。所有这些将告诉我们现有的关于希格斯场的简单理论是否正确，或者它从属于一个更复杂的理论。因此通过测量希格斯玻色子的性质，我们可以获得超出标准模型的更基础理论的洞见。

举例来说，如果并非只有一种希格斯场，而有两种希格斯场承担了电弱对称性破缺的职责，那么我们所观测到的希格斯玻色子的相互作用将发生显著改变。在另一种模型中，希格斯玻色子的产生速率将不同于我们现在所期望的。并且如果存在其他载有标准模型相互作用的荷的粒子，它们将影响希格斯玻色子衰变成不同种可能的末态粒子的相对衰变率。

于是，我们有了第三种理由来研究希格斯玻色子——我们还不知道希格斯机制的真实蕴涵。事实上，最简单的模型（本章到现在一直所关注的）告诉我们实验将给出单一类型希格斯玻色子的信号。然而，哪怕我们相信希格斯机制是基本粒子质量的原因，我们也还不确定具体是哪些粒子集合参与了它的应用。目前大多数人仍认为我们可能发现一种较轻的希格斯玻色子，如果我们的确发现了，那么它将是一个重要想法的确证。

而其他涉及更复杂希格斯区的模型具有更丰富的预测结果。例如，超对称模型预言了更多的希格斯区的粒子。我们仍然期望发现希格斯玻色子，只不过它的相互作用不同于只含单一希格斯粒子的模型。最重要的是，希格斯区的其他粒子可以给出它们自己独有的有趣信号，假如它们轻到可以被制造出来的话。

一些模型甚至推测基本希格斯标量粒子并不存在，希格斯机制是通过一种更复杂的基本粒子的束缚态而非基本粒子得以实现的，这类似于超导材料中给予光子质量的电子对。如果真是这样，那么希格斯粒子束缚态就会出人意料地重，并且具有其他有别于基本粒子的相互作用。这些模型当前不被人看好，因为它们难以与所有实验观测相符。不管怎样，大型强子对撞机的实验物理学家都会努力寻找以便确信这件事情。

为什么引力如此微弱

等级问题

为什么决定基本粒子质量
的弱能量标度比与引力相
关的普朗克能标小 16 个
数量级？这就是粒子物理
学的等级问题。

希格斯玻色子只是大型强子对撞机所能发现物质的冰山一隅。希格斯玻色子与其他发现一样有趣，它并非大型强子对撞机实验的唯一搜寻目标。可能研究弱尺度最主要的原因是没有人认为希格斯玻色子是遗留的唯一问题。物理学家期望希格斯玻色子只是一个有着更多内涵的模型中的一个元素，而该模型可能告诉我们关于物质乃至时空本身更多的性质。

因为只存在希格斯玻色子而没有其他新元素导致了另一个巨大的谜团，即所谓的等级问题。等级问题关心的是，为什么粒子的质量（特别是希格斯粒子的质量）是其实际所具有的那个数值。决定基本粒子质量的弱能量标度是另一个质量标度——决定引力强度的普朗克质量的一亿亿分之一（见图 16-4）。

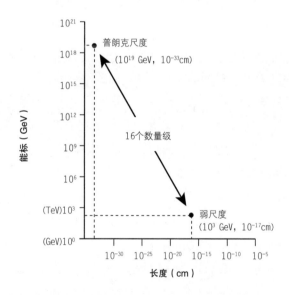

图 16-4

粒子物理学等级问题：弱能量标度比与引力相关的普朗克能标小 16 个数量级。普朗克长度相应地比大型强子对撞机可以探测的尺度小得多。

普朗克质量与弱作用的质量标度相差如此巨大，这是引力如此微弱的原因。引力相互作用依赖于普朗克质量的倒数。如果普朗克质量如我们所知的那样巨大，引力必然极其微弱。

事实上，引力是迄今为止人们所知道的最弱的相互作用力。引力之所以看起来没有那么微弱，是因为整个地球的质量都在吸引着你。如果你换位思考，两个电子之间的引力，你会发现它们之间的电磁力比引力大了 43 个数量级。也就是说，电磁力的大小胜过引力一千亿亿亿亿亿倍。引力对于基本粒子的效应完全可以忽略不计。**等级问题考虑的是：为什么引力比其他我们所知的基本相互作用力微弱了如此之多？**

粒子物理学家不喜欢解释大数字，比如普朗克质量与弱作用质量之比。但是该问题比仅从审美的角度反对神秘的大数字来得严重。根据量子场论（将量子力学与狭义相对论结合起来的理论），这里不应该有任何差别。解决等级问题的紧迫性至少对所有理论物理学家来说都是心照不宣的。而量子场论却表明弱质量与普朗克质量应该相差无几。

在量子场论中，普朗克能标具有重要意义。不仅因为在该能标上引力变得极强，而且因为在此能标上引力与量子力学都是至关重要的，而我们已知的物理定律都失效了。然而，在低能标时，我们知道如何使用量子场论进行粒子物理学计算，而量子场论也做了很多成功的预测，让物理学家们相信它是正确的。实际上，所有科学领域中测量值与预言值符合得最好的结果，也是来自量子场论。这样的一致性绝非出于偶然。

然而，当我们将相同原理应用于结合量子力学的虚粒子贡献，给出希格斯质量时，结果却是出人意料地混乱。理论中任何粒子的虚效应看似可以给出希格斯粒子一个与普朗克质量相当的质量。中介粒子可以是质量很大的粒子，例如具有 GUT 能标质量的粒子（见图 16-5 左图）；或者是普通的标准模型粒子，例如顶夸克（见图 16-5 右图）。任何一种方式的虚效应修正都可以使希格斯玻色子质量非常巨大。这里的问题是：中间交换的虚粒子允许具有的能量可以和普朗克质量一样巨大。如果这个说法正确的话，希格斯质量也可以同样极其巨大。在这种情形下，弱相互作用所伴随的对称性自发破缺的能标也将是普朗克能标，也即比现在实验能达到的能标高 16 个数量级（一亿亿倍）。

等级问题对只含一个希格斯玻色子的标准模型来说是极其重要的问题。从技术上来讲，这里面的确存在一个漏洞。在没有虚效应时希格斯质量可以极其巨大，其数值刚好与由于虚效应带来的贡献相抵消，从而得到我们所需要的能量水平上的精确值。这里的问题在于：虽然原则上可能，这将意味着有 16 个数位的数字必须严格相消 ❶——那将是多么大的一种偶然啊。

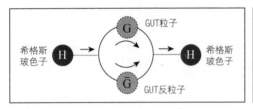
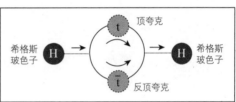

图 16-5

重粒子对希格斯玻色子质量的量子修正。例如大统一理论（GUT）尺度下的某个重粒子与它的反粒子（左图），以及一个虚的顶夸克与它的反粒子（右图）。

因此物理学家都不相信这种胡言乱语或者精细调节。我们认为不同质量标度之间差别的等级问题，暗示了一个更大更好的基本理论。看起来没有一个简单的模型可以完全给出该问题的答案。唯一有希望的方案是将标准模型扩展，使其包含一些显著的性质。在落实希格斯机制的情况下，等级问题的解决是大型强子对撞机主要的搜索目标，也是接下来一章的主题。

----

❶ 例如 13 051 - 13 050 = 1，前 4 个数位都抵消了。——译者注

谁才是世界的下一个顶级模型
KNOCKING ON HEAVEN'S DOOR

2010 年 1 月，各路英雄齐聚于南加州的一个会议，商讨大型强子对撞机纪元中暗物质的搜寻事宜与粒子物理学的新进展。会议的组织者、紧凑 μ 子线圈实验的成员之一、加州理工学院物理系教授——玛利亚·斯皮罗普鲁（Maria Spiropulu）邀请我做开场报告，并介绍大型强子对撞机的主要任务与近期将要研究的物理目标纲要。

玛利亚希望开一个互动性较强的会议，因此她建议我们三个开场报告的报告人来一次"决斗"（duel），假设"决斗"这个词可以用于三个人而不至于使人困惑的话。而受邀的听众则形成了更大的挑战，因为他们的人员组成从相同领域的专家到加州对技术领域感兴趣的观察家。玛利亚让我深刻挖掘、仔细寻找并且忽略当前理论与实验的一些特征。而其中一位与会者——丹尼·希利斯（Danny Hillis），他是 Applied Minds 公司一位优秀的非物理学人士，他建议我把一切讲得尽可能地基础，让非专业人士也可以理解。

在面对如此多的矛盾、分歧以及众口难调的意见时，我做了一件任何很多人都会做的事情——拖延。我在网上搜索的内容构成了我的第一张幻灯片（见图 17-1），结果这个关于"小错误与一切"（typo and all）的主题成为丹尼斯·奥弗拜（Dennis Overbye）发表在《纽约时报》上文章的主题。

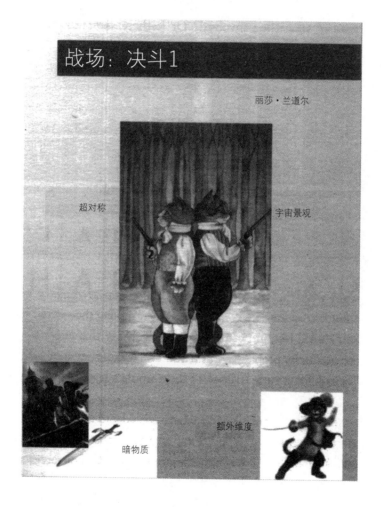

战场：决斗1

丽莎·兰道尔

超对称

宇宙景观

额外维度

暗物质

图 17-1
几种候选模型，这是我在会上展示的一张幻灯片。

这些主题指的是我和后续的演讲者计划要涉及的话题。但是伴随着决斗的两只猫的入场，我利用音效制造了一种幽默（这里我却不能重现该场面），其寓意乃是反映两个模型所具有的既令人热血沸腾又让人捉摸不定的性质。与会的每个人无论多么强烈地相信自己正在研究的内容，都清楚地知道实验数据马上就会浮出水面，而数据将是谁能笑到最后（或者得到诺贝尔奖）的最终裁判。

大型强子对撞机呈现给了我们唯一一个创造新理解与新知识的机会。粒子物理学家希望能尽快回答我们已经思考了很久的艰深问题：

- 为什么粒子具有实验观测到的如此质量？
- 什么是暗物质？
- 额外维度能解决等级问题吗？
- 时空有额外的对称性吗？
- 现今的工作有完全无法预见的东西吗？

被提议的解决方案包括一些模型，例如超对称、技术色、额外维度。当然最终答案也可能完全不同于任何期望的东西，但是模型可以为我们的搜寻提供具体目标。本章接下来展示一些候选模型，并讨论它们对于等级问题的回答，以及介绍它们为大型强子对撞机将进行的探测类型所做的添砖加瓦的工作。为这些或者其他模型所进行的搜寻工作即将展开，无论哪一种结果将构成自然的真实理论，这些工作都将为我们提供宝贵的见解。

模型一：超对称

我们将从一种离奇的对称性——超对称以及与它相结合的模型出发。如果你在理论粒子物理学中做一个问卷调查，那么一大部分人可能会说：超对称可以解决等级问题。更进一步，如果你询问实验物理学家他们期望寻找什么新物质，那么也有一大部分人会提议超对称。

从20世纪70年代开始，许多物理学家已经认为具有超对称的理论是非常美妙、神奇，所以他们相信它也一定存在于自然当中。他们更进一步得出：超对称模型中的三种相互作用在高能标时具有相同的强度。因为在标准模型中这些强度只是接近，所以超对称模型是标准模型的一个发展，使得统一理论成为可能。许多理论物理学家也发现超对称是等级问题最有说服力的解决方法，哪怕将所有细节与我们所知道的事情联系起来很困难。

超对称模型假定标准模型中的任何基本粒子，例如电子、夸克等等，都有自己的伙伴——有着相似的相互作用但不同的量子力学性质的粒子。如果世界果真是超对称的，那么它一定存在许多未知的粒子——每一种已知粒子的超对称伙伴都在等待我们去发现（见图17-2）。

超对称模型可以帮助解决等级问题，而且一旦它这么做了，它必定做得非常地超凡脱俗。**在一个严格超对称的模型中，来自粒子及其超对称伙伴的虚效应严格相消。也就是说，如果你把来自标准模型的每种粒子的所有量子力学贡献全部加合起来，并统计它们对希格斯玻色子质量的效应，那么你将发现它们加起来全等于零。**在超对称模型中，希格斯玻色子将是零质量或者质量很小，哪怕出现了量子力学虚效应的修正。因此在一个真实的超对称理论中，粒子与其超对称伙伴的贡献将会严格相消（见图17-3）。

可能这听起来很神奇，但由于超对称是一种非常特殊的对称性，所以这是有保证的。超对称是一种时空对称性，类似于你所熟悉的转动与平移对称性，但它将时空拓展到了量子领域。

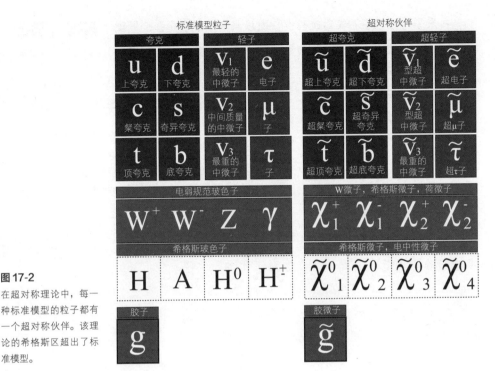

图 17-2

在超对称理论中，每一种标准模型的粒子都有一个超对称伙伴。该理论的希格斯区超出了标准模型。

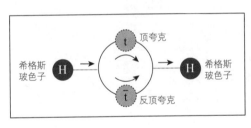 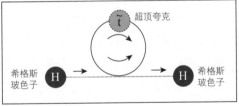

图 17-3

在超对称模型中，来自虚的超对称粒子的贡献与来自标准模型粒子的贡献，对于希格斯玻色子的计算严格相消。例如，图中粒子的贡献之和为零。

量子力学将物质分成两个完全不同的类别——玻色子与费米子。费米子是具有半整数自旋的粒子，而自旋是一个量子数，本质上，它告诉我们粒子在一种类似于旋转的操作中的行为如何。半整数意味着1/2、3/2、5/2，等等。标准模型的夸克与轻子是费米子的一些例子，它们都有 1/2 自旋。玻色子的例子有：传递相互作用的规范玻色子或者正在找寻的希格斯玻色子，它们具有整数自旋，也就是整数 0、1、2，等等。

费米子与玻色子不仅自旋有别，而且当两个或者更多个同类型的粒子在一起时，它们的行为也完全不同。例如，有着相同属性的全同费米子永远不能待在同一个位置上。这是泡利不相容原理（Pauli exclusion principle，以物理学家沃尔夫冈·泡利命名）告诉我们的。费米子是元素周期表形成的基本原因这一事实告诉我们，多个电子除非具有不同的量子数，必须占有围绕核子运转的不同轨道。这也是我的椅子没有落向地球中心的原因，因为椅子中的费米子不能同时与地心物质居于同一个位置上。

另一方面，玻色子的行为则完全相反。事实上，它们非常可能居于同一个位置上。玻色子可以堆积在彼此上面——有点像鳄鱼趴在彼此上面，这也是为什么诸如玻色凝聚（Bose condensate）一类现象存在的原因，它需要许多粒子堆积在量子力学的同一状态上。激光也依赖于作为玻色子的光子汇聚到一起；强光束是通过许多全同光子一起发射而产生的。

在超对称模型中，我们认为完全不同的玻色子和费米子可以相互转换，其最后的结果与转换之前的理论给出的结果相同。每一种粒子都有一种处于相反量子力学类型，但是带有完全相同质量与荷的伙伴粒子。新粒子的命名方法有点让人忍俊不禁，每当我在公众场合谈到这个话题时，总是会引来观众咯咯的笑声。例如，作为费米子的电子与作为玻色子的超电子（selectron）互为超对称伙伴。一个玻色性的光子与一个费米性的光微子（photino）是一对，W 规范玻色子与 W 微子（Wino）也是一对。❶新粒子与其在标准模型中的粒子伙伴有相关的相互作用，但是它们的量子力学性质（玻色性、费米性）却相反。

泡利不相容原理

微观粒子运动的基本规律之一。它认为，两个电子或两个任何其他类型的费米子，都不可能占据完全相同的量子态。

----

❶ 这里给出了两种命名超对称伙伴的方法。一种是费米子的超对称伙伴，在费米子名字前加 s-，如 selectron 和 squark。翻译成"超 -"，如超电子、超夸克。另一种是玻色子的超对称伙伴，有的需要将该名词末尾的音节去掉，或者以元音字母结尾的，将末尾的元音字母去掉，再添加 -ino，如 photino、gravitino、gaugino、Wino、Higgsino。翻译成"- 微子"，如光微子、引力微子、规范微子、W 微子、希格斯微子。——译者注

在超对称理论中，每种玻色子的性质都与它的超对称伙伴费米子的性质相联系，反之亦然。因为每个粒子都有伙伴并且相互作用是平行的，该理论允许这种奇异的交换费米子和玻色子的对称性。

虚效应对希格斯粒子的质量产生了神奇的相消，其原因是，超对称将任何玻色子关联到与之相伴的费米子上。特别是，超对称将希格斯玻色子与希格斯费米子——希格斯微子（Higgsino）结成伙伴。即使量子力学的贡献强烈地影响了玻色子的质量，费米子的质量却从来不比其经典质量大多少，也即哪怕添加了量子力学修正，它也跟你在考虑量子修正前所使用的质量一样。

这里的逻辑很微妙，但没有产生大的修正的原因是，费米子的质量涉及左手和右手粒子，质量项使得它们之间可以相互转换。如果没有经典质量项，并且在没有加入量子力学虚效应时它们不能彼此转换，那么即便考虑了量子力学效应它们也不会彼此转换。如果一个费米子没有初始质量（经典质量），那么它在加入量子力学贡献后仍然没有质量。

这个论断对玻色子并不适用。例如，希格斯玻色子的自旋为零，因此我们无法说希格斯玻色子的自旋是左手的还是右手的。但是超对称告诉我们：玻色子质量与其超对称伙伴（费米子）一样。因此，如果希格斯微子的质量为零（或者很小），那么其伙伴希格斯玻色子的质量也必须一样，哪怕量子力学的修正被考虑了进来。

我们不知道这对于等级的稳定性来说是不是一个相当优美的解释，以及是否给出了希格斯质量的巨大修正相抵消的解释。但是如果超对称确实回答了等级问题，那么我们就知道我们可以从大型强子对撞机中期盼些什么。我们就会知道存在什么样的新粒子，因为每一种已知粒子都应该有一个伙伴。最重要的是，我们可以估计新的超对称粒子的质量。

当然，前提是超对称在自然中是严格保持的，那么我们就能知道所有超对称伙伴的质量，因为它们与其伙伴粒子有着相同的质量。然而，这些超对称伙伴还从未被观测到，这告诉我们即使超对称可以被应用在自然中，它也不是严格的。假设它是严格的，那么我们应该早就发现超电子、超夸克以及所有其他超对称理论预言的超对称粒子了。

因此，超对称一定是破缺的，意即超对称理论所预言的关系（虽然可能是近似的）是不严格的。在一个超对称破缺的理论中，每种粒子仍具有超对称伙伴，但是这些超对称伙伴不具有与标准模型中的粒子一样的质量。

然而，如果超对称破缺得太多，那么它对等级问题就毫无助益，因为世界就会看似完全没有超对称这种对称性。**因此超对称必须破缺得刚刚好：我们还没能观测到超对称的迹象，但是希格斯质量又受其保护，而不会因为巨大的量子力学贡献而给出巨大的质量。**

这告诉我们超对称粒子应该具有弱尺度的质量。比此更轻的话，它们就应该已经被观测到了；比此更重的话，我们就应该指望希格斯质量也更大。我们不知道准确的数值应该是多少，因为我们只知道希格斯质量的近似值。但是如果质量过重，那么等级问题仍将存在。

我们的结论是：**如果超对称在自然中存在并且解释了等级问题，那么许多质量介于几百 GeV 到几个 TeV 之间的新粒子应该存在。这恰恰是大型强子对撞机锁定的质量区域的搜索目标。**有着 14TeV 能量的大型强子对撞机应该能够制造这些粒子，哪怕只有一部分质子的能量可以转变为夸克和胶子进行对撞而产生新粒子。

大型强子对撞机所能制造的最简单的粒子应该是在强相互作用力中载荷的超对称粒子。当质子（或者更准确地说，它们中的夸克和胶子）对撞时，这些粒子将大量产生。当对撞发生时，参与强相互作用力的新的超对称粒子可以率先产生。如果是这种情况，那么它们将在探测器中留下明显的、标志性的证据。

这些信号（粒子留下的实验证据）依赖于当它们产生后所发生的事情。绝大多数超对称粒子都会衰变。这是因为一般来说，存在一些较轻的粒子（如标准模型粒子），其荷总和等于一个较重的超对称粒子的荷。那么，在荷守恒的前提下，较重的超对称粒子会衰变成这些较轻标准模型粒子的组合。实验物理学家进而可以探测这些标准模型粒子。

这可能仍不足以确定超对称。在几乎所有超对称模型中，超对称粒子不单单衰变成标准模型粒子。一个较轻的超对称粒子会存留到衰变结束后，因为超对称粒子总是成对出现或消失。因此，一个超对称粒子必须存留到某个超对称粒子衰变结束之后——一个超对称粒子不可能变成零个超对称粒子。因此，最轻的粒子必须是稳定的。这个最轻的粒子（已经不能再衰变成其他粒子）被物理学家称为最轻的超对称粒子（lightest supersymmetric particle, LSP）。

从实验的优越角度来看，超对称粒子的衰变是显著的，因为即便当衰变完成时最轻的中性超对称粒子也还存在。宇宙学约束告诉我们最轻的超对称粒子不带荷，因此它不会与任何探测器的元素相互作用。这意味着一旦超对称粒子被制造出来并发生衰变，动量和能量将出现缺少的现象。最轻的超对称粒子将从探测器中消失并带走动量和能量，而不会被记录下来，因此留下能量缺失的信号。能量缺失并不是超对称独有的标志，但因为我们已经知道许多超对称质量谱，所以我们知道我们能或者不能观测到的东西。

例如，假定某个超夸克（夸克的超对称伙伴）产生了。它可以衰变成何种粒子依赖于何种粒子更轻。一种可能的衰变模型是：超夸克总是衰变成夸克和最轻的超对称粒子（见图 17-4）。衰变总是很快发生，探测器记录的仅仅是衰变产物。如果这样一个超夸克发生了衰变，那么探测器将在追踪器中记录到夸克的轨迹，并且在强子量能器中测到由于强相互作用力粒子截停产生的能量沉积。但是实验物理学家还将测得缺少的能量和动量，他们应该能分辨出哪些动量缺失了，就像他们在测量实验产生的中微子一样。他们也会测量出垂直于粒子束方向上的动量，并发现其加合起来不等于零。实验物理学家所面临的一个最大的挑战将是：如何毫不含糊地确认这些缺失的能量。毕竟，任何没有探测到的东西看似丢失了。如果实验过程中出现了一些错误或者测量错误，即便是很小一部分能量没有被探测到，那么缺失的动量也可能加合起来伪装出一个逃离超对称粒子的信号，哪怕实际上实验并没有产生任何奇异的物质。

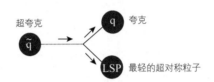

图 17-4

超夸克可以衰变成一个夸克和一个最轻的超对称粒子。

　　事实上，超夸克不会单独产生，而是产生于与另一个强相互作用力物质（如另一个超夸克或者反超夸克）的相交处，实验物理学家将测量到至少两个喷射流（例如图 17-5）。如果两个超夸克在质子对撞中产生，那么它们可以给出探测器能测量到的两个夸克。总的能量动量缺失将逃离而不被探测到，但这个缺失将被记录下来，并为新粒子提供证据。

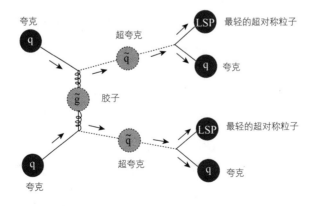

图 17-5

大型强子对撞机可能产生两个超夸克，但是它们衰变成夸克和最轻的超对称粒子，留下能量缺失的信号。

大型强子对撞机日程安排上的各种延迟，却产生了一个主要优势：实验物理学家可以有足够的时间，来全面了解这些探测器。他们校准这些仪器，使得在仪器开始运行的那一天，测量可以足够精确，因此缺失的能量也可以准确测量。另一方面，理论物理学家也可以有时间思考更多关于超对称和其他模型的搜寻策略。例如，在与来自威廉姆斯学院（Williams College）的理论物理学家戴夫·塔克 - 史密斯（Dave Tucker-Smith）的合作中，我们发现一个不同于（但是相关的）此前所介绍的超夸克衰变的搜索方法。这个方法依赖于仅仅测量从事件中产生的夸克的动量和能量，而不需要具体测量那些可能捉摸不定的缺失的动量。而近来大型强子对撞机令人欣喜的一个重要的发现是：许多紧凑 μ 子线圈的实验物理学家立即在此想法下操作实验，发现它不仅适用，而且他们还在几个月内推广和改进了该想法。现在它已成为标准的超对称搜索策略，而且紧凑 μ 子线圈首批超对称搜寻就是应用了我们所提议的技术。[1]

沿着这条道路走下去，即使超对称被发现了，实验物理学家也不会停滞不前。他们将致力于发现全部的超对称粒子谱，而理论物理学家则将研究这些结果的意义。许多有趣的理论隐藏在超对称理论以及可以自发破坏该对称性的粒子当中。**如果超对称与等级问题相联系，那么我们就会知道应该存在哪些超对称粒子。但是我们还不知道它们的具体质量，以及这些质量产生的原因。**

不同的质量谱会使大型强子对撞机可以看到的粒子产生巨大差异。粒子只能衰变成其他更轻的粒子。衰变的链条——超对称粒子可能发生的一系列衰变，依赖于质量，也即哪些粒子更重、哪些更轻。各个衰变过程的速率也依赖于粒子的质量。一般较重的粒子衰变得更快一些，并且它们通常也更难产生，因为只有能量很高的对撞才能创造它们。将各种结果综合起来，我们可以得到一些比标准模型更基本以及处于更高能标的理论的启示。任何关于新物理理论的分析都可能被我们发现，这是毋庸置疑的。

无论如何，我们需要牢记：尽管超对称对物理学家来说是一个热门方向，但这里仍存在着一些关于它是否真能应用于等级问题乃至真实世界的顾虑，有如下几个方面。

首先，这可能也是最令人担忧的，我们到现在还没有任何实验证据。如果超对称存在，那么唯一能解释我们至今还没有观测到任何迹象的原因是，超对称伙伴的质量太大。但是，等级问题的自然解答需要超对称伙伴具有较轻的、合理的质量。超对称伙伴的质量越大，超对称作为等级问题的解就越不适宜。该解答的荒谬程度由希格斯玻色子的质量与超对称破缺的能标之比决定。该数值越大，这个理论就越需要精细调节。

目前还没有观测到希格斯玻色子的这个事实加深了问题的难度。在超对称模型中，为了使希格斯玻色子重得连实验也探测不到，唯一方法来自于重的超对称伙伴的巨大量子力学修正。但是同样地，这些极大的质量使得等级变得更不自然，哪怕是在超对称理论中也是如此。

超对称的另一大挑战是，能否发现一个完整、自洽而又包含超对称破缺的模型。超对称是一种非常具体的对称性，它将许多相互作用联系起来，并且排除了许多被量子力学认可的相互作用。一旦超对称破缺了，"无秩序原理"（anarchic principle）将占主导地位，即任何可能发生的都将发生。大多数模型会预测出在自然中从未见过的衰变或者极少见过的衰变来与预言结果符合。因此当超对称破缺时，由于量子力学的限制，很多非常丑陋的模型都将出现。

物理学家也很可能错过正确答案。我们当然不能肯定地说好的模型不存在或者一种小的精细调节不会发生。当然，如果超对称是等级问题的正解，那么我们将很快于大型强子对撞机中发现它的证据，因此这值得一试。超对称的发现意味着，这个奇异的新时空对称性不仅适用于演算纸上的理论推导，也适用于现实世界。然而，在缺乏证据的情况下，尝试一些其他理论也是值得的。第一个我们要考虑的是技术色理论。

模型二：技术色理论

回溯到 20 世纪 70 年代，物理学家先考虑了另一种关于等级问题的可能解——技术色理论。此理论构建的模型中粒子通过一种新型力强烈地相互作用，人们戏谑地称之为技术色相互作用力（technicolor force）。这项提案是，技术色的作用与强相互作用力之间相互作用（物理学家也称之为色相互作用）类似，但是它在弱能标而非质子质量标度上将粒子束缚起来。

如果技术色的确是等级问题的答案，那么大型强子对撞机不会只制造单一的基本希格斯粒子。相反，它会制造一个束缚态（类似于强子的物质），而该束缚态起到希格斯粒子的作用。支持技术色的实验证据将是大量束缚态粒子以及出现在弱尺度能标及以上的许多强烈的作用。它非常像我们所熟悉的质子，但是却出现在高得多的能标上。

目前还没有任何证据，这为技术色模型添加了很多限制。如果该理论真的是等级问题的解，那么我们预期的证据已经出现了，当然我们也可能错过了一些微妙的事物。

最重要的是，技术色模型的建立比超对称还难。找到一个与我们所有的观测相符的模型已经极其困难，而目前还没有发现一个完全合适的模型。

无论如何，实验物理学家一直保持着开放的头脑并尽力在寻找技术色和其他新型强作用的证据，但是它们存在的可能性不是很高。然而，假如技术色的确是世界的基本理论，或许以后当我再敲进"technicolor"这个词时，可能 Word 程序会停止自动纠错以及停止自动将首字母"t"改成大写字母"T"了。

模型三：额外维度

超对称或者技术色都不能为等级问题提供完美的解答。**超对称理论还没有准备好容纳从实验中体现出来的超对称破缺，而由技术色理论的推导来预测正确的夸克和轻子质量则更困难。**因此物理学家决定着眼于更远的地方并考虑一些表观上更具猜测性的其他想法。别忘了，即使一个想法起初看似丑陋或者不明显，在完全理解它的内涵以后，我们也可能觉得它是最优美的，而且更重要的是，它是正确的。

20 世纪 90 年代，物理学家对于弦理论及其组成的理解越来越好，这导出了解决等级问题的新方案。这些想法是由弦理论的元素推动的（虽然不见得可以从它非常受限的结构直接推导出来），并且涉及空间的额外维度。如果额外维度存在（我们有理由相信这是可能的），那么它们可能是解决等级问题的关键。如果确实如此，那么它们将在大型强子对撞机中产生其存在的实验证据。

更多的空间维度是一种奇异的观点。如果宇宙有这些维度，那么空间将非常不同于我们每天生活中所观察到的。除了三个方向——左右、上下、前后，或者另一种描述方法——经度、纬度、高度，空间还可能在没有人可以看到的方向上延展。

显然，因为我们看不见它们，所以这些新的空间维度一定是隐藏起来的。就像物理学家奥斯卡·克莱因（Oskar Klein）于 1926 年所提议的，可能因为它们太小，以至于不能影响任何我们可以看到的东西。这种想法是说，我们受制于有限的分辨率，这些维度可能小得无法让人察觉。我们可能看不到某个卷曲的维度，我们不能在该维度上穿行——就像走钢丝的人会认为他的道路是一维的（见图 17-6）。❶

❶ 这些内容在《弯曲的旅行》中有更详细的介绍。

人在钢丝绳上　　　　　　蚂蚁在钢丝绳上

图 17-6
一个人与一只小蚂蚁在一根钢丝绳上的体验是不同的。对人来说，绳子看起来是一维的，而对蚂蚁来说则是二维的。

　　另一种可能性使维度可以隐藏起来，因为时空是卷曲的或者弯曲的，就像爱因斯坦指出的在出现能量之后所发生的现象。如果弯曲得足够巨大，那么额外维度的效应是不明显的，正如拉曼·桑卓姆与我在 1999 年所提议的那样。² 我在《弯曲的旅行》中详细分析了这一点，这意味着弯曲几何可能为隐藏维度提供了一种方法。

　　假如我们永远无法看到额外维度，为什么我们会认为它们可以存在呢？物理学史上有过许多发现了我们看不见之物的例子——没有人可以"看见"原子，没有人可以"看见"夸克，而我们现在有它们存在的实验确证。

　　没有哪一个物理定律告诉我们空间只能有三维。爱因斯坦的广义相对论在任何维度都成立。事实上，在爱因斯坦完成他的引力理论之后不久，西奥多·卡鲁扎（Theodor Kaluza）推广了爱因斯坦的想法，提议存在第四个空间维度。5 年以后，奥斯卡·克莱因提出了这个推广的维度应该如何卷曲起来，使之有别于另三个我们熟知的维度。

作为一个率先将量子力学与广义相对论结合起来的理论，弦理论是物理学家现在醉心于额外维度的一个原因。弦理论没有明显导出我们所熟悉的引力理论，该理论必须包含空间的额外维度。

时常有人问我存在于宇宙中的维度是多少维。我们不知道。弦理论建议有 6 个或 7 个额外维度，但是模型的创建者的眼界开阔。可以想象，不同的弦理论模型给出的可能性不同。无论如何，模型创建者关心的仅仅是那些足够弯曲或者足够影响物理预测的维度。对于那些与粒子物理学现象相关的维度，比它们更小的维度也可能存在，但是我们忽略这些如此细小的东西。我们再次采用有效理论的方法，略去对测量影响太小或者不可见的东西。

弦理论也引进了其他的元素——主要是膜，使得宇宙的几何更加丰富，假如宇宙果真包含额外维度的话。在 20 世纪 90 年代，弦理论学家约瑟夫·波尔钦斯基（Joseph Polchinski）所构造的弦理论不只是占据一个空间维度的被称为弦的物质的理论。与其他许多人一起，他们证明了：更高维度的、被称为膜的物质对该理论来说也是至关重要的。

"Brane"（膜）这个词来自于"membrane"（薄膜）。与存在于三维空间中的二维曲面的薄膜类似，膜是存在于更高维空间中的较低维度的曲面。这些膜可以将粒子或者力束缚在它们上面，使得粒子或者力不能在全部的高维度空间中传播。在高维空间中的膜有点像浴室中的浴帘，它是三维房间中的一个二维曲面（见图 17-7）。水滴只能沿着浴帘的二维表面运动，很像粒子和力被束缚在二维膜的"表面"一样。

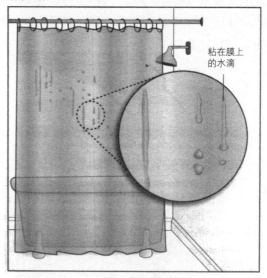

膜是存在于更高维空间
中的较低维度的曲面。
这些膜可以将粒子或者
力束缚在它们上面，使
得粒子或者力不能在全
部的高维度空间中传播。

粘在膜上
的水滴

图 17-7

膜将粒子和力束缚，它
们只能停留在它的上面
而不能离开，就像水滴
只能沿着浴帘下滑而不
能离开一样。

从广义上讲，存在两种弦：开弦（open string，有两个端点），
与闭弦（closed string，形成一个闭合的圈），它们就像扎头发的
橡皮筋（见图 17-8）。弦理论学家在 20 世纪 90 年代意识到：开
弦的两个端点不能随心所欲地待在空间中的任意一个位置上，相
反，它们必须待在膜上。当粒子从驻足于膜的开弦的振动产生出
来时，它们也被限制在膜上。粒子，即弦的振动模式，也被束缚
住了。就像浴帘上的水滴一样，粒子也只能沿着膜所伸展的维度
方向运动，而不能脱离膜。

开弦 / 闭弦

弦理论认为，自然界的
基本单元不是电子、光
子、夸克等点状粒子，
而是很小的线状 "弦"，
它包括有端点的开弦和
圈状的闭弦。

图 17-8

开弦有两个端点，闭弦
没有端点。

弦理论提议存在许多种膜，而最有意思的一种解释等级问题
模型中的膜有三个空间维度——刚好是我们所知空间的三个物理

维度。粒子和力被束缚在这些膜上，哪怕引力和空间伸展到了更多的维度上面（图 17-9 系统表述了人和磁铁所处的一个膜世界，而引力则遍布该世界及其外面）。

膜世界

膜上/下的引力

膜上的非引力

图 17-9
标准模型的粒子与相互作用可以被束缚在一个处于高维空间的膜世界中。在这种情况下，我们所知的物质和星辰、相互作用（如电磁作用），以及我们的星系和宇宙都生活在膜的三个空间维度上。而引力则总是在所有空间维度中传播。（图片由马蒂·罗森伯格［Marty Rosenberg］友情提供）

　　弦理论的额外维度可能对可观测的世界，也就是三维膜有物理意义。也许研究额外维度最重要的原因是：它们可能影响那些我们可见的现象，特别是解释一些重大疑难问题，诸如粒子物理学的等级问题。额外维度与膜可能是解决该问题，也即解释引力因何如此微弱的关键。这是将我们引向考虑空间额外维度的最好原因。它们可能对我们正在试图理解的现象造成影响，如果的确如此，我们可能在不久的将来看到确实的证据。

别忘了，我们可以用两种方法表述等级问题。我们可以问希格斯质量：**弱尺度为什么比普朗克质量小如此之多？**这是我们考虑超对称和技术色的一个问题。我们也可以问一个等价的问题：**为什么引力与其他相互作用相比如此微弱？**引力强度依赖于普朗克能标，它是弱尺度的一亿亿倍。普朗克质量越大，引力越弱。只有当质量在达到或者接近普朗克能标时，引力才变得强大。只要粒子质量比普朗克能标低很多，引力就会极其微弱。

因此，引力如此微弱的疑难等价于等级问题，其中一者的解决意味着另外一者也能得到解决。但是即使问题是等价的，将等级问题用引力来表述有助于引导我们的思绪朝向额外维度。我们现在就来探究两种领导思潮。

模型四：大尺度的额外维度与等级

自从人们开始思考等级问题以来，物理学家就认为它的解决方法必定存在于弱能标尺度（约 1TeV）上，修改粒子的相互作用。如果只有标准模型粒子，那么量子效应对希格斯粒子质量的修正就太大了。一些物质必须介入来调低量子力学对希格斯粒子质量的贡献。

超对称与技术色是两个例子——新的重粒子参加了高能相互作用，并且抵消或者从一开始就禁止了那些巨大的贡献。直到 20 世纪 90 年代，所有关于等级问题解的提案都被分类，新的粒子与相互作用以及新的对称性在弱能标上产生了。

1998 年，尼玛·阿卡尼-哈米德（Nima Arkani-Hamed）、萨瓦斯·迪莫普洛斯（Savas Dimopoulos）与贾·德瓦利（Gia Dvali）[3] 提出了另一种解决这个问题的方法。他们指出：这个问题不仅涉及弱能标，而且涉及弱能标以及与引力相关的普朗克能标之间的比例，也许这个问题来源于一种关于引力本质的错误理解。

他们三人认为，实际上在质量上并没有等级——至少针对引力的基本尺度与弱尺度而言。也许反过来，是因为引力在额外维度宇宙中强得多，但只是在我们 3 + 1 维的世界测量中才变得如此微弱，因为它在我们看不见的那些维度中被弱化了。他们猜想，在额外维度宇宙中引力很强的那个能标，事实上就是弱能标。在这种情形下，我们测到的引力很小，不是因为它本质上很弱，而是因为它遍布在看不见的维度上面。

一种理解这一点的方法是想象一个类似于灌溉使用的旋转喷头。水从喷头里涌出。如果水只在我们的维度里铺开，那么它的效果依赖于水从龙头里面涌出的总量及其喷射距离。在离出水口固定的距离上，如果水还能喷洒到我们看不见的维度里的话，那我们得到的水量将比应该得到的少得多（见图 17-10）。

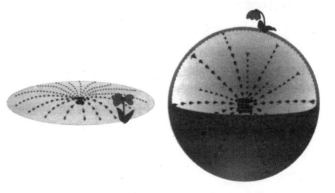

图 17-10

相互作用的强度随着距离的增加而减弱，并且在高维空间比在低维空间减低得快。在高维旋转喷头的类比中，水在高维空间中随着距离的增加而稀疏得更快。水在三维空间比在二维空间的覆盖面广。在本图中，只有从低维空间的喷头获得水的花得到了充分浇灌。

如果额外维度的尺度有限，那么水会到达额外维度的边界而不再流到外面。但是在固定位置处的水量将比一开始没有这些维度、水也不会散布到这些维度里面的那种情况获得的水量少得多。

类似地，引力会传播到其他维度里。即使这些维度的尺度有限，引力不会无限地在其中伸展，大尺度的额外维度也弱化了我们在三维空间中感受到的引力。如果额外维度足够大，我们感受到的引力就非常弱，哪怕高维空间中引力的基本强度并不小。我们需要记住的是：为了使这种想法成立，额外维度必须比理论设想所预期的巨大得多，因为三维中的引力的确看起来太弱了。

无论如何，大型强子对撞机将这种想法带到了实验的台面上。尽管这个想法看似不太可能，但现实（而非我们对模型的感受）才是评判真理的唯一标准。如果该想法在世界上得到了实现，那么这些模型将导致截然不同的特征信号。因为更高维的引力在弱尺度能标（大型强子对撞机可以创造的能标）上很强，粒子可以碰撞进而产生更高维的引力子（graviton）——传递高维引力的媒介粒子，而引力子可以在这些额外维度传播。我们所熟悉的引力非常微弱，以至于只有三个维度的空间无法产生引力子。但是在新情景中，更高维引力足够强，以至于其可以在大型强子对撞机所能达到的能标上产生引力子。

结果，卡鲁扎 - 克莱因粒子（即 KK 粒子）可以被制造出来，它们是更高维引力在三维空间的表示。KK 粒子以西奥多·卡鲁扎和奥斯卡·克莱因两人的名字命名，因为他们最先研究额外维度。KK 粒子有着与已知粒子相类似的相互作用，但是其质量更大。这些大质量是在额外维度中它们拥有的额外动量的结果。如果 KK 模式与额外维度的引力子（正如大尺度额外维度情景所预测的）相结合，那么它将在探测器中消失。它转瞬即逝的造访证据将从缺失的能量上体现出来（见图 17-11，KK 粒子产生并带走了无法直接看见的能量和动量）。

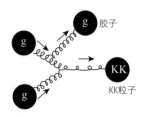

当然，缺失的能量也可以是超对称模型的一个特征。而这个信号看起来如此相似，以至于如果的确出现这样的发现，那么额外维度和超对称两大阵营的人们都可能用此数据来解释他们所支持的理论预期。但是伴随着对两种模型结果和预测细节的了解，如果两者之间必有一者是正确的话，那么我们就能决定正确的那一方。我们建模的一个目标是，将实验信号与两种想法的真实内涵匹配起来。一旦我们能够将不同的可能性分门别类，也就能知道接踵而来的信号的速率和性质，那么我们就可以使用微妙的性质来区分它们。

不管怎样，目前我与大多数同事都怀疑大尺度额外维度的情景是否真的就是等级问题的解，就算我们将很快看到一个非常不一样的额外维度例子，而它看起来更有希望是正确的。一方面，我们不希望额外维度太大，因为额外维度若是比其他尺度大得太多也会造成新问题。那样，即使弱尺度与引力尺度的等级问题原则上消除了，一个涉及新维度尺度的新等级问题也会因此产生。

而更令人担忧的是，在这种情景中，宇宙的演化将非常有别于我们现今所观测到的。其问题在于，这些非常大尺度的维度可以随着宇宙的扩张而扩展，使得宇宙的温度降得很低。若是一个模型有可能成为现实的候选者，它所预言的宇宙演化就必须模拟出与我们所观测到的三维空间相一致的结果，这为大尺度额外维度的情景设置了一个艰难的挑战。

这些挑战还不足以明确地排除这些想法，更聪明的模型创建者可能会发现解决大多数问题的方法。但是为了与观测相符，模型倾向于变得过度复杂和纠结。绝大多数物理学家出于美学的考虑，对这种想法持怀疑态度。许多人因此转向其他更有希望的额外维度想法（例如下文将介绍的）。即便如此，只有实验才能确切地告诉我们，有着额外维度的模型能否应用于真实的世界。

模型五：弯曲的额外维度

大尺度的额外维度并非唯一有潜质解答等级问题的方案，甚至在额外维度宇宙的框架下也是如此。自从通往额外维度想法的大门打开之后，我和拉曼·桑卓姆找到了一种看起来更好的解答方法[4]——大多数物理学家都会同意其更有可能在自然中存在的方法。请注意，这并不意味着大多数物理学家都认为它是对的。许多人怀疑是否真的有人可以如此幸运，能正确预言大型强子对撞机将揭示的东西，或者能给出一个无须更多实验证据的、完全正确的模型。但是作为一个占尽先机的想法，它很可能是正确的，并且与许多好的模型一样呈现出清晰的策略，使得理论物理学家和实验物理学家可以更全面地开发大型强子对撞机的可能性，甚至可能发现该方法的证明。

我和桑卓姆所提的模型只涉及一个额外维度，它的尺度不必很大，因此没有引入新的涉及该维度尺度的等级。与大额外维度的情景相反，宇宙的演化自动与最近的宇宙观测相符。虽然我们的注意力只在这个单一的新维度上面，但是空间的其他附加维度还是可能存在的。但是在我们的情景中，在解释粒子性质时，它们没有发挥可以让人察觉的作用。因此当我们探究等级问题的答案时，为了配合有效理论的方法，可以合理地忽略这些维度，而只关注单一额外维度的效用。

如果我与桑卓姆的想法是正确的话，那么大型强子对撞机很快就将给出关于时空本质令人目眩的性质。原来，我们所假设的宇宙是高度弯曲的，这与爱因斯坦提出的出现了物质与能量的时空的情形相符。其意思是，我们从爱因斯坦方程导出的几何是"弯曲"的（这确实是一个预先存在的术语）。这意味着空间与时间沿着我们感兴趣的那个单一额外维度的变化而发生改变。它改变的方式是：当你从额外维度的一个位置移动到另一个位置时，时空以及质量、能量都发生放缩（见图 17-12）。

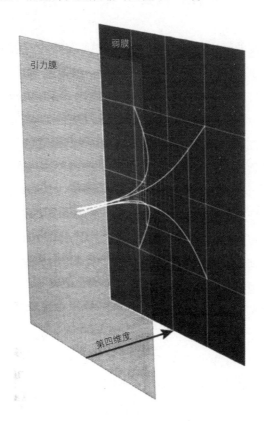

引力膜

弱膜

第四维度

图 17-12
另一种理解弯曲几何解决了等级问题的方法是通过几何本身。当你从一张膜移动到另一张膜上时，空间、时间、能量与质量都按照指数函数缩放。在这种情景中，希格斯质量是将普朗克质量按指数函数缩小，这种解释是非常自然的。

弯曲时空几何的一个重要结果是，虽然希格斯粒子质量在额外维度的其他位置上变得很重，但是它在我们所处的位置上将具有弱尺度质量（和应该表现出的质量完全一致）。可能这听起来具有任意性，其实不然。根据我们的情景，我们生活在一张膜，即弱膜上，而第二张膜（引力所聚集的膜）称为引力膜，或者有些物理学家也把它称为普朗克膜。这张膜包含另一个从额外维度来看与我们隔离开来的宇宙（见图 17-13）。在这种情景中，第二张膜可能实际上就恰好跟我们相邻，只与我们相隔一个无穷小的距离——比如一亿亿亿亿分之一米。

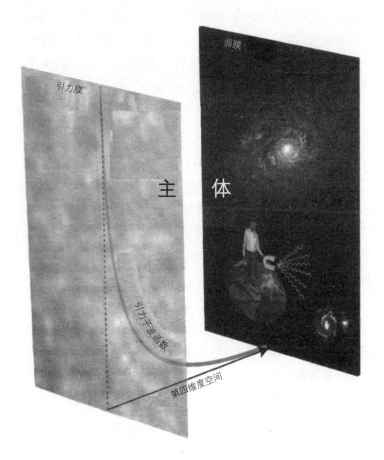

图 17-13

兰道尔 - **桑卓姆**模型包含两张膜，它们限制了第四维度空间（时空的第五维度）。在该维度空间中，引力子波函数（graviton wavefunction，描述在任何空间点找到引力子概率的函数）从引力膜到弱膜上呈指数级衰减。

图 17-13 中，从弯曲几何而来的最显著的性质是引力子——传递引力的媒介粒子，在另一张膜上的质量远比在我们这张上的

大。这将使得引力在额外维度的其他位置上很强，而在我们所处的这个位置上很弱。事实上，我和桑卓姆发现引力的强度在距离我们很近的地方比在另一张膜上小，并且呈指数级衰减，因此给出了引力如此微弱的一个自然解释。

另一种解释这种结果的方法是通过时空几何，系统地显示在图 17-12 中。时空尺度依赖于第四个空间维度的位置。质量也呈指数函数缩放——这样做使得希格斯玻色子质量呈现出它所需要的数值。虽然有人可能争辩说我们的模型依赖一个假设，即两个巨大平坦的膜限定了额外维度宇宙，但是一旦你给定由膜和称为"主体"（bulk）的额外维度空间所承载的能量，那么该几何可以直接从爱因斯坦引力理论推导出来。当这样做时，我们即可发现此前所提到的几何——即卷起来的弯曲空间，其中的质量按照解决等级问题所需的方式进行缩放。

与大尺度额外维度模型不同，基于弯曲几何的模型不会将老的等级问题谜题换成新的等级问题（即为什么额外维度如此巨大）。在弯曲几何中，额外维度并不大。巨大的数值来自一个指数缩放的空间和时间。指数缩放使得尺度（以及质量）的比例是一个巨大的数字，甚至当这些物体在额外维度中相隔的距离不大时，也是如此。

指数函数不是编造出来的，它来自我们所提议的情景中爱因斯坦方程的唯一解。我和桑卓姆计算出了在弯曲几何中，引力与弱相互作用的比是两张膜距离的指数函数。如果两张膜的间隔是一个合理数值（大约几十倍于引力所设定的距离），那么质量与相互作用强度的正确等级就会自然出现。

在弯曲几何中，我们所经受的引力如此微弱的原因，不是由于它在大尺度额外维度中被弱化了，而是因为它被聚集到其他地方——另一张膜上。我们的引力由位于额外维度另一个位置处，某个很强的相互作用的指数衰减的尾巴来决定。

我们之所以没有看到位于另一张膜上的另一个宇宙，是因为我们两个世界所共有的作用只有引力，而引力在我们附近已经太弱，以至于无法传递可以察觉的信号。事实上，这种情景可以看成一个多重宇宙的例子。在多重宇宙中，我们世界的物质和元素与另一个世界的物质之间的作用非常微弱，或者在某些情况下根本没有相互作用。绝大多数猜想都不能被检测而只能停留在想象的空间中。毕竟，如果物质如此遥远，连从那里来的光在宇宙有限的寿命中都不能到达地球，因此我们是不能探测到它的。然而，我和桑卓姆所提议的多重宇宙的情景不是一般的提议，因为共有的引力可以导致实验上可探测的结果。我们不是直接接触另一个世界，而是在更高维度内部空间中传播的粒子来造访我们。

额外维度世界最明显的效应（在缺乏诸如大型强子对撞机之类的仔细搜寻时）将是粒子物理学理论所需要的质量等级的解释，以便能成功解释观测到的现象。当然这对我们来说不足以有效解释这个世界，因为它与其他解释并没有区别。

大型强子对撞机即将展开的高能实验可以帮助我们确定，额外维度仅仅是一个天马行空的想法，还是一个关于宇宙的真实元素。如果我们的理论正确，那么我们将预期大型强子对撞机产生KK模式。因为与等级问题的联系，我们的模型寻找KK模式所需的能标，大型强子对撞机是可以达到的。它们应该大约在万亿电子伏的量级，即弱尺度能标上。一旦能量达到如此之高，这些重粒子可能产生出来。KK粒子的发现将为我们提供关键的确证，给我们提供扩张的世界的启示。

事实上，弯曲几何中的KK模式有一个重要且特别的性质。虽然引力子本身的强度极其微弱（毕竟它传播的是极其微弱的引力），但是引力子相互作用的KK模式比它强得多——几乎与弱作用的强度一样，它是引力强度的亿万倍。

KK 引力子具有如此出人意料的相互作用强度的原因在于它们所处的弯曲几何。由于时空强烈地弯曲，引力子 KK 模式的相互作用比我们感到的引力子传播的引力作用强得多。在弯曲几何中，不仅质量被缩放，引力强度也被缩放。计算表明在弯曲几何中，KK 引力子的相互作用强度可以与弱尺度上的粒子的相互作用相当。

这意味着不同于超对称模型，也不同于大尺度额外维度模型，我们的模型的实验证据不是来自有趣的粒子逃脱而造成的能量缺失。相反，该证据将是更干净也更容易确认的信号——探测器中的粒子衰变成标准模型粒子而留下的可见轨迹（见图 17-14，KK 粒子产生并且衰变成电子 - 正电子对）。

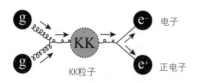

图 17-14

在兰道尔 - 桑卓姆模型中，KK 引力子可以在探测器内部产生以及衰变成可见粒子，如电子与正电子。

这实际上就是目前实验物理学家找寻所有新的重粒子的方法，他们并不能直接看到粒子，但却可以观测到那些粒子衰变之后的产物。从原则上说，这可以提供比缺失能量更多的信息。通过研究这些衰变产物的性质，实验物理学家可以得出最初出现的粒子的性质。

如果弯曲几何情景是正确的，那么我们将很快可以看到 KK 引力子模式衰变出来的粒子对。通过测量末态粒子的能量、荷以及其他性质，实验物理学家将可以推导出 KK 粒子的性质。这些鉴别特征以及粒子衰变成各种末态的比率，将有助于实验物理学家断定他们是否已经发现了 KK 引力子或者其他新的奇异元素。这些模型让我们知道需要找寻的粒子的本质，也让物理学家可以以此来分辨这些可能性并作出预测。

我的一个朋友（一个同时歌颂和嘲讽人之极端本性的剧作家）不理解，明知未来的发现可能具有无穷的可能性，我为什么不会坐立不安地等待结果。每当我见到他，他都一直追问我："这会不会是一个改变命运的结果？他们能证实你的理论吗？""你为什么不待在那儿（日内瓦）一直与别人讨论？"

　　当然，在某种意义上讲，我那位朋友的直觉是对的。但是实验物理学家已经知道应该找寻什么，因为理论物理学家已经做了这么多工作。当我们对寻找的事物有了新想法时，总会进行交流。我们不必亲自待在欧洲核子研究中心或者甚至处于同一个房间才能做这件事情。为了交流，我们可以在全美境内甚至全球范围内找到实验物理学家。远程交流的效果也非常好——这也可以归功于许多年前欧洲核子研究中心的蒂姆·伯纳斯 - 李创建万维网的眼光。

　　我已经充分了解这些探索中的挑战在哪里，甚至当大型强子对撞机开始完全运行之后，也是如此。我知道我们可能需要等上一段时间。但我们很幸运，此前介绍的 KK 模式是实验物理学家所能找寻的一个最直接证据。KK 引力子衰变成各种粒子——毕竟，每种粒子都受到引力的作用，因此实验物理学家可以关注那些他们容易鉴别的末态。

　　有两个注意事项：搜寻的难度可能比最初预想的更大的两个原因；哪怕最初的想法是正确的，但为了新发现，我们可能要等上相当长的一段时间。

　　搜寻难度大的一个原因是，其他关于弯曲几何的候选模型可能会导致更杂乱无章的实验信号，从而导致实验更难发现新粒子。模型表述了基本理论框架——涉及额外维度与膜。他们建议了此框架实体中的一般原理的特定应用。我们最初的情景提议只有引力能穿越更高维的"主体"的空间。但是我们的一些同事后来研究了另外的应用。在另一种情景中，所有粒子不是都处于膜上。这意味着将会有更多的 KK 粒子，因为每个主体中的粒子都有其相应的 KK 模式。但是这些 KK 粒子将很难被发现，它带来的挑战已经促使许多研究考虑如何探索这些更多的难以捉摸的情景。因此，在 KK 粒子与新模型可能出现的高能粒子的搜寻中，接下来的调查都是非常重要的。

搜寻可能十分困难的另一个原因是，KK 粒子可能比我们预期的要重。我们知道 KK 粒子预期质量的范围，但是我们还不知道它的具体数值。如果 KK 粒子足够轻的话，那么大型强子对撞机将能够大量制造它们，而发现它们就比较容易。但是如果这些粒子很重，那么大型强子对撞机可能只能制造少量粒子。更有甚者，要是它们实际上非常重，那么大型强子对撞机根本不会产生任何这种粒子。换言之，新粒子与新的作用很可能只在大型强子对撞机不能企及的能量以上产生和出现。这是大型强子对撞机的顾虑，因为它的隧道尺度是固定的，所能达到的最高能量已经被限定了。

作为理论物理学家，我所能做的仅此而已，大型强子对撞机的能量也仅此而已。但是即使 KK 模式很重，我们也可以努力找到关于额外维度的精妙线索。当我和帕特里克·米德计算可能的高维黑洞的产生速率时，我们不仅关注负面结果——黑洞产生的速率远低于最初人们所宣称的，而且我们也会思考，如果更高维引力很强，那么会发生什么（即便没有产生黑洞）。我们探求大型强子对撞机是否可以产生任何关于高维引力的有趣信号，并发现了即使没有发现新的粒子或者奇异的类似于黑洞的物质，实验物理学家也能观测到与标准模型所预想的有一些偏离的东西。新的发现并没有得到保证，但是实验物理学家将利用已有的仪器和技术尽其所能地去探求。在其他更高深的研究中，我的同事们还考虑探索 KK 模式的改良方法，即使那些标准模型粒子还存在于主体中。

还有一种可能是：我们可能很幸运，新粒子与相互作用出现的能标也许比我们期望的低一些。如果的确如此，我们不仅很快会看到 KK 模式，还将看到新的现象。如果弦理论是大自然的基本理论，而新物理的能标又足够低，那么大型强子对撞机甚至可以产生除了 KK 粒子与新相互作用之外的、由基础弦振动产生的附加粒子。这些粒子在传统假设之下的质量太大，而不可能被制造出来。但是由于弯曲几何，希望是：一些弦的模式可以比预期的低很多，从而可以在较低的能标出现。

这里显然有几种有趣的弯曲几何的可能性，所以我们迫切地期待实验结果的出台。如果几何的结果被发现，那么它们可能改变我们对宇宙本质的看法。但是我们只能在大型强子对撞机完成它的探索之后，才能知道哪些可能性（如果的确存在的话）在自然中是现实的。

回归，静候一个不同凡响的宇宙

大型强子对撞机的实验物理学家目前正在检验本章所提的各种想法。我们希望如果任何一种模型是正确的，那么提示将很快出现。这些可能会是坚实的证据，如 KK 模式，或者可能是对标准模型的微妙修正。不管怎样，理论物理学家与实验物理学家都将保持心明眼亮，并翘首以待。每一次大型强子对撞机看见或者没有看见，都会进而限制一些可能性。如果我们幸运，那么前面讲述的想法之一将被证明是正确的。当我们从大型强子对撞机了解更多探测器工作的原理以及产生机制，我们将了解如何将它的研究扩展来检验更大范围的可能性。当数据出来之后，理论物理学家将把数据与他们的理论结合起来。

　　我们不知道还需要多久才可以开始获取答案，因为我们不知道新的东西及其质量与相互作用可能是什么。一些发现可能在一两年内就可以获得，其他的则可能需要花费 10 年以上，还有一些甚至需要比大型强子对撞机所能提供的更高的能量。**这种等待虽然会令人不安，但其结果可能颠覆我们以往的想法。因此，我们所迈出的每一个艰难步伐都是值得的。它们可能会改变我们对大自然及宇宙本质的看法，或者至少会改变我们对物质组成的看法。**当结果出来时，新的世界也将出现。在有生之年，我们有可能看到一个不同凡响的宇宙。

18

"自下而上"，还是"自上而下"
KNOCKING ON HEAVEN'S DOOR

实验结果的确定性无可替代。而物理学家在过去 25 年里，并非无所事事地坐等大型强子对撞机的出现，进而产生有意义的数据，而是努力思考实验应该寻找什么，其数据会具有什么意义。我们也会研究从目前的实验中得来的结果，它们会为我们提供关于已知粒子与相互作用的细节信息，有助于我们整理思绪。

这段期间也给了我们很多机会，来深入思考一些想法——至少是短期内更容易用数据排除的想法。一些更有趣、更具想象力的模型与理论启示，来源于过去 25 年的数学探索。如果数据更丰富，我怀疑我更可能会从数学角度思考额外维度或者超对称。即使所做的测量最终支持这些想法，如若没有之前充足的数学探求，其应用的获得也将耗费不少时间。

实验与数学都能引领科学的进步，但是通往发展的道路是不清晰的，而物理学家已经根据最好的发展策略做了划分。**模型创建者使用"自下而上"的方法，从已知的实验事实出发，解释剩余的未知谜题——通常采用更多理论的以及数学的方法。**第 17 章介绍了一些具体模型的例子，以及它们如何影响大型强子对撞机的实验物理学家来开展进一步的搜索。

其他人（主要是弦理论学家）则采取"自上而下"的思考方法，从他们认为正确的理论（即弦理论）出发，试图使用它的基本观念来构造一种自洽的量子引力理论。自上而下的理论是定义在高能标和小尺度上的。它指的是一种理论观念：任何东西都可以从定义在高能标上的基本假设推导出来。虽然该名称可能很具有迷惑性，但是因为高能标对应于小尺度，别忘了在小尺度上的元素都是物质的基本组成要素。在这样的思考模式中，每一样东西都可以从基本原理和基本元素（这些都定义在小尺度和高能标上）推导出来，因此称为"自上而下"。

本章将要介绍"自上而下"与"自下而上"两种方法，并将它们进行对比。我们将探索它们的差别，也将思考它们如何可以结合在一起，以产生惊人的见解。

优美的弦理论

与模型创建者不同，更倾向于使用数学的物理学家试图从纯理论出发构造理论。他们的期望是，从一个优美的理论出发，推导出可能的结果，并将该想法用于解释实验数据。绝大多数建立统一理论的尝试都采用"自上而下"的研究方法，弦理论也许是这些例子中最有希望的一个。它是一个猜想，是其他所有已知物理现象所追随的最终的基本框架。

弦理论学家在物理学尺度上迈出了一大步，他们试图征服从弱能标到普朗克能标（在该能标上引力变得很强）的跨越。实验物理学家可能无法在可见的未来直接检验这些想法（额外维度模型也许是一个例外）。即使弦理论本身太难检验，弦理论的元素却为一些与之相结合且有机会观测到的模型提供了想法。

物理学家所问的，是有关模型建立与弦理论之间的取舍问题——是需要按照柏拉图式的方法，试图从一些更基本的理论事实中获得预见；还是按照亚里士多德的方法，扎根于经验的观测。你愿意采取"自上而下"还是"自下而上"？这个选择也可以重新表述成"老爱因斯坦与小爱因斯坦"的选择。爱因斯坦最初确实认为实验是物理研究的基础，尽管他同时也给予"美"与"雅"高度的评价。甚至当一个实验结果与他的狭义相对论相矛盾时，他也确信（最终被证明是对的）是实验发生了错误，因为否则相对论的应用就太丑陋，以至于不能被信赖了。

当数学最终帮助爱因斯坦完成了广义相对论的研究时，他变得更具有数学倾向。数学进展对于完成他的理论至关重要，所以在职业生涯的后期，爱因斯坦更加相信理论方法。然而，爱因斯坦没有解决这个问题。尽管他将数学成功应用到广义相对论中，然而他后期对于统一理论的数学研究也从来没有取得成果。

哈沃德·乔吉与谢尔登·格拉肖提出了大统一理论，它也是一种"自上而下"的想法。如我们所知，大统一理论基于数据，他们猜想的灵感来源于标准模型中特殊集合的粒子与相互作用，以及它们相互作用的强度，但是该理论却从我们所知道的东西中，选择出可能结果，它发生在距离现在遥不可及的高能标上。

有趣的是，即使统一理论可能出现在远超今天的粒子加速器所能达到的能标上，大统一理论初始模型作出的预测却是有可能可以观测到的。大统一理论模型预测，质子可以衰变。该衰变会花费很长时间，但是实验物理学家建造了巨大的池子，其中装满材料，希望其中至少有一个质子可以衰变而留下可见信号。然而当它并没有发生时，初始的大统一理论模型被否决了。

自那以后，乔吉与格拉肖都没有再研究任何有如此大能量跨度的"自上而下"的理论，即从我们目前在加速器中使用的能量，到那些高到没有它们，对目前的实验也只会造成微妙影响（或者一点影响都没有）的能量。他们认为将目前我们所能理解的能量与尺度改变这么多数量级，从而猜想出一个正确的理论，那简直太不可思议。

尽管乔吉与格拉肖有所保留，其他许多物理学家却认定，"自上而下"才是唯一能够攻破难题的方法。弦理论学家选择了一条不归路——不是传统的科学，却带来了丰富（虽然存在许多争议）的想法。他们理解理论的一些方面，却仍在努力把它们拼接起来，在形成与发展他们激进的想法时寻找底层的关键原理。

弦理论的目标是建立一个不是来自于实验数据，而是来自于理论疑难的引力理论。它提供了一种引力子的自然解释，量子力学告诉我们，传递引力的粒子必须存在。当前量子引力首当其冲的、自洽的候选理论是弦理论，而量子引力是将量子力学与爱因斯坦的广义相对论相结合的理论，因此它的适用范围是在相当高的能标上。

物理学家可以使用已知理论合理地在小尺度（例如在原子内部）上作出预测，量子力学起重要作用，引力可以被忽略。引力对相当于原子质量大小的粒子的影响极其微弱，所以我们可以使用量子力学而放心地忽略引力。物理学家也可以在大尺度（例如在星系内部）上作出预言，引力占据主导地位而量子力学可以被忽略。

然而，我们没有一种可以将量子力学与引力结合起来的理论，即在任何可能的能标和尺度上都适用的理论。我们不知道在极高能标、极小尺度的地方——与普朗克能标或尺度相当的地方，如何开展计算。因为引力的影响对超重或者超高能的粒子更大，所以引力对于具有普朗克质量的粒子起着非常重要的作用。在极小的普朗克长度上，量子力学的效应也很显著。

虽然这个问题没有损害任何可观测到的现象（至少在大型强子对撞机上没有），但是它意味着理论物理是不完备的。物理学家还不知道如何自洽地将量子力学与引力结合在极高能标与极小尺度的地方——两者对预测而言都相当重要且不能被忽略。我们理解中的一个重要缺口可能反而会为我们指出一条道路。许多人认为弦理论是它的解决方法。

"弦理论"名称的由来是振动的基础弦，它是最初理论构想的核心。粒子存在于弦理论中，但是它们从弦的振动而来。不同的粒子对应不同的振动，非常像是从振动的小提琴琴弦产生的不同音符。原则上看，弦理论的实验证据应该包含那些相应于弦振动产生的模式的新粒子。

然而，绝大多数这种粒子很可能因为太重而不可能被观测到，因此这是实验很难检验弦理论在自然中是否存在的原因。弦理论方程描述的物质如此微小且具有如此之高的能标，以至于任何我们可以想象出的探测器都不可能探测到它们。并且该理论定义在一亿亿倍于人类现今的仪器所能达到的能标之上。目前，我们甚至还不知道当碰撞粒子的能标提高 10 倍时所能发生的事情。

弦理论学家不能对实验可及的能量上的现象给出唯一预言，因为粒子组成与其他性质依赖于该理论中还没有确定的基本元素。弦理论在自然中的结果依赖于这些元素的安排。**在当前的构造中，弦理论包含了太多的粒子、太多的相互作用、太多的维度，远远超出真实世界所能观测到的。**是什么原因导致这些粒子、作用与维度有别于我们能看见的那些？

例如，弦理论的空间不一定是我们周遭有着三个空间维度的空间。相反，弦理论的引力描述了具有 6 个或者 7 个额外维度的空间。弦理论的一种有效版本解释了这些看不见的额外维度如何有别于我们能看到的那三维。弦理论是如此引人注目，以至于类似额外维度等迷惑人的性质模糊了它与可见宇宙之间的联系。

为了从高能弦理论推断目前可以测量的能量上的结果，我们需要推导，将原始理论中的极重粒子去除后所得到的结果。然而，弦理论在低能量时，有许多种可能的实现方法，我们也不知道如何区分这些极大范围内的可能性，或者如何找出与现实世界相似的那一个。问题是，我们还没有充分地理解弦理论，以推导出它在所见能标上能给出的结果。理论的预测被它的复杂性所削弱。不仅它的数学性是一个艰难的挑战，而且我们都不清楚如何组织弦理论的元素，以及确定哪些数学问题需要被解决。

最重要的是，我们现在知道，弦理论比物理学家最初认为的复杂得多，并且涉及了许多其他有着不同维度的要素——主要是膜。弦理论这个名称还是普遍地适用，但是物理学家也可能指的是 M- 理论，虽然没有人真正知道"M"代表什么意思。

弦理论是一种宏伟的理论，它已经导致了意义深远的物理与数学的洞见，并且很可能包含正确的描述自然的要素。然而，一个巨大的理论沟壑将目前所理解的理论与描述现实世界的预测远远地隔离开来。

最终，如果弦理论正确，所有描述真实世界现象的模型应该可以从它的基本前提出发推导出来。但是它的初始构造非常抽象，而且它与可观测现象相去甚远。如果能找到所有正确的物理原理，使弦理论的预测可以与自然相符，那我们将是多么幸运啊！这是弦理论的终极目标，也是一个令人望而却步的任务。

虽然优雅与简单是一个正确理论的标志，但是我们只能在我们已经完全理解一种理论如何运行之后，才能真正判断它的优美。关于自然如何、因何将弦理论的额外维度隐藏起来的发现将是一次令人惊叹的成功，物理学家想要找出让它得以实现的方法。

宇宙景观

正如我在《弯曲的旅行》一书中所开的玩笑，绝大多数企图将弦理论现实化的想法都与整形手术有点相同。为了让弦理论与我们的世界一致，理论物理学家不得不找到某种把不应该存在的部分隐藏起来的方法，将粒子移除并将维度消融。尽管粒子集合的结果与现实惊人地接近，你也能分辨出它们并非完全正确。

大多数将弦理论真实化的企图都有点选角面试的味道。虽然大部分天真无邪的少年演得不是很好，面部表情有些僵硬而无法表露丰富的感情，但是经过足够多次的试镜后，一个美貌、有天赋的演员就有可能出现。

类似地，弦理论的一些想法也依赖于我们的宇宙：它是弦理论成分的理想实现。即使弦理论最终会统一所有已知的相互作用与粒子，它也可能包含代表了特殊集合的粒子、力与相互作用的单一稳定的盆地；或者更可能的是，包含一个复杂得多的有着山川、峡谷以及一系列可能出现的景观。

根据近来的研究，弦理论可以在许多可能的宇宙中实现，该情景对应于一个"多重宇宙"。不同的宇宙可以离得非常远，以至于在它们的一生中，彼此也不能相互影响（甚至通过引力也不行）。在那种情形下，完全不同的演化可以在各自的宇宙中发生，而我们只能处于其中之一。

假如这些宇宙存在而没有办法把人送到它们里面去，那么我们就可以合理地忽略它们，只留下我们自己的宇宙。但是宇宙演化提供了产生所有宇宙的方法，并且不同宇宙可以拥有不同的性质，不同的物质、相互作用以及不同的能量。

一些物理学家采用景观的方法结合"人择原理"（anthropic principle）来解释弦理论于粒子物理学中的棘手问题。人择原理告诉我们：**因为人类存在于一个有着星系与生命的宇宙中，某些参数必须取特定的数值或与之相接近的数值，否则人类就不可能存在，并在这里讨论什么问题了。**例如，宇宙不能有太多的能量，否则它就会膨胀过快，物质就不会坍缩形成宇宙的结构。

人择原理

正是因为人类的存在，才能解释宇宙的种种特性。宇宙若不是这个样子，就不会有人类这样的智慧生命来谈论它了。

如果真是这样的话，那么我们需要决定什么样的物理性质（假如存在的话）适合粒子、相互作用与能量的构型。我们还不知道哪些性质可以预测；哪些对于我们今天能够在这里讨论科学来说，是必须的；哪些性质有基本解释，而哪些只是一个由于所处位置造成的意外。

　　我认为，由许多可能的构型形成的景观，合理而有前途，因为不同组合的引力方程有许多可能的解集合，我不认为我们观测到的解就一定是所有问题的解。我发现人择原理作为一种对观测到的现象的解释，也是一种非常令人不满的解释。问题是，我们永远不知道是否只要有人择原理就够了。我们能唯一预测哪些现象，哪些现象只能决定到差不多的程度？最重要的是，人择的解释不能检验，它可能是正确的。但是如果有更基本的从第一性原理而来的解释出现，那么人择原理必定会被抛弃。

重归实地

　　弦理论很可能包含一些深刻且有希望成功的想法，它已经给了我们一些量子引力与数学的洞见，并为模型创建者提供了有趣的素材。但是在通过回答我们最希望解决的问题，从而创立理论之前，很可能仍需要经历很长的一段时间。从演草纸中直接推导出弦理论关于真实世界的结果太困难了。即使成功的模型最终来自于弦理论，这些过多的元素也使得其结果很难显现出来。

　　物理中模型创建的方法来自一种直觉，因为弦理论可以作出预言的能标远远高出我们可以观测的能标。由于在不同能标上的许多现象有不同的表述，而在粒子物理学中，在相应的能量上用来解释问题的机制是这里面研究得最好的。

物理学家拥有共同的目标，但他们对于如何最好地达到目标，却有着不同的期盼。我倾向于建模的方法，因为它在不久的将来更能获得实验的指导。我和同事可能使用弦理论的想法，我们的一些研究可能有弦理论的理念，但是应用弦理论不是我的首要目标，理解可以检测的现象才是。模型可以描述和经受实验的检验，甚至在与任何基本理论发生关系之前也可以如此。

模型的创建者非常务实地承认，我们不能立即导出所有东西。一个模型的假设可能是终极基本理论的一部分，或者它们仅仅阐述了一些新的关系，有待更深层次的理论来解释。模型都是有效理论。一旦某个模型被证实了，它可以为弦理论学家，或者任何想要采用"自上而下"方法的人，提供研究方向。事实上，模型已经从弦理论的丰富观点中获益良多，但是其最主要的关注是在低能标与低能标的实验上。

超出标准模型之外的模型理论结合了标准模型的要素，以及已经可以探索的能量上的结果，但是它们也包含新力、新粒子以及在更小尺度上的新相互作用。即便如此，为了将我们所知道的东西全部整合起来，我和其他人研究出的具体模型通常都会失去其原先所具有的优美性质。由于这个原因，模型的创建者往往需要具备开阔的视野。

人们常常不理解我因何需要研究不同的模型，因为我明白这些模型不可能都是正确的，而大型强子对撞机能给我们提供更多线索。人们会感到更加吃惊，因为我解释说，我不必对任何我所思考的特殊模型抱持更多期望。无论如何，我选择的是阐述真正新的原理或者新型实验研究的项目。我所考虑的模型一般具有一些有趣的性质，或者对于一些奇异现象具有一定解释力的机制。鉴于这许多未知因素（对于研究进程有无帮助的不确定因素），预测和诠释现实世界的设想中有许多难以想象的挑战。如果从一开始就能取得成功，那简直就可以堪称奇迹了。

额外维度理论最优美的一面是：从"自上而下"与"自下而上"两种研究策略中而来的想法走到了一起，得出了该理论。弦理论学家明白其理论构造中膜起的关键作用；模型创建者意识到通过将等级问题解释成引力问题，就能找到其他解决方法❶。

大型强子对撞机现在正在检验这些想法。不管大型强子对撞机探索到什么，它都将指导以及限制将来要构造的模型。当其高能实验的结果出来以后，我们可以把所有观测结果综合起来，进而决定哪一个理论是正确的。即使观测不能与任何一个具体的建议理论相符，我们也会从构造模型中得到启示，它可以帮助我们把最终可能正确的理论的范围缩小。

建模帮助我们意识到各种可能性，指导实验的探索以及数据出来以后解释这些数据。我们可能足够幸运，恰好给出了正确的模型。建模还将启发我们应该寻找什么证据。即便没有哪一个特定模型的解释会完全正确，它们也能帮助我们导出新实验结果的含义。结果会将众多的想法区分开，断定哪一种（如果存在的话）特定的实现是真实世界的表述。也可能当前所有提议都无效，那么数据则责无旁贷地成为我们建立可能正确的新模型的依据。

高能实验不仅仅搜寻新粒子，还寻找有更多解释力的基本物理定律的结构。在实验协助给出答案之前，我们只能提供各种猜想。目前我们应用美学标准来有意偏向某些模型。但是当实验达到一定的能标（及尺度）并且给出可以区分不同模型的必要统计之后，我们就可以了解得更多。实验结果将决定我们的猜想中哪些是正确的，从而帮助我们建立真实世界的基本理论。

---

❶ 这里作者指的是第 17 章所介绍的额外维度理论。——译者注

第五部分
缩放宇宙，让我们极目远眺

KNOCKING ON
HEAVEN'S DOOR

19

内外翻转
KNOCKING ON HEAVEN'S DOOR

读小学时，有一天早上醒来后，我看到一则令人困惑的新闻，说我们的宇宙（至少以我当时的理解）突然变老了一倍。我被这个改变吓坏了。怎么可能有像宇宙年龄这么重大的事情会随便发生如此巨大的改变，却没有将我们所知道的一切都毁灭呢？

现在，让我惊讶的事情发生了改变。我对人类能够精确测量宇宙及其历史的纵深程度感到惊讶。现在我们不仅比以往都更准确地知道了宇宙的年龄，还知道了宇宙如何随时间演化、核子如何产生、星系与星系团如何演化等。以前，我们只有关于这些演化的定性图像，但现在我们已经有了准确的科学图像。

宇宙学已经进入了一个卓越时代，实验与理论的革命性进展已经取得了更广泛和更详细的解释，这对生活在哪怕只有 20 年前的任何人来说也是难以置信的。通过将革新的实验方法与扎根于广义相对论和粒子物理学的计算结合起来，物理学家已经建立了一个关于宇宙早期面貌以及它如何演变成今日之貌的具体图像。

迄今为止本书主要关注于小尺度，在此之上我们研究物质的本质。到达了我们向物质内部探索的极限之后，现在我们继续第 5 章的内容，完成此次尺度上的旅行。我们将把注意力转向外部，考虑外部空间中物质的尺度。

我们需要警惕本次旅行中的宇宙尺度与前文的巨大差别，因为我们不再仅仅根据尺度来划分宇宙的各种事物。观测不只记录今天的宇宙。因为光的传播速度有限，所以观测也回顾了过去的宇宙。我们今天所观测到的结构可能是早期宇宙所具有的结构，它所发出的光线通过几十亿年才传播到我们的望远镜中。当前急剧膨胀的宇宙围绕在早期宇宙的外面，是其规模的很多倍。

然而，尺度在对当前宇宙及其历史观测的分类中起着至关重要的作用，本章将在这两个方面展开讨论。后文，我们将考虑整体的宇宙演化，从初始的小尺度到我们现在观测到的巨大尺度。但是首先我们将着眼于宇宙现在的样子，以此来熟悉一些能将周遭事物进行分类的尺度。然后我们将走向大尺度和远距离的物体——地球上的以及宇宙中的，来对外部空间中我们要探索的巨大类型的结构形成一个概念。这种大尺度旅行比我们前文在物质内部的旅行要简短。尽管宇宙结构非常丰富，绝大多数我们所看见的都可以被物理定律解释，而不涉及更基本、更新颖的定律。恒星与星系的形成依赖于已知的化学和电磁学定律，它们是我们已经讨论过的基于小尺度上的科学。然而，引力现在也起着至关重要的作用，最好的叙述依赖于它所作用的物体的速度和密度，因此也导致了理论表述的多样性。

宇宙的冒险之旅

《十的次方》（*Power of Ten*）这本书与同名电影[1]，是一次关于距离尺度的标志性旅行，它从有一对情侣坐着的芝加哥格兰特公园（Grant Park）出发，最后又回到该地，对于我们来说这也是一个很好的出发点。我们先将镜头在地面上停留片刻，看一看我们周边熟悉的长度和尺度。在短暂地回顾了人的尺度——大约两米左右之后，让我们离开这个舒适的位置，向更大的高度与尺度迈进（关于本章的尺度示例见图19-1）。

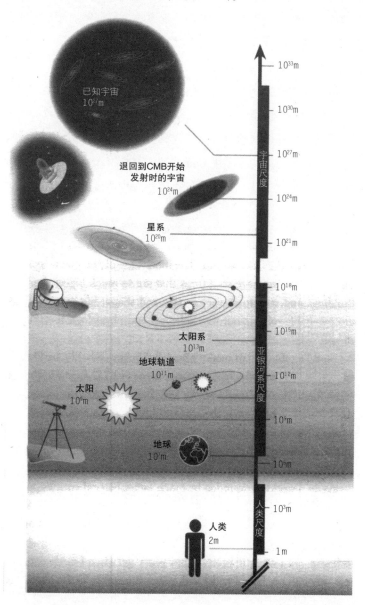

图 19-1
一个关于各种尺度的旅行，以及用来描述它们的长度单位。

我曾见过的最吸引眼球的一次演出，是伊丽莎白·斯特布的舞蹈公司关于人体对高度的反应的表现。她的舞蹈演员（"行为工程师"）从一个横梁上跳下，腹部落地，而横梁上升得越来越高，直到最后一名舞蹈演员从9米高的地方跳下。那绝对超出了我们感受的舒适区，现场许多的观众都发出重重的惊讶声。因为人们往往不会从那么高的地方跳下，更不会面部朝下地跳下。

虽然绝大多数高耸入云的建筑给人的感觉不比上述表演更加摄人心魄，但它们也给人带来了从敬畏到恐惧的强烈震撼感。建筑师所面对的一个挑战是，赋予比我们大得多的物体一种人性化的结构。建筑与结构在尺度和形状上的差异很大，但是我们对于它们的回应反映了我们对尺度的生理和心理态度。

世界上最大的人造结构是位于迪拜的哈利法塔（Burj Khalifa Tower），它高828米。虽然它高得离奇，但是它的大部分都是空的。电影《碟中谍4》所赋予它的文化感可能并不如《金刚》赋予帝国大厦的文化感。虽然纽约这座高381米的标志性建筑比哈利法塔矮一半还要多，但是它的知名度却高很多。

我们生活在一个周围有着巨大自然实体的世界当中，它们中许多还激起了我们的敬畏之心。珠穆朗玛峰海拔8 800多米，是世界第一高峰。欧洲的最高峰勃朗峰只有它的一半高，但是我却很开心我能登顶此峰，尽管我和朋友在登顶后拍摄的照片中都看上去很惨。马里亚纳海沟深11 000米，它是海洋中最深的地方，也是地壳表面最低处。而詹姆斯·卡梅隆执导的3D电影《阿凡达》中则有一个异世界的海沟。

大自然所创造出来的雄伟之作在地球表面伸展到很广的区域。太平洋宽20 000公里，而俄罗斯领土宽大约为8 000公里，几乎是太平洋宽度的一半。地球的形状接近球形，直径约 12 000 公里。美国领土宽 4 200 公里，占地球周长的 1/10，但是比月球的直径（3 600 公里）还长。

外部空间的物体尺度也很大。例如小行星之间的大小差异很大，有些小到只有鹅卵石那么大，而有些大到比任何地表所呈现的面貌还要大。太阳直径约为 10 亿米，该直径大约是地球的 100 倍。我所采取的太阳系尺度的计算方法是按照从太阳到冥王星（不管它是否还属于行星）的距离，这个距离是太阳半径的 7 000 倍。

日地距离相对小很多（约 1 000 亿米），是一光年的十万分之一。一光年指的是光线一年所走过的路程——3 亿米每秒（光速）乘以 3 000 万秒（一年中的秒数）。因为光速有限，我们看到的太阳亮光事实上是 8 分钟以前从太阳发出的光。

许多可见结构有着不同的形状和尺度，在我们的广博空间中存在着。天文学家根据绝大多数天体的类型对其归类。给定一些标准尺度，星系的大小通常是直径 3 万光年或者 3×10^{20} 米。包括我们的星系——银河系，它的尺度大约是这个大小的 3 倍。星系团一般含有从几十到几千个星系，尺度大约是 10^{23} 米，或者 1 000 万光年。也就是说，光线从一个星系团的一端传播到另一端需要 1 000 万年。

尽管这些尺度巨大，绝大多数天体也还遵循牛顿定律。月球轨道、冥王星轨道或者地球轨道都可以通过牛顿引力定律解释。基于行星离太阳的远近，它的轨道可以由牛顿引力定律预测。这个定律同样是使牛顿的苹果落向地面的原因。

尽管如此，行星轨道更精确的测量显示，牛顿定律不是终极理论。我们需要用广义相对论来解释水星的近日点进动，它的绕日运动轨道随时间的推移可以被观测到。广义相对论是更复杂的理论，当能量低、速度慢时它也会包含牛顿定律，但是在此范围之外广义相对论也仍然有效。

然而，不必使用广义相对论来描述绝大多数物体的运动。但它的效应可以累积起来，并且当物体足够致密（如黑洞）时，它的效应就会非常显著。我们的星系中心是一个半径约为 10^{13} 米的黑洞，它所包含的质量非常巨大，约等于太阳质量的 400 万倍，与其他黑洞一样需要用广义相对论来解释它的引力性质。

目前整个宇宙的直径是 1 000 亿光年，即 10^{27} 米，是我们星系的 100 万倍。这个距离太大，令人震惊，因为它甚至比从大爆炸开始我们实际能观测到的距离—— 137.5 亿光年更大。没有什么可以比光传播的速度更快，因此就宇宙年龄是 137.5 亿年来看，宇宙目前的尺度看似不可能。

这并不矛盾。宇宙作为一个整体，比在其有限生命中的一个信号传播的距离尺度大，其原因在于宇宙曾经经历膨胀的阶段。广义相对论在理解该现象时起到了重要作用。其方程告诉了我们膨胀的时空结构。我们可以观测宇宙中相隔很远的位置，即使它们并不能看见彼此。

鉴于光速有限，宇宙的年龄有限，这一节将我们带到有限的观测区域的边界。可见宇宙是指我们的望远镜所能达到的地方。然而宇宙的尺度却不受制于我们的观测极限。与小尺度情形相似，在超过我们实验水平之上，我们只能猜想可能存在的东西。对我们能思考的最大尺度事物的唯一限制，是我们的想象力，以及猜想那些我们无望取得任何观测结果的结构时的耐心。

我们真的不知道视界（horizon，视界是我们所能观测到的宇宙边界）之后有什么东西。我们观测的极限使得在其之外的新奇与特异的现象成为可能。不同的结构、不同的维度，甚至不同的物理定律原则上可能存在，只要它们没有与我们所观测到的东西发生矛盾。但这并不意味着每一种可能性都存在于自然之中，就像我的天体物理学同事麦克斯·泰格马克（Max Tegmark）的观点那般。然而，这却意味着可能性的多样化。

我们还不知道额外维度或者另外的宇宙是否存在。我们甚至不能肯定地说宇宙作为一个整体是有限的还是无限的，尽管很多人倾向于后者。测量没有显示出任何它的边界，但是测量只能达到那么远。从原则上说，宇宙可能有限或者甚至会具有类似球体或者气球的形状，但目前理论与实验都没有给我们提供任何该方向的线索。

绝大多数物理学家宁愿不去想那么多关于可见宇宙区域之外的东西，因为我们不太可能可以想象出来那里所存在的东西。然而，引力或者量子引力的理论为我们提供了数学工具，我们至少可以思考那里可能具备的几何。基于空间额外维度的理论方法与想法，物理学家有时会思考其他奇异的宇宙，在我们宇宙的一生之中它们或者与我们没有交流，或者仅仅通过引力来相互作用。如第 18 章介绍的，弦理论学家和其他人猜想存在多重宇宙，它包含许多不连通的独立宇宙，它们与弦理论的方程相容。有时将这些想法与人择原理结合起来，可以得出可能存在的多个宇宙的丰富结构。有人甚至试图寻找将来这种多重宇宙的可观测信号。如第 17 章介绍的，在一种不同的情景中，两个膜的"多重宇宙"也许可以帮助我们理解粒子物理学的方程，并给出可以观测的结果。绝大多数的额外宇宙，尽管可以想象它们的存在，但在我们可以预见的未来，也只能停留在实验可以检验的范围之外。它们将继续作为一些理论抽象出来的可能性而存在。

大爆炸

现在我们的冒险已经到达最大尺度了——我们在可观测宇宙

的意义上进行观测或者讨论的范围，并一直达到我们所能看到的、所能想象的极限位置。我们探索了宇宙如何随时间演化，并最终呈现今日之貌。大爆炸理论告诉我们，宇宙在它137.5亿年的生命中是如何从一个很小的规模增长到现在的疆域——1 000亿光年的宽度。著名天文学家弗雷德·霍伊尔（Fred Hoyle）开玩笑并且怀疑地以"最初的爆炸"为该理论命名，它从一团炽热密集的气体开始，扩展成为今天所见的大规模的恒星和结构——宇宙不停地增长，物质变得稀薄，然后逐渐冷凝。

我们显然不知道的一件事情是：**最初是什么导致了宇宙的爆炸以及它是如何发生的，我们甚至不知道宇宙最初所拥有的严格尺度是多少。**尽管我们对宇宙后来的演化有所了解，可是它的起点仍然隐藏在迷雾中。无论如何，虽然大爆炸理论没有告诉我们宇宙初始时刻的所有事情，但它仍然是一个成功的理论，它告诉了我们宇宙接下来的历史。目前的观测与大爆炸理论为我们提供了很多关于宇宙如何演化的信息。

20世纪之前，人们并不知道宇宙正在扩张。当爱德温·哈勃率先凝视天空时，人们还一无所知。哈罗·沙普利（Harlow Shapley）首先测得银河系的尺度为30万光年，但他很确信银河系就是宇宙的唯一。到了20世纪20年代，哈勃发现了一些星云，沙普利认为它们是由尘埃组成的云团（因此有了"星云"这个平凡之名），事实上它们却是星系，不过是在几百万光年之外。

在确认了这些星系之后，哈勃作出了他的第二个惊人发现——宇宙正在膨胀。1929年，他观测到星系的红移，也就是说这里存在一个多普勒效应，距离越远的物体，其光波会向波长越长的方向移动。红移现象证明了星系在远离我们而去，这与救护车远离我们时，它尖锐的警报声频率降低的效果类似（见图19-2）。哈勃所确认的星系相对我们的位置不是静止的，而是都朝着远离我们的方向运动。这是一个证明我们的宇宙在膨胀的证据，在此情况下，星系之间的距离越来越大。

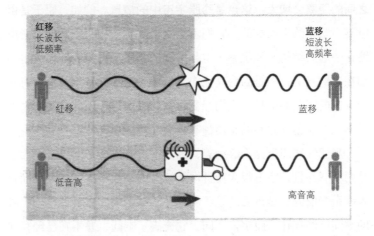

图 19-2
从远离我们的物体传来的光线，光的频率变低或者说光谱向红端移动；而从靠近我们的物体传来的光线 ❶，光的频率变高或者说蓝移（blue shift）。这与从一个警报器传来的响声相似——当救护车离开时音高变低，而当它靠近时音高变高。

宇宙的膨胀与我们可能首先想到的图像是不同的，因为宇宙并不是在原本就存在的空间中扩展。宇宙就是所有的存在。没有任何东西可以让宇宙在其里面膨胀，宇宙与空间本身一起膨胀。随着时间流逝，它里面的任意两点分离得越来越远。其他星系远离我们而去，但是我们的位置并不特殊，它也会移动，与其他星系彼此远离。

想象宇宙是一个气球的表面。假设你在气球表面标记两点。随着气球胀大，表面拉伸开来，这两点也随之远离（见图 19-3）。事实上，当宇宙膨胀时，其中任意两点的情况与此相似。两点或者说两个星系之间的距离增加。

图 19-3
"气球宇宙"展现了当气球膨胀时，气球上的标记点如何彼此远离。

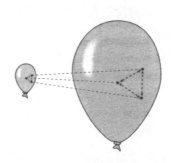

----

❶ 原文为 "moving away"，有误，译者认为应该是靠近（moving towards）。——译者注

注意，在我们的类比中，气球上的点并不会扩大，只是它们之间的距离会增大。这也是膨胀宇宙中的情景。例如，原子是由电磁力紧紧约束而成的，它们不会变得更大。相对密集的紧紧束缚在一起的结构（如星系）也是一样。驱使宇宙膨胀的作用也施加在它们身上，但是因为其他作用的效力还在，星系本身没有随着宇宙的膨胀而增长。它们经受很强的吸引力，因此其尺度会保持不变，而相互之间的距离越来越大。

当然气球的类比不够完美，因为宇宙有三个空间维度，而不是两个。并且，宇宙很大而且可能无穷大，而不像气球很小而且表面是弯曲的。最重要的是，气球处于宇宙中并且气球向外扩展的空间已经存在。而宇宙不同，它充满了空间，并不在已经存在的东西内部扩展。尽管有此区别，气球表面是空间扩展的一个很好的示意，特别是每一个点同时彼此远离。

气球的类比（现在指的是其内部）也对理解宇宙如何从初始的一团炽热火球冷凝下来很有帮助。想象一下一个极端炽热的气球，假如你允许它膨胀到一个很大的尺度。虽然开始它可能太烫很难握在手中，但是一旦膨胀，它里面的气体就会变凉，不久之后再触碰它就不难了。大爆炸理论预言：最初炽热、致密的宇宙不断膨胀，因而同时它也不断地冷却了下来。

事实上，爱因斯坦曾经从广义相对论方程推导出宇宙正在膨胀这个结论。然而，那时没有人能测量到宇宙的膨胀，因此他本人也不相信这个预测。爱因斯坦引入一种新的能量来源，试图修改他的理论以给出静态宇宙。在哈勃的测量之后，爱因斯坦放弃了他开始所做的这种修正，并称之为"他最大的错误"。然而这种修正并非完全错误。我们将很快看到最近有测量显示，爱因斯坦所增加的宇宙学常数项事实上对最近的观测很有必要，尽管所测量到的对近来确认的加速膨胀负有责任的数值，比爱因斯坦所提的数字大了一个数量级。

宇宙膨胀是一个"自上而下"与"自下而上"两种物理方法汇合的很好例子。爱因斯坦的引力理论预示了宇宙的膨胀，然而只有当膨胀被发现了，物理学家才确信他们的研究步入正轨。

今天我们将决定当前宇宙膨胀速度的一个数值定义为哈勃常数（Hubble constant）。从"空间任何一个部分的膨胀都相同"这个意义上讲，它确实是一个常数。然而，哈勃这个参数却不是时间的常数。在更早时期，当宇宙还是炽热、致密的状态时，它膨胀的速度快得多。

精确测量哈勃常数是很困难的，因为我们面临的是前面提到的将过去和现在的纠缠解开的问题。我们需要知道红移的星系有多远，因为红移量依赖于哈勃参数与距离。测量的不精确是本章开头所提的宇宙年龄相差了两倍的原因。如果哈勃参数测量相差两倍，那么宇宙年龄也一样会差两倍。

这个矛盾现在基本已经解决了。哈勃参数已经由史密松森天体物理台（SAO）的温迪·弗里德曼（Wendy Freedman）与她的同事以及其他人测量，膨胀速度对 100 万光年以外的星系来说大约是每秒 22 公里。基于这个数值，我们现在知道宇宙的年龄大约是 137.5 亿年，上下可能有 2 亿年的误差，但绝对不会相差两倍。虽然这听起来可能还是有许多不确定性，但这个范围对于我们目前的理解来说已经小到不会造成什么太大的差别了。

另外两个关键的观测与预测相符得很好，进而确定了大爆炸理论。一种测量依赖于粒子物理学和广义相对论，进而成为这两种理论的确据，即宇宙中各种元素的密度，比如氢和锂。大爆炸预言的这些元素的数量与测量相一致。在某种意义上来说，这是间接证据，需要用基于核物理和宇宙学的具体计算来给出这些数值。即使如此，除非物理学家和天文学家已经走在正确的道路上，各种不同元素的丰度在理论和测量上的一致性并不太可能只是一种巧合。

1964 年，美国的罗伯特·威尔逊（Robert Wilson）与出生于德国的阿诺·彭齐亚斯（Arno Penzias）偶然发现了 2.7K 微波背景辐射，后来证实了大爆炸理论。从温度的角度来看，没有什么东西比绝对零度还冷，即开尔文单位制的 0 度。宇宙辐射温度比绝对零度高了不到 3K。

威尔逊与彭齐亚斯的合作与冒险（因此他们在 1978 年获得了诺贝尔奖），是科学与技术琴瑟和鸣取得举世瞩目成就的一个实例。回到 AT&T 还是电信寡头的年代，AT&T 做了一件了不起的事情——创建贝尔实验室，它为纯理论与应用的并肩发展提供了一个卓越的研究环境。

作为电子技术方面的极客，颇具远见的威尔逊与彭齐亚斯，都在贝尔实验室工作过，他们一起使用和完善了射电望远镜。威尔逊与彭齐亚斯都对科学与技术感兴趣，而 AT&T 也对通信业有着相当的兴趣，天空中的射电波对每一个相关的人来说，都很重要。

在追寻射电天文学的一个具体目标时，威尔逊与彭齐亚斯发现了他们起初无法解释，并认为神秘的讨厌东西。它看似一种均匀的背景噪声——本质上是静态的。它不是从太阳来的，也与之前的核实验无关。他们尝试了每一种他们能想到的解释方法，包括著名的鸽子粪，耗时 9 个月，努力找寻答案。在考虑了所有可以想象的可能性之后，清理了鸽子粪（或者彭齐亚斯所称的"白色介电材料"），甚至射杀了鸽子之后，噪声依然存在。

威尔逊告诉我他们有多幸运，巧就巧在他们发现的时间点。他们并不知道大爆炸理论，但是普林斯顿大学的罗伯特·迪克（Robert Dicke）与吉姆·皮泊斯（Jim Peebles）却知道。那里的物理学家刚刚意识到该理论的一个弦外之音就是，它将产生一个微波波段的辐射的残余。这些物理学家正试图设计一个实验来测量这个辐射，而他们却发现该辐射已经被发布了——贝尔实验室的科学家已经找到了它，只是还不知道发现的是什么。威尔逊与彭齐亚斯很走运，威尔逊对我说，麻省理工学院的天文学家伯尼·伯克（Bernie Burke）就像那个时代的网络，既知道普林斯顿的研究，又知道威尔逊与彭齐亚斯的发现。伯克把两者结合起来，使得相关的科研人员之间取得了联系并带来了丰硕的成果。

这也是一个科学采取行动的成功案例。研究本身是出于具体的科学目的，而该目的也带来了额外的技术和科学成就。天文学家并没有在寻找他们所发现的东西，但是其技术和科学技能娴熟。当发现新东西时，他们知道不能错过它。虽然开始寻求的是小现象的研究，但是结果却导致了有着深刻内涵的巨大发现，他们能有所发现是因为他们与其他人都同时在思考一幅大图景。虽然贝尔实验室科学家的发现是偶然的，但它却永远改变了宇宙学的进程。

宇宙辐射被证明是一个非常强大的工具，不仅证实了大爆炸理论，同时也将宇宙学转变成了一门具体的科学。宇宙微波背景（cosmic microwave background, CMB）辐射为我们提供了一种观测过去的不同方法，它不同于传统天文学测量的方法。

以前，天文学家观测太空中的物体时，试图确定它们的年龄，尝试推断它们的演化史。在宇宙微波背景中，科学家可以直接看向过去，甚至达到诸如恒星与星系等结构形成之前。他们所观测到的光线来自很早以前——宇宙演化的早期。当微波背景被发射出来之时，宇宙仅有现在规模的千分之一。

虽然宇宙最初充满了各种粒子（带电的与不带电的），一旦它冷却下来，在其演化的 40 万年之后，带电粒子组合形成中性原子。一旦发生这个结合，光线就不再被散射。地面上或者卫星上的望远镜所观测到的宇宙微波背景辐射（既没有被隐藏也没有被阻隔），直接来自宇宙演化之后的大约 40 万年的那一刻。威尔逊与彭齐亚斯发现的背景辐射与宇宙历史早期的辐射相同，但是它已经在宇宙膨胀的过程中被稀释和冷却了。望远镜所搜集到的辐射在它们传播的路途中，并没有被任何中介的带电粒子散射和阻隔。这些光线为我们提供了观测过去的直接和精确的视窗。

宇宙微波背景探测器（Cosmic Microwave Background Explorer, CMBE）是一个 1989 年发射的、为期 4 年的卫星任务。它在测量背景辐射时非常准确，该任务的科学家发现他们的测量与理论预测的相符程度高达千分之一。但是宇宙微波背景探测器也测量其他新东西。到目前为止，宇宙微波背景探测器测量到的最有意思的事情，是天空温度微小的非均匀性。虽然宇宙极其均匀光滑，但是微小的非均匀性在早期宇宙小于万分之一的级别上增长起来，变得越来越大，并对结构的形成起着至关重要的作用。这种非均匀性来源于微小的距离尺度，但是被拉伸到可以与天文测量和结构相比拟的尺度。引力造成了致密的区域——那些微扰特别大的地方，变成高度集中以至于形成我们现在观测到的致密物体。恒星、星系与星系团都是这些初始的微小量子力学涨落与引力演化的结果。

微波背景测量对于我们理解宇宙的演化不可或缺，它的作用就好像一扇直接朝着早期宇宙打开的窗户。近来，与一些传统方法相结合，宇宙微波背景测量为科学实验提供了另外几个神秘现象——宇宙暴胀、暗物质与暗能量的洞见，我们将在后文介绍。

20

君之须弥，我之芥子
KNOCKING ON HEAVEN'S DOOR

当我还在麻省理工学院当教授时，物理系三楼已经没有多余办公室给粒子物理学家了。因此我搬到二楼阿兰·古斯（Alan Guth）办公室旁边的一间专门接待理论天文学家和宇宙学家的开放办公室中。虽然阿兰最早从事的是粒子物理学研究，但是他现在却是最优秀的宇宙学家之一。在我换办公室时，我已经对粒子物理学与宇宙学之间的联系展开了一些探索。当你的邻居和你有着相同的兴趣时，继续开展这样的研究会容易得多。而这些相同的兴趣还包括他与你一样，办公室也是乱糟糟的，你会觉得到他的办公室就好像到家里一样舒服。

许多粒子物理学家则迈得比一层楼远得多了，他们已经穿越到了各种不同的科研领域中。全球生物技术产生巨擘生物基因爱迪克公司（Biogen Idec）的创始人之一沃利·吉尔伯特（Wally Gilbert），也是粒子物理学家出身，但他后来转到生物学领域，而他获得诺贝尔奖的原因却是化学研究。许多粒子物理学出身的人也追随他的脚步转行到生物学领域。另一方面，我的许多研究生离开粒子物理学领域后去了华尔街做宽客（quant）❶，他们能为

---

❶ Quant 是 "量化（分析师）"（Quantitative [analyst]）的简称，网络上有时会用一个音近的词 "矿工" 来代替。——译者注

将来的市场变化做分析投注。他们只是选择了正确的时间采取这样的行动，因为用新的金融工具来对冲这种投注刚好适时地发展了起来。在转向生物学领域的过程中，一些思考和组织问题的方法可以平移过去；而在转向金融的过程中，一些方法和方程也是一样的。

粒子物理学与宇宙学的交叉比上面所说的两种情况更深刻、更丰富。一个对于宇宙在不同尺度上的更细致观察，为小尺度上的基本粒子与大尺度上的宇宙建立了许多联系。毕竟宇宙是独一无二的，它包含了一切。粒子物理学家看向物质的内部时，他们询问物质核心的基本物质组成是什么类型；而宇宙学家看向物质的外部时，他们思考世界的外部是什么、它们是怎样演化出来的。宇宙的奥秘（主要是它由什么组成）对于宇宙学家和粒子物理学家都一样重要。

两种研究人员都探索基本结构、应用基本的物理定律。每一方都要考虑另一方的研究成果。粒子物理学家所研究的宇宙成分也是宇宙学家的一个重要研究方向。更进一步地，将广义相对论与粒子物理学结合起来的自然定律描述了宇宙的演化，因为两种理论都正确而且都适用于宇宙。同时，弄清宇宙的演化可以限制存在于宇宙中的物质的性质，避免那些与观测到的历史相违背的假设。宇宙从某种意义上说，是第一个也是最强有力的粒子加速器。在其演化的早期，宇宙的能量与温度都非常高，今天加速器可以达到的高能量就是为了能在地球上重现宇宙当时的一些条件。

近几年各种研究兴趣都不约而同地汇聚到一起，产生了许多研究硕果并引发了对将来工作的启示，而这种势头还将持续下去。本章思考的是一些宇宙学中的重大问题，它们令宇宙学家和粒子物理学家一起来探索。这些交叉领域包括：宇宙暴胀、暗物质以及暗能量。我们将考虑这些现象中我们所知道的方面（更重要的是抛砖引玉），以及那些我们未知的方面。

宇宙暴胀理论

即使还不能知道宇宙最初发生了什么，由于需要一个包容性很强的理论来涵盖量子力学与引力，我们也可以相当确定地断言在非常早的时期（也许在宇宙开始演化的前 10^{-39} 秒），一个被称为"宇宙暴胀"的现象开始了。

1980 年，阿兰·古斯率先提议这种情景，他认为非常早期的宇宙必不可少地经历了向外爆炸式的扩张。有趣的是，他最初试图解决的是一个粒子物理学问题，其涉及大统一理论的宇宙学效应。由于具有粒子物理学背景，阿兰所采用的方法根源于场论——将狭义相对论与量子力学结合起来的理论，粒子物理学家都采用该理论来做计算。他却推导出了一个全新的理论，革新了我们关于宇宙学的思考方法。暴胀是如何以及何时产生的仍处于猜想阶段，但是在这种爆炸式扩张驱动之下的宇宙应该留下清晰的证据，而许多证据现在已经被找到。

在标准的大爆炸情景中，早期宇宙的增长是温和而平稳的，例如，随着它的年龄增长 4 倍，它的尺度会翻倍。但是在一个暴胀时期，空间经受了令人难以置信的迅速膨胀期——随着时间增长，空间尺度以指数增长。宇宙在给定的一段时间内尺度翻倍，然后在同样的时间段尺度再翻倍，并且在后续的至少 90 个这样的时间区域上持续翻倍 90 次 ❶，一直到暴胀期结束，而当时的宇宙已经如我们今天所见到的一样均匀了。这种指数增长的膨胀意

----

❶ 也就是说尺度增大了 $2^{90} \sim 10^{27}$ 倍（比印度舍罕王棋盘上的麦粒 $2^{64} \sim 10^{19}$ 还要多）。——译者注

味着如果宇宙的年龄增长 60 倍，宇宙的尺度就会增长一万亿亿亿亿倍。而没有暴胀，尺度只会是原来的 8 倍。在某种意义上讲，暴胀是这个从小到大演化故事的起源，它至少是我们可以有机会通过观测来理解的部分。初始巨大暴胀式的扩张会将组成宇宙的物质和辐射稀释到几乎为零。因此我们现今所观测到的宇宙的一切必定来自于暴胀之后，驱动暴胀的能量重新转化成物质和辐射。在该时间点上，传统的大爆炸演化才开始掌权，而宇宙开始了它的进一步膨胀，直到今天给出我们所见的结构。

宇宙暴胀

该理论认为，宇宙初期经历了一个暴胀时期，其速度非常快，使得宇宙的尺度在极短的时间内增大了几十个数量级。

我们可以将暴胀想成是"爆炸"，根据传统大爆炸理论，它是宇宙演化的前锋，它不是真正的开端。我们其实不知道量子引力起作用时发生了什么，但它标志着大爆炸的演化阶段开始——物质开始冷却以及最终聚合起来。

暴胀也部分地回答了为何"存在一些事物"而非"任何事物都不存在"。巨大能量密度中的一部分储存在暴胀中，其按照 $E = mc^2$ 公式转化成物质，这些物质后来演化成我们今天看到的物质。在本章结尾时我会提到，物理学家仍希望知道为什么宇宙中的物质比反物质多得多。但是不管对此问题的解答如何，根据大爆炸理论的预测，我们知道的物质在宇宙暴胀结束之后就立即开始演化了。

暴胀是一个"自下而上"的理论。它解决了传统大爆炸理论中的重要问题，但只有很少人相信有关它是如何出现的任何模型。目前，还没有令人信服的高能理论能明显蕴含暴胀理论。因为建立一个可信的模型实在是太具有挑战意味，所以许多物理学家（包括那些当我还是研究生时就已经在哈佛大学做研究的人）怀疑这种想法。另一方面，在斯坦福大学任教的俄裔美籍物理学家安德烈·林德（Andrei Linde），是最早从事暴胀理论研究的人员之一，他认为暴胀理论必然是正确的，仅仅因为迄今为止还没有人能发现其他任何可以解决宇宙尺度、形状与均匀性的理论，而暴胀理论都能给出解释。

暴胀是一个关于真与美连接或其缺乏连接的有趣实例。宇宙的指数级增长优美而简洁地解释了许多有关宇宙演化的现象，而在理论上研究那些可以自然导出指数级增长的模型又不怎么优美。然而最近，绝大多数物理学家，即使还不满足于大多数模型，也开始相信暴胀理论或者某些类似于暴胀的理论。近几年的观测已经明确了大爆炸宇宙学图像的早期呈现暴胀。许多物理学家现在相信大爆炸演化和暴胀都发生了，因为基于这些理论的预测已经得到了可观的精确鉴定。暴胀理论背后的真实模型还没有得到解决，但是目前指数级增长已经得到了很多证据支持。

宇宙暴胀的一种证据与偏离完全均匀性有关，它由第 19 章介绍的宇宙微波背景辐射给出。背景辐射可以告诉我们的不仅仅是大爆炸。它的美在于，它本质上是宇宙非常早期（比恒星的形成更早）的一张快照，让我们可以直接回顾到宇宙仍然光滑的初始结构。宇宙微波背景测量也揭示了一些与完全均匀性的偏离。暴胀预言了该偏离，由于量子涨落使得暴胀在宇宙不同区域结束的时间有些许差别，因此造就了对于绝对均匀的微小偏差。设置在卫星上的威尔金森微波各向异性探测器（Wilkinson Microwave Anisotropy Probe, WMAP），它以开创了此项目的普林斯顿物理学家大卫·威尔金森（David Wilkinson）命名。它作出了细致的测量，使得暴胀的预测可以与其他可能性区分开来。尽管暴胀发生在很久以前，那时宇宙的温度极高，基于暴胀宇宙学的理论却预言了温度变化规律的精确统计性质，它在今天的天空上印刻下了辐射的图像。威尔金森微波各向异性探测器测量在温度与能量密度上微小的非均匀性，它比以往的探测的精度更高，角度范围更小。测量得到的图案与暴胀理论的预期一致。

威尔金森微波各向异性探测器提供给的关于暴胀的主要确证是关于宇宙极端平坦性的测量结果。爱因斯坦告诉我们，空间可以是弯曲的（见图20-1中的弯曲二维表面）。曲率由宇宙的能量密度决定。当暴胀最早被提出时，宇宙被认为膨胀得太快以至于任何曲率都会被消耗殆尽，然而那时的测量精度远不能检验暴胀的预言。微波背景测量现在证明，宇宙在1%的精度上是平坦的，如果没有一个基本的物理解释，那这一点令人难以置信。

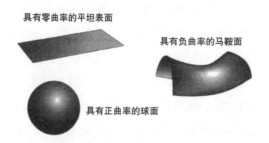

具有零曲率的平坦表面

具有负曲率的马鞍面

具有正曲率的球面

图 20-1

具有零、正、负曲率二维表面。宇宙也可以是弯曲的，但它具有四维时空，很难画在图上。

宇宙的平坦性是暴胀宇宙学取得的一个巨大胜利。如果宇宙不是那么平坦的，那么暴胀理论就已经被否决了。威尔金森微波各向异性探测器测量也是科学史上的一次胜利。当理论物理学家首先提出具体测量微波背景的方案——即最终可以告诉我们宇宙几何的方法，每一个人都认为它的趣味性足够引起科学界的注意，然而在短期内要获得成果从技术上讲太困难了。10 年间，伴随着对所有期望的困惑，观测宇宙学家终于作出了必要的测量，并且提供给了我们宇宙如何演化的惊人启示。威尔金森微波各向异性探测器仍将提供新的结果，对全天温度变化展开细致的测量。而现在运行的普朗克卫星正在以更高精度测量这些量子涨落。宇宙微波背景的测量已经被证明是我们洞察早期宇宙的主要资源，而且它还将继续测量下去。

近来宇宙学家细致地研究了全天遗留的宇宙辐射，使得我们对宇宙及其演化的量化知识发生了又一次巨大的跳跃。辐射的细节已经提供了关于我们周遭的物质与能量的丰富信息。宇宙微波背景除了告诉我们光线开始向我们发射的条件，还告诉我们光线所穿越的宇宙信息。假如宇宙在过去 137.5 亿年有所改变，或者它的能量与我们所期望的不同，那么相对论告诉我们，它会影响光线所走的路线，并且影响所测到的辐射的结果。因为它是一个十分敏感的宇宙能量探针，微波背景向我们提供了宇宙组成的信息。这些组成还包括我们接下来要介绍的暗物质与暗能量。

暗黑之心

宇宙微波背景除了成功地确证了暴胀理论，它的测量还呈现给宇宙学家、天文学家和粒子物理学家几个主要的谜题。**暴胀告诉我们，宇宙应该是平坦的，但它没有告诉我们使宇宙平坦的能量在哪里。**不管怎样，基于广义相对论的爱因斯坦方程，我们可以计算出使宇宙平坦的能量，然而已知的可见物质只提供了所需能量的 4%。

另一个谜题是，能够解释对宇宙微波背景探测器测量的温度与密度的微小涨落的新事物。只有可见物质以及如此微小的扰动，宇宙不可能得以坚持如此长时间，并使这些扰动可以增长得如此巨大以至于足够产生现在的结构。星系、星系团与测量到的微小涨落联合起来共同指向一种人类所未见的物质存在方式。

事实上，远在宇宙微波背景探测器微波背景结果出来之前，科学家已经知道新的被称为暗物质的物质类型应该存在。我们即将介绍的其他观测已经暗示了另一种不可见物质必然存在。这种神秘物质，现在被称作暗物质，通过引力相互作用，但是与光没有相互作用。因为它既不发射光也不吸收光，它是不可见的而并非是暗的。暗物质（我们还将使用这个名称）目前除了引力效应（并且还很弱），没有其他可以触及它本质的性质特征。

更有甚者，引力效应和测量显示，存在一种比暗物质还要更神秘的物质，我们称其为暗能量。这种能量弥漫在整个宇宙中，但是又不像一般的物质可以塌缩成团或者当扩张时变得稀薄。它很像使暴胀停止的能量，但是它今天的密度也比那时低了许多。

虽然我们正活在一个宇宙学复兴时期，理论与观测已经发展到可以精确检验一个想法的程度，但是我们也同样生活在一个暗黑年代。大约 23% 的宇宙能量是暗物质，另外 73% 是神秘的暗能量（见图 20-2）。

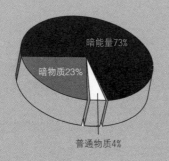

暗能量73%

暗物质23%

普通物质4%

图 20-2
宇宙组成中普通物质、暗物质与暗能量的比例。

上一次物理中出现一个被冠以"暗"字的东西还是在 19 世纪中期。当时，法国的勒维耶（Urbain Jean Joseph Le Verrier）提出，有一个不可见的暗星球，并将其称为瓦肯星（Vulcan）。勒维耶的目标是解释水星的奇特轨道。勒维耶与英国的约翰·亚当斯（John C. Adams）此前曾经用海王星对天王星的影响推导出海王星的存在。然而对于水星的考虑，勒维耶完全错了。水星那奇异轨道的原因比存在另一个行星更令人激动。该解释只有在爱因斯坦建立相对论理论之后才被找到。事实上，广义相对论的第一个证据就是它可以正确预测水星的轨道。

暗物质与暗能量可能是一些已知理论的结果。但是也可能这些宇宙失落的元素预示了重大的图景转变。只有时间能告诉我们什么样的选择将解决暗物质与暗能量的问题。

即使如此，我还是认为暗物质很可能有更多的传统解释，与我们现在所知的物理定律相容。**即使新物质按照我们所熟知的力的定律来相互作用，为什么所有物质都会呈现出与我们熟悉的普通物质一样的性质呢？简而言之，为什么所有物质都会与光有相互作用呢？**如果说科学史曾经给过我们何种启示，那么相信"所见即所得"这种想法就是极其短视的。

许多人却不这样认为。他们发现暗物质的存在非常神秘，并疑问：怎么可能绝大多数物质（是我们所能见到的物质的 6 倍）是我们无法用常规的望远镜观测到的？某些人甚至怀疑暗物质只是某种错误观念。我个人认为恰恰相反（虽然我承认不是全部的物理学家都能这样看待）。如果我们能看到的竟然是所有存在的物质，那么这可能更加令人吃惊。为什么我们就偏偏有最完美的感官来直接观测到一切的事物呢？并且物理学几个世纪的教训告诉我们：有多少东西曾被隐藏而未被人类所看见。从这个角度看，为什么我们所知道的物质竟然占据了所有物质能量的 1/6 之多？这是一个巧合吗？目前我和同事正努力想要理解这一点。

我们知道，有些具有暗物质特性的东西必须存在。虽然我们没有严格"看见"它，却探测到了暗物质的引力效应。我们知道暗物质存在，因为不断拓展的观测证据表明它的引力效应存在于宇宙中。其存在性的第一个线索来自星系团中恒星的转动速度。1933 年，弗里茨·兹威基（Fritz Zwicky）观测到星系团中的星系转动的速度比星系中只有可见质量造成的转动要快。很快，奥尔特（Jan Oort）观测到银河系也有类似的现象。兹威基很相信他的工作，他猜想宇宙中存在人们无法直接看到的暗物质。但是这两个观测结果并不是确凿无疑的。一个错误的测量或者一些其他星系的动力学看似更可能对此作出合理的解释，这比一些创造出来仅仅为了提供更多引力效应的不可见物质更合理。

在兹威基做此测量时，他还没有足够的分辨率来看到单个的星体。更多有关暗物质的坚实证据来自观测天文学家薇拉·鲁宾（Vera Rubin），20世纪60年代末70年代初，鲁宾对星系中的恒星转动做了非常细致的定量测量。起初看似无聊的研究结果，第一次作为暗物质存在的坚实证据出现。而鲁宾的研究在当时与其他天文学活动相比，属于鲜少有人问津的领域。鲁宾与肯特·福特（Kent Ford）的观测为兹威基早年的结论提供了确凿的证据。

你也许会好奇，人们如何通过望远镜来看到暗的东西。答案是，它可以看到这些物质的引力效应。星系的性质，例如它里面的恒星的转动速率，是由星系所含的物质决定的。如果只有可见物质，那么人们将认为，位于星系外围的恒星对星系引力的敏感程度会降低。然而，与位于中心附近的亮物质相比，远上10倍的恒星，仍然以与靠近中心的恒星一样的速度转动。这意味着质量密度并没有随着距离的增加而降低，至少在从星系中心到发光物质10倍远的距离上并没有降低。天文学家因此认为，星系主要由不可见的暗物质组成。我们可以看见的明亮物质固然是一个相当可观的部分，但星系中绝大多数物质都是不可见的——至少从字面意义上说是这样。

我们现在有许多其他补充证据来证明暗物质的存在。一些最直接的证据来自透镜效应（见图20-3）。透镜效应是光线掠过一个质量巨大的物体时发生的现象。即使该物体本身不发光，它也对光线施加引力。引力会造成物体后面（从我们的角度来看）一个发光物体所发出的光线的弯曲。光线在不同方向的弯曲取决于它掠过暗黑物质的路径，透镜会在天空呈现原始物体的多个镜像。通过推导使这些可见光弯曲所需的引力，这些镜像让我们可以"看见"暗黑物体或者至少暗示了它的存在和性质。

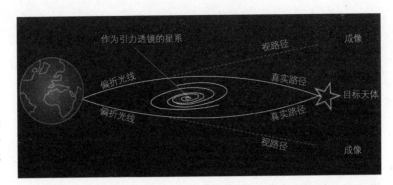

图 20-3

光线掠过一个重的物质时，会发生弯曲，从一个观测者的角度，出现了多个原始天体的像。

也许目前关于暗物质最强有力的证据（而非修改引力理论）解释了来自子弹星系团（Bullet cluster）的现象，它涉及两个星系团的碰撞（见图 20-4）。它们的碰撞证明，明星系团包含恒星、气体以及暗物质。星系团中的炽热气体强烈地相互作用，强到以至于气体始终聚集在碰撞的中心。而暗物质则不发生相互作用，至少作用不强。因此暗物质仅仅会彼此穿过。透镜测量显示，暗物质与炽热气体是分开的，模型给出的暗物质的相互作用非常弱，而普通物质的相互作用很强。

图 20-4

子弹星系团暗示，星系团中包含暗物质，它们的动力学不太可能被修正的引力定律解释。我们可以看到，当两个星系团碰撞时，两团强烈地相互作用的普通物质被困在中心，而相互作用弱得多的暗物质（通过引力透镜探测到的）则会明显地互相穿过，它们两者之间有一个分离。

我们还有暗物质存在进一步的证据，它来自前面提到的宇宙微波背景辐射。与透镜效应不同，辐射的测量没有告诉我们任何暗物质的分布。相反，它们告诉了我们暗物质的总能量组成（见图20-2）。

宇宙微波背景测量告诉了我们关于早期宇宙的大量信息，并给我们提供了有关它性质的很多细节。这些测量不是单为了暗物质而设的，它们也为暗能量的存在提供了证据。根据爱因斯坦的广义相对论方程，宇宙只能在拥有了正确的数额的能量时，才能是平坦的。物质（哪怕将暗物质也计算在内）仍然不够给出威尔金森微波各向异性探测器和气球探测器所观测到的平坦度。因此其他能量必须存在。暗能量是既解决了宇宙平坦性——三维空间没有可以观测到的曲率，又与目前所有其他观测相符的唯一方法。

暗能量占据了宇宙主体能量的大约70%，比暗物质更令人费解。让物理学界相信暗能量存在的证据是宇宙目前正加速膨胀的发现，类似于宇宙早期的暴胀但速度慢很多。在20世纪90年代，两个独立的研究组超新星宇宙学计划（Supernova Cosmology Project）和高红移超新星搜索队（High-z Supernova Team）发现，宇宙膨胀速度不是降低而实际上是在增加，这个发现令整个物理学界震惊。

在超新星测量之前，也有几个指向存在能量缺失的暗示，但这些证据都太弱了。20世纪90年代，精确测量显示远距离的超新星比预期的暗淡很多。因为特殊类型的超新星有相当均匀的和可预期的发光度，上述观测必须通过一种新的机制来解释。这种新机制就是宇宙的加速膨胀——即膨胀的速度越来越快。

加速度不可能来自普通物质，因其引力吸引将减缓宇宙的膨胀速度。而唯一的解释只能是宇宙的行为像暴胀时期的行为，只是能量比其在暴胀时期所具有的能量低了很多。这种加速度应该是源于某种类似于爱因斯坦曾经提出的宇宙学常数或者说暗能量。

与暗物质不同，暗能量对于其所处的环境施加负压。普通的正压将导致向内塌缩，而负压则导致向外加速膨胀。[1] 负压最明显的候选者（与迄今为止的测量相符）是爱因斯坦的宇宙学常数，代表了充满宇宙而物质中没有的能量和压强。暗能量是我们所使用的更一般的术语，它允许一种可能性——宇宙学常数所假设的能量与压强之间的关系不是完全正确而只是近似正确。

暗能量在宇宙能量中占主导地位。这更为显著，因为暗能量密度极小。暗能量在过去的几十亿年都起着主导作用。早期宇宙演化中，辐射和物质分别占主导地位，但两者在宇宙不断增大的体积中不断被稀释。然而即使宇宙在不断增大，暗能量却保持不变。当宇宙的寿命达到一定长度时，辐射与物质的能量密度已经降低得很厉害，暗能量由于没有被冲淡，终于占据了主导地位。尽管暗能量不可思议的小，最终它也变成了主导因素。在 100 亿年缓慢增长的膨胀中，暗能量的影响也最终积累起来而使得宇宙开始它的加速膨胀。最终宇宙将终止于空无一物的状态而只剩下真空能，并且它的膨胀还会相应地加速下去（见图 20-5）。这个温和的能量可能不会接管地球，但它却在逐渐地接管整个宇宙。

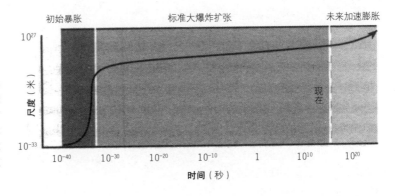

图 20-5

宇宙在不同时期的膨胀不同。在暴胀期，它按指数快速增长；暴胀结束后，传统的大爆炸式膨胀开始；暗能量现在又重新使膨胀速度加速增长。

能量、宇宙物质与暗物质谜题

研究暗能量与暗物质的必要性告诉我们，我们不能因为宇宙学理论与宇宙学数据的暗示惊人地相符，就沾沾自喜于我们对宇宙演化的理解。宇宙中绝大多数物质的本质还都是一个迷。20年后的人们可能会嘲笑我们今天的无知。

这些还不是由宇宙的能量引出的唯一谜题。特别是，暗能量的数值实际上是一个更大谜题的细枝末节：为什么充满了宇宙的能量如此小？暗能量的数量如果大一些的话，它就会在宇宙演化的更早时期取代物质与辐射的主导地位，而结构（以及生命）都不会有足够的时间来形成。最重要的是，没有人知道早期引发和提供了暴胀的巨大能量密度是从哪里来的。但是宇宙能量最大的问题是宇宙学常数问题。

基于量子力学，我们期望的是一个数值上大得多的暗能量，无论在暴胀期间还是现在。量子力学告诉我们真空（没有永恒的粒子的状态）实际上充满了转瞬即逝的粒子，它们随时可以产生和湮灭。这些寿命极短的粒子可以具有任何能量。它们有时能量大到其引力效应不能再被忽视。这些高能粒子向真空贡献了极高的能量——比经历了漫长演化的宇宙所允许的大得多。为了让宇宙看起来与我们所看到的相同，真空能的大小需要比量子力学所允许的数值惊人地小上 120 个数量级。

关于这个问题还有进一步的挑战。为什么我们恰好生活在物质、暗物质与暗能量可以相提并论的年代？暗能量比物质[1]的比例高，但是相差少于三倍。鉴于原则上能量有完全不同的起源，并且任何一方都曾经占据过主导地位，它们的密度现在却显得如此接近，这个事实非常不可思议。这个巧合的奇异性非常显著，因为它只有（粗略地说）在我们的时代，才发生了这样的巧合。

---

[1] 包括暗物质。——译者注

在宇宙更早时期，暗能量所占的比例非常小；而以后它所占的比例又将变得很大。只有现在这三个部分：普通物质、暗物质与暗能量的比例是相当的。

不过，为什么能量密度极小、为什么不同的能量来源贡献了比例相当的部分，这些问题目前完全没有解释。事实上，一些物理学家相信不存在真正的解释。他们认为我们生活的宇宙有如此令人难以置信的真空能，稍大一点就会阻止宇宙中星系与结构（包括人类在内）的形成。那么我们今天也不会存在于这里，在这里询问具有稍微大一点宇宙学常数的任何宇宙的能量值问题。那些物理学家相信有许多宇宙，而且每一个宇宙都具有不同的暗能量。在许多可能的宇宙中，只有能给出现有结构的这一个才可以创造出人类。该宇宙中的能量值超乎寻常得小，但是我们只能存在于恰好具有这么小能量值的宇宙中。它的原因就是我们在第 18 章考虑的人择原理。就像在第 18 章说过的，我并没有被说服。无论如何，我或者其他人都没有更好的解答。**暗能量的值可能是粒子物理学家和宇宙学家目前所面临的最主要的疑难。**

除了能量之谜，我们还有关于物质的一个更进一步的宇宙学疑难：为什么宇宙中会有物质？我们的问题源于物质与反物质有着相同的基础。物质与反物质在碰到对方时同时湮灭，两者都消失。当宇宙降温时，物质与反物质都不应该保留下来。

虽然暗物质的相互作用很微弱，因此可以在宇宙中飘荡，但是普通物质通过强相互作用力的相互作用却很强。如果没有对于标准模型的额外添加，几乎所有的普通物质都会在宇宙冷却到现在的温度时消失殆尽。物质可以存留下来的唯一原因是物质比反物质多了很多。我们的理论中最早没有这样的设定。我们需要找到质子存在而反质子不存在的原因。因此必须引入一种物质 - 反物质的不对称性。

剩下来的物质总量比暗物质的少，但它仍然是宇宙中可观的一部分，更不用说它还是我们所知和所爱的一切东西的来源。**何时、如何产生了物质 - 反物质的不对称性？**这是粒子物理学家与宇宙学家非常想要解决的另一个大问题。

当然，是什么组成了暗物质也是至关重要的一个问题。也许我们最终能发现将暗物质与物质密度相关联的基本模型，如同近来的一些研究所提议的。无论如何，我们希望可以尽快从实验了解更多有关暗物质的问题，这些实验是我们现在探索的一个样本。

21

暗黑世界的来访者
KNOCKING ON HEAVEN'S DOOR

大型强子对撞机的首席工程师林恩·埃文斯在 2010 年 1 月加州大型强子对撞机／暗物质会议中所做报告的结束语是，在过去的 20 年，"你们理论物理学家在暗黑（区）中瞎白忙活了一场"，以此来逗乐听众。他还顺便附加了一个说明，"现在我理解了为什么我过去花了 15 年来建造大型强子对撞机"。林恩的评语暗指在过去的年头里一直缺乏高能物理实验数据。但他也暗示了大型强子对撞机的发现有可能将暗物质显现出来。

粒子物理学与宇宙学存在许多联系，其中一个最令人好奇的方面是，暗物质也许可以在大型强子对撞机能探索到的能标上被制造出来。如果存在一种具有弱能标质量的稳定粒子，这种粒子从早期宇宙存留到今天，那么这种粒子刚好带有可以作为暗物质的等值能量。从最初炽热而渐渐冷却下来的宇宙中残留下来的暗物质，对它的计算有可能证明这个想法是正确的。这不仅意味着暗物质真实存在，其身份也可以得到证明。如果暗物质确实由这种弱能标质量的粒子组成，那大型强子对撞机也许不仅能提供有关粒子物理学问题的启示，也能解答一些与宇宙学有关的问题，如宇宙中存在的物质以及它们是如何形成的。

大型强子对撞机实验不是唯一研究暗物质的方法。物理学现在进入了一个有潜质的数据时代，不仅针对粒子物理学，也针对天文学与宇宙学。本章将介绍实验如何采取三管齐下的方式寻找暗物质（见图 21-1）。首先，探索为什么具有弱能标质量的暗物质粒子最受青睐。其次，探索如果这个假设正确，那么为什么大型强子对撞机可以制造和确认暗物质粒子。我们接着会考虑，为寻找暗物质粒子而量身定制的实验如何在它们到达地球时发现它们，并记录下它们微弱而又可以探测到的相互作用。最后，我们将考虑在地面上与在太空中的望远镜以及探测器的运作方式，它们如何寻找在空中湮灭的暗物质粒子的产物。

透明物质

我们知道暗物质的密度，它的温度低（也即它运动的速度相比光速而言很低），它的相互作用极其微弱，与光也没有明显的相互作用。暗物质可以说是透明的。暗物质的质量，它是否具有除引力之外的其他相互作用，它如何在早期宇宙中产生，这些我们都不知道。我们只知道暗物质的平均密度，在我们的星系中可能每立方厘米有一个质子质量的暗物质，或者在一个致密物体中该数值也可能为 1 000 万亿。两种情况都可以给出暗物质相同的平均密度，但两种情况都不能给出关于结构形成的任何信息。

因此，即使知道暗物质存在，我们也不知道暗物质的本质。它可以是小型黑洞或者来自额外维度。最可能的情况是，它仅仅是一种新型基本粒子，不具有标准模型的相互作用；它或许是一种稳定的电中性残留物质，会在一个即将被发现的弱能标物理理论中出现。即使的确如此，我们也想知道暗物质粒子的物理性质：质量、相互作用、它是不是一种更广泛的粒子族群的一员。

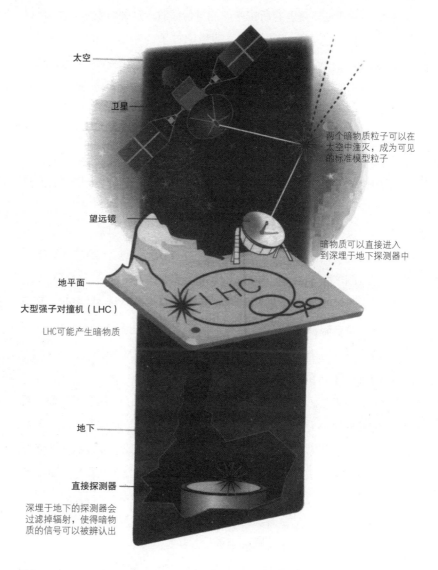

太空

卫星

两个暗物质粒子可以在
太空中湮灭，成为可见
的标准模型粒子

望远镜

暗物质可以直接进入
到深埋于地下探测器中

地平面

大型强子对撞机（LHC）

LHC可能产生暗物质

地下

直接探测器

深埋于地下的探测器会
过滤掉辐射，使得暗物
质的信号可以被辨认出

图 21-1

三管齐下搜寻暗物质。地下探测器主要寻找直接撞击靶核的暗物质；大型强子对撞机也可能
产生暗物质，因此可能在实验装置中留下证据；卫星和望远镜则可能发现由于太空中的暗物
质湮灭而产生可见物质的证据。

基本粒子这种解释受到人们青睐的一个原因是：上文所暗示的暗物质的丰度，它所携带的能量份额对于这种假设是一个支持。令人惊诧的一个事实是：一种稳定粒子的质量（根据 $E = mc^2$）如果处在大型强子对撞机将开始探索的弱能标的量级，那么它的残留密度也即宇宙中该粒子所携带的能量，恰好与暗物质处于同一区域。

这里的逻辑如下。随着宇宙的演化，温度将会下降。当宇宙处于炽热状态时，重的粒子曾一度丰富。随着宇宙冷却下来，这些粒子逐渐被消耗，因为低温状态的能量不足以产生它们。一旦温度下降得足够低，这些重粒子与其反粒子湮灭使得两者均消失，但是反过来的过程——即它们成对产生，却不再以一个可观的速度出现。因此，由于湮灭，随着宇宙冷却，重粒子的粒子数密度会急剧下降。

当然，为了湮灭，粒子与反粒子首先必须"兵戎相见"。❶但是当数目降低时，它们变得非常稀缺，湮灭也变得更困难。结果粒子湮灭也随着宇宙的演化变得更不可能，因为这要求至少两个粒子必须处在相同的位置。

结果是，弱能标粒子基本更稳定，可以存留到今天，而不像纯粹使用热力学所揭示的那样，原因就是从某时刻开始粒子与反粒子已经非常稀薄，它们不能相遇并湮灭。到如今还有多少粒子遗留下来取决于假定的暗物质候选者的质量与相互作用。如果物理学家能知道这些性质，那么我们就可以知道如何计算残留丰度。而令人困惑而又显著的事实是，剩余下来的稳定的弱能标粒子刚好给出了与暗物质一样的丰度。

我们既不知道粒子精确的质量，也不知道它们的相互作用（更不用说包含稳定粒子的模型），因而我们还不知道前面说到的数目是否有用。然而在浮出水面的两种截然不同现象的两个数据之间，这种偶然的一致性（虽然很粗糙）的确令人很困惑，

❶ 一些暗物质粒子是它们自己的反粒子，在此情形下，它们需要找到另一个相似的粒子。

但它又可能是弱尺度物理可以被用来解释宇宙中暗物质的一个信号。

　　广为人知的暗物质的候选者是一种被称为 WIMP 的粒子，其全称是大质量弱相互作用粒子（Weakly Interacting Massive Particle）。这里"弱"只起到描述的作用而不特指弱相互作用，大质量弱相互作用粒子可能具有的相互作用比标准模型中参与弱相互作用的中微子的作用还要更弱。如果没有关于暗物质及其性质更直接的证据（比如大型强子对撞机可以揭示的），那么我们就不能知道是否暗物质的确由大质量弱相互作用粒子组成。因此实验搜寻是我们接下来所关注的话题。

大型强子对撞机中的暗物质

　　宇宙学家很好奇弱能标上的物理以及大型强子对撞机可能发现的东西，产生暗物质是一种有趣的可能。大型强子对撞机的能量水平刚好能寻找大质量弱相互作用粒子。如果暗物质的确如计算所提议的由弱能标上的粒子组成，那么它也许能在大型强子对撞机中产生。

　　即便如此，暗物质粒子也不一定能被发现。毕竟，暗物质不怎么与其他物质发生相互作用。由于它们与标准模型物质的相互作用有限，暗物质粒子不能直接产生或者直接被探测到。即使产生了，它们也仅会穿过探测器。然而，不是所有的粒子都会逃掉（哪怕暗物质粒子将会逃掉）。关于等级问题的任何解释都包含除了标准模型的其他粒子——它们绝大多数具有的相互作用都很强。一些粒子可能产生得很多，接着它们可以衰变成暗物质粒子，进而带走无法测量到的动量和能量。

　　超对称模型是这一类型中研究得最透彻的弱能标模型，它自然包含一种切实可行的暗物质候选者。如果超对称在自然中存在，那么最轻的超对称粒子可能可以组成暗物质。这种不带电荷的最轻粒子，相互作用太弱以至于靠自己无法产生足够多的粒子来被发现。然而，胶微子（传递强相互作用力的胶子的超对称伙伴）和超夸克（夸克的超对称伙伴）假如存在，那么可以在正确的能标上产生。如第17章所介绍的，这些超对称粒子最终都会衰变成最轻的超对称粒子。因此，即使暗物质粒子不能直接被制造出来，其他激增的粒子也能够以可以观测到的速度产生出最轻的超对称粒子。

其他弱能标暗物质的情景如果有可以探测的效应的，基本上也需要以相同的方法产生以及被"测量"。暗物质粒子的质量应该大约在大型强子对撞机可以研究的弱能标。因为粒子微弱的相互作用强度使得它们不会直接被产生出来，但是许多模型都包含其他可以衰变成它们的新型粒子。由此，我们也许可以得知暗物质粒子的存在，并且通过它们带走的能量，还可能知道它们的质量。

若大型强子对撞机发现暗物质，这当然会是一个重大的成功。如果真的发现了，那么实验物理学家甚至可以研究它的具体性质。然而，要确信大型强子对撞机发现的粒子的确组成暗物质还需要附加的证据。它们也许可以由地面上的以及太空中探测器提供。

直接探测暗物质的实验

大型强子对撞机有制造暗物质的潜力这件事的确很吸引人，但是许多宇宙学实验不是在加速器中做的。**在地面与太空中的天文实验与暗物质搜寻，才是解释和推进我们对宇宙学问题理解的**

最主要手段。

当然，暗物质与普通物质的相互作用非常微弱，因此当前的寻找基于一个信仰——暗物质虽然几乎不可见，与已知物质（包括探测器也是由它们所造的）的作用微弱，但却不是没有作用。这并非仅仅是一个美好的愿望。它其实基于我们前面提到的关于残留密度的计算，该计算显示，如果暗物质与解释等级问题的模型相连，那么遗留下来的粒子密度恰好可以给出暗物质观测的解释。这种计算提议的许多大质量弱相互作用粒子暗物质候选者与标准模型粒子发生相互作用的速率，也许用目前的暗物质探测仪可以探测到。

即使如此，因为暗物质的微弱相互作用，这种搜寻需要使用地面上的巨型探测器或者非常灵敏的仪器，以在地面上或者太空中寻找暗物质作用、湮灭以及产生新粒子与反粒子的产物。如果你只买一张彩票的话，那么你很可能中不了奖，但是如果你可以买到超过一半的彩票，那么你的胜算将很高。类似地，许多大型探测器增加了寻找暗物质的概率，哪怕暗物质与探测器中的任何单一核子的相互作用极其微小。

对于暗物质探测器来说，一个巨大的挑战是检测中性（不带电）的暗物质粒子，而且还要将它们与宇宙射线或者其他背景辐射区分开来。不带电的粒子与探测器没有传统意义上的相互作用。暗物质穿过探测器的唯一踪迹将是当它撞击探测器中的核子时，使核子的能量发生一点点微小的改变。这是唯一可以观测到的效应，所以探测器除了寻找暗物质粒子通过时产生的微小热量或者反冲能量的证据之外，别无他法。因此探测器设计成要么温度极低要么非常灵敏，就是为了记录暗物质粒子反弹时的一点点热量或者能量沉积。

这种极冷装置被称为低温探测器（cryogenic detector），当暗物质粒子进入仪器时，它们可以探测其发出的很少量的热量。一个小额的热量进入已经很热的探测器中将很难被发现，但是如果进入的是经过特殊设计的很冷的探测器的话，情况则截然不同，极其微小的热量仍然可以被吸收和记录。低温探测器是采用诸如锗的晶体吸收器所制成的。这类型的实验包括：低温暗物质搜寻计划（Cryogenic Dark Matter Search, CDMS）、CRESST 与 EDELWEISS❶。

其他类型的直接探测实验涉及惰性液体（noble liquid）探测器。即使暗物质不直接与光发生作用，由于碰撞加入到氙（xenon）或者氩原子中的能量也会引起一种特征发光。有关氙的实验包括 XENON100 和 LUX❷，另一个惰性液体实验包括 ZEPLIN 计划 ❸ 与氩暗物质实验（ArDM）。

理论物理与实验物理学界的每一个人都盼望着知道这些实验的新结果将是怎样。2009 年，我有幸参加了在加州大学圣塔芭芭拉分校卡弗里理论物理研究所（KITP）召开的一次暗物质会议。两位领头的暗物质专家——道格拉斯·芬克拜纳（Douglas Finkbeiner）与尼尔·韦纳（Neal Weiner）也参与了会议。那时低温暗物质搜寻计划是最灵敏的暗物质探测实验之一，正要公布最新结果。除了同时作为个头很高的年轻一代且一起博士毕业于伯克利大学之外，他们还都对暗物质实验及其可能的含义有着深刻的理解。尼尔有更深的粒子物理学背景，而道格拉斯则做了更多天文物理的研究，但当暗物质的研究表明它涉猎这两个领域，最终两人的研究走到了一起。在会议上，他们搜集了这个领域的理论与实验上最前沿的专业知识。

----

❶ CRESST 指超导温度计探测稀有事件（Cryogenic Rare Event Search with Superconducting Thermometers）；EDELWEISS 指地下 WIMP 探测器（Expérience pour DEtecter Les Wimps En Site Souterrain）。——译者注

❷ XENON100 是 XENON 暗物质计划三期实验；LUX 指大型地下氙实验（Large Underground Xenon）。——译者注

❸ 最新的一期是 ZEPLIN-III 探测器。——译者注

我到达的那天上午有一个最精彩的报告。加州大学圣塔芭芭拉分校的哈利·尼尔森（Harry Nelson）教授介绍了低温暗物质搜寻计划的结果。你可能不理解为什么一个讲述老结果的报告会引人注意。原因是会议的每个人都知道三天以后该实验将公布新的数据。一些传言说，低温暗物质搜寻计划的科学家实际上看到了对于某个探索的令人信服的证据，因此每个人都想更好地理解该实验。许多年来理论物理学家一直在听说关于暗物质的探测，但主要是听说它们的结果，并且只对细节有肤浅的关注。但是在可以想象的即将出现的暗物质探测结果出来之前，理论物理学家很渴望了解更多。之前一个星期，结果公布了，却令对此抱有极大希望的听众非常失望。但是在哈利的报告期间，每个人都聚精会神。尽管有许多关于即将发表的结果的尖锐问题，他仍可以坚定地讲述他的报告。

　　因为那是一个时长两小时的非正式演讲，与会者可以根据理解的需要随时提问题。该报告很好地总结了听众——主要是粒子物理学家，可能会感到困惑的问题。哈利是粒子物理学家而不是天文学家出身，他讲的方式我们很受用。

　　在这些极其艰难的暗物质实验中，最折磨人的是这些细节。哈利将这一点表述得非常清楚。低温暗物质搜寻计划基于一种高端的低能标物理技术——往往更多地被凝聚态物理或者固态物理学家使用的那种技术。哈利告诉我们在参加到此项合作之前，他根本无法相信这种精巧的探测竟然可能奏效，并开玩笑地说，他的实验学同事应该庆幸他不是这项原始议案的评审。

低温暗物质搜寻计划的运行与闪烁氙（scintillating xenon）和碘化钠（sodium iodide）探测实验不同。它有一个材料为锗或者硅的曲棍球大小的部件，其顶端是一个精妙的记录装置，这是一个声子传感器。探测器在很低的温度下运作，温度介于超导态与非超导态之间。如果哪怕只有一点点声子（phonon）的能量，那么声音的最小单位所携带的能量在通过锗或者硅时（就像光的最小单位光子撞击探测器时），可以使该装置离开超导态，从而通过一个超导量子干涉仪（Superconducting Quantum Interference Device, SQUID）记录到一个可能的暗物质事件。这些装置极其灵敏，它们可以非常精确地测量能量沉积。

然而，记录一个事件并不代表故事的终结。实验物理学家需要确认记录到的是暗物质而不是背景辐射。问题是任何东西都发出辐射。我们发出辐射，我正在打字的计算机也发出辐射，你正读的书（或者电子设备）也发出辐射。从一个实验物理学家的手指流出的汗也足以将暗物质的信号淹没。而这些还没有包括所有原始的和人造的发射源物质。环境和空气以及探测器自身都携带一定的辐射。宇宙射线也可以击中探测器。岩石中的低能中子也可以模仿暗物质。宇宙射线 μ 子可以击中岩石从而飞溅出一堆的物质，其中包含的中子也可以模仿暗物质。与信号事件相似的起码有超过一千种背景电磁事件，甚至在关于暗物质质量和相互作用强度方面有着合理与乐观的假设的情况下，也是如此。

为暗物质实验所设计的游戏名称是"屏蔽和区分"（shielding and discrimination，这是天文学家的术语。粒子物理学家使用更个性化的术语"粒子身份"[particle ID]，虽然现在我也不知道哪一种方法更好）。实验物理学家需要将探测器尽可能地屏蔽起来，将辐射隔离在外面，并且将潜在的暗物质事件从我们不感兴趣的辐射散射中分隔开来。通过将实验安置于地下的深井中，屏蔽的目的完成了一部分。该想法就是让宇宙射线击中探测器周边的岩石而不击中探测器。暗物质因为有着更低的相互作用，可以不受岩石阻碍到达探测器。

对于暗物质的探测来说幸运的是，世界上恰好有许多矿井和隧道。DAMA 实验与 XENON10 和它的加强版 XENON100 以及 CRESST 都是用钨做成的探测器，同属大萨索山（Gran Sasso）实验室，坐落于意大利一条 3000 米深的隧道中。位于美国南达科他州霍姆斯特克（Homestake）矿井中一个 1 500 米深的洞穴，最初是掘金时代修建的，将会成为另一个基于氙的实验——LUX 实验的所在地。在此洞穴中，雷·戴维斯（Ray Davis）曾经发现了来自太阳的核反应的中微子。低温暗物质搜寻计划则在苏丹的一个矿井中，大约在 750 米的地下。

所有在矿井与隧道之上的岩石不足以确保探测器完全不受辐射，实验还需要进一步采取各种不同的屏蔽方法。低温暗物质搜寻计划有一层聚乙烯环绕，如果有什么强烈相互作用的东西表明是暗物质从外面进来，那么它就会发亮。更加让人印象深刻的是，周围环绕的铅则来自 18 世纪法国的沉船。这些年代久远的铅材料已经在水下躺了几个世纪，因此它们的放射性都已消失殆尽。铅是一种致密的吸收材料，它可以完美地将探测器与外面来的放射性隔离开来。

即使有了这些保护措施，许多电磁辐射仍然存在。辐射与潜在的暗物质候选者的区分还需要进一步甄别。暗物质的相互作用与中子击中靶物质时的核反应相似。因此，与声子读数系统相对的是一个更为传统的粒子探测系统，它可以测量当推断的暗物质粒子穿过锗或者硅时产生的电离度。这两种测量——电离度与声子能量，可以区分那些可能来自暗物质过程的核反应事件，以及仅仅来自放射性的电子事件。

低温暗物质搜寻计划其他优异的性质还包括，绝佳的位置和其绝妙的时间测量。因为虽然只能在两个方向上直接测量，但是声子的定时给出了位置的第三个坐标。因此实验物理学家可以严格定位事件发生的地点并将背景事件排除。另一个良好的性质是，实验被划分成一个个曲棍球大小的探测单元。一个真实的事件只会在其中一个探测单元上发生。局域性可以减少辐射，而另一方面又不会将探测限制在单一的探测单元上面。有了这些性质，并且今后还会有更好的设计出来，低温暗物质搜寻计划有很大的机会发现暗物质。

尽管低温暗物质搜寻计划非常震撼，但它却不是唯一的暗物质探测实验，并且低温仪器也不是仅此一种。后来，氙实验创始人之一的艾琳娜·阿普里勒（Elena Aprile）详细地介绍了她的实验（XENON10, XENON100），以及其他使用惰性液体的实验。因为这些实验很快也将成为最灵敏的暗物质探测器，所以听众也都全神贯注地聆听了她的报告。

氙实验通过闪光记录暗物质事件。液态氙很稠密以及均匀，每个原子的质量较大（增加了暗物质的反应速度），闪烁也很强，当遇到能量沉积时电离很迅速，因此上面描述的两种信号可以有效地与电磁信号区分开来，而且它还是一种相对其他有潜质材料而言更为廉价的材料，尽管在 10 年中它的价格上下变动有 6 倍之多。这一类型的惰性气体实验随着它们使用得越来越多而效果越来越好，并且这样的趋势还将持续下去。有了更多材料，不仅探测变得更有希望，而且探测器外层也将更为有效的屏蔽内层，为实验结果的准确性提供保障。

通过测量离子化和最初的闪烁，实验物理学家可以将它们的信号从背景辐射中区分开来。XENON100 实验使用非常特殊的光电管（phototube），它被设计成在低温高压的环境下测量闪烁。将来氙探测器通过以闪烁脉冲的具体形状作为时间的函数来使用，也许可以提供更好的闪烁信息，因此也将把有用的信号从杂乱无章的信号里面分离出来。

　　现今的奇异状态来自一个闪烁实验（虽然可能马上会改变）——位于意大利大萨索山实验室的 DAMA 实验，它曾真的发现过一个信号。DAMA 与我前面提到的那些实验不同，在信号与背景之间它不存在内在的区分。相反，它鉴别暗物质信号的方式仅仅来自它们的时间依赖性，一种使用地球绕日轨道独特的速度依赖。

　　入射的暗物质粒子的速度是其中一个相关因素，原因在于：它决定了有多少能量可以沉积在探测器中。如果能量太低，那么实验不可能灵敏到可以知道在那里的事物。而越多的能量表明实验也越可能记录事件。由于地球的轨道速度，暗物质相对我们的速度（也即能量沉积）依赖于一年中的不同时间，这使得一年中的某些时间（夏季）比另一些时间（冬季）更容易看见信号。DAMA 实验寻找年度事件发生速率的变动，以确定它是否与预测符合。数据显示，它们已经发现了这样的信号（DAMA 振荡数据见图 21-2）。

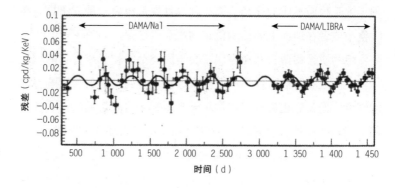

图 21-2

DAMA 实验数据所显示的随时间调制的信号。

　　还没有人可以确切地知道是否 DAMA 信号代表了暗物质，抑或其他可能来自探测器或环境的误解。人们对此表示怀疑，因为其他实验都还没有检测到任何东西。其他信号的缺失，与绝大多数暗物质模型的预测相违背。

虽然现在很令人困惑，但这也是一种令科学变得有趣的因素。实验结果推动我们思考可能存在的不同种类的暗物质，以及是否暗物质可能具有使 DAMA 比其他暗物质探测实验更容易作出探测的性质。这些结果也迫使我们更好地去了解探测器，使我们可以确认多余的信号，理解实验数据到底意味着什么。

全球很多实验都在尽力获得更好的灵敏度。它们或者排除或者肯定 DAMA 暗物质的发现，或者可能独立地发现不同种类的暗物质。如果有至少有一个实验肯定了 DAMA 的发现，那么人们才会赞同暗物质被发现了这个结论。但目前它还没有发生。不管怎样，答案快要揭晓了。即使实验结果在你看这本书的时候已经过时了，实验的本质也极有可能不会改变。

间接探测暗物质的实验

大型强子对撞机实验与地下的低温或者惰性液体探测器是两种了解暗物质本质的途径。第三种并且也是最后一种方法是，在太空中或者在地面上间接测量暗物质。

暗物质很稀薄，然而它偶尔会与同类型的粒子或者它的反粒子发生湮灭。虽然这件事的发生次数没有多到可以显著影响整体的密度，但是它也许可以多到足够产生一个可测量的信号。这是因为当暗物质粒子湮灭时，会产生新的粒子，并带走它们的能量。根据性质，暗物质湮灭时，有时会产生标准模型粒子与反粒子，如电子与正电子，或一对光子，并且可以被检测到。天体物理探测器测量粒子或光子也许可以看到这些湮灭的迹象。

搜寻暗物质的湮灭而给出标准模型产物的装置，最初却不是为此目标设计的。它们是在外太空中或者在地面上的望远镜或者探测器，用来探测光或者粒子，使得我们可以更好地理解太空中有什么。通过观测从恒星与星系以及处在它们之间的奇异物体发射出的物质类型，天文学家可以了解这些天体的化学组成，并推断恒星的本质。

哲学家奥古斯特·孔德（Auguste Comte）于1835年错误地评论，"我们永无可能用任何方法查考恒星的化学组成"，他认为恒星已经超出了人类可以获得认知的范围。然而在他说了这些话的不久以后，对太阳光谱的发现和诠释（光线的发射和吸收）告诉了我们太阳的组成，证明了他的话完全错误。

当今天的实验致力于分析其他天体的组成时，它们继续着这样的任务。现今的望远镜灵敏度很高，每过几个月，我们对宇宙中存在的东西就了解得更多一些。

在对暗物质的搜寻中幸运的是，这些已经展开的实验中光和粒子的观测也许已经昭示了暗物质的本质。因为宇宙中的反粒子相对很稀少，光子能量的分布可以展示不同的以及专门的性质，例如探测也许最终可以与暗物质相关联。粒子的空间分布也可能帮助我们从普通天文物理的背景中区分出湮灭的产物。

在纳米比亚的高能立体望远镜系统（High Energy Stereoscopic System, HESS），与在美国亚利桑那州的超高能辐射成像望远镜阵列系统（Very Energetic Radiation Imaging Telescopic Array System, VERITAS）都是地面上的大型望远镜阵列系统，它们的目标都是寻找来自星系中心的高能光子。下一代超高能 γ 射线天文台——切伦科夫望远镜阵列（Cherenkov Telescope Array, CTA）将有更高的灵敏度。另一方面，费米 γ 射线空间望远镜（Fermi Gamma-ray Space Telescope）安装在距离地面550公里的卫星上，该卫星于2008年底发射，每95分钟绕地球运行一周。地面上的光子探测器的优点是，它们具有巨大的采集信号区域；而费米卫星上的精密仪器则有更好的能量分辨率和更直接的信息，它们对低能光子很敏感，并且它们有 200 倍的视野。

这其中任何一种实验都可以看到从湮灭的暗物质中发出的光子，或者从暗物质湮灭产生的电子与正电子所产生的辐射。如果我们看到了两者之一，那么我们已然对暗物质的身份和性质有了更多了解。

其他探测器主要找寻电子的反粒子正电子。物理学家在意大利主导建设的卫星实验 PAMELA 中已经报道了他们的发现，而他们没有找到预测中的任何东西（PAMELA 的结果见图 21-3）。这个实验的全称是绕口的"负载为反物质探测和轻核天体物理载荷"（Payload for Antimatter Matter Exploration and Light-nuclei Astrophysics, PAMELA）。我们还不知道 PAMELA 超载的事件是出于暗物质，还是出于诸如脉冲星（pulsar）等天文物体的错误估计。但无论如何，此结果引起了天文物理学家和粒子物理学家的关注。

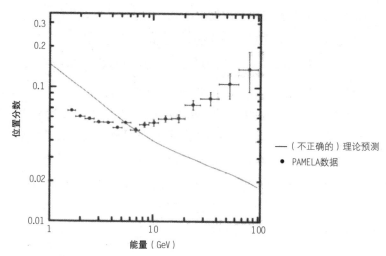

—— （不正确的）理论预测
● PAMELA数据

图 21-3
PAMELA 实验得出的数据显示，实验数据（十字形线）与理论预测（点线）非常不一致。

暗物质也能湮灭成质子与反质子。事实上，许多模型预言，如果暗物质粒子的确相互碰面以及发生湮灭，那么这也是最常发生的情形。然而，大量源于其他已知天文过程的反质子在星系里面飘荡，可能会掩盖暗物质的信号。我们也许仍然有机会通过反氘核（antideuterons）——反质子与反中子的弱束缚态，来发现暗物质，它们可能在暗物质湮灭时形成。位于国际空间站上面的 α 磁谱仪（Alpha Magnetic Spectrometer, AMS-02），以及专用卫星实验，例如通用型反粒子谱仪（General Antiparticle Spectrometer, GAPS），也许最终可以发现这些反氘核，进而发现暗物质。

　　最终，不带电的中微子只能通过弱相互作用来与其他粒子作用，它也可能是暗物质间接测量的关键。暗物质可能被困在太阳或者地球的中心。在这种情况下可以从中逃逸的唯一信号会是中微子，因为与其他粒子不同，中微子在逃逸时不会由于相互作用而被截停。名为 AMANDA、IceCube、ANTARES 的探测器都在找寻这些高能中微子。

　　如果上述任何一种信号被观测到（或者即使它们都没有观测到），我们都将对暗物质的相互作用及其质量增加一些了解。同时，物理学家已经根据从各种可能的暗物质模型的预测，哪些信号值得期待。当然，我们会问，任何现有的测量意味着什么。暗物质的测量非常具有挑战性，因为它的相互作用如此微弱。我们希望，由于目前正在运行的许多不同类型的暗物质实验，暗物质可能在不远的将来被探测到，并且大型强子对撞机与其他实验的结果，将对宇宙中有什么以及它们如何配合在一起，提供一个更好的理解。

第六部分
宇宙的探索仍在继续

KNOCKING ON
HEAVEN'S DOOR

22

海阔天空与脚踏实地
KNOCKING ON HEAVEN'S DOOR

本书对人类智力如何探索大至宇宙极致、小至物质结构做了一些展示。在这两个方向的追求中，已故的哈佛大学教授西德尼·科尔曼（Sidney Coleman）是公认的最聪明的物理学家之一。学生们听到的故事是：当西德尼博士毕业后申请博士后资助时，除了理查德·费曼的推荐信，几乎所有推荐信都将他描述成"他们所认识的最聪明的物理学家"。费曼将西德尼评价为"最好的物理学家"（显然费曼没有将自己考虑进去）。

在庆祝西德尼60岁生日的聚会上，许多同时代的著名物理学家都作了演讲。哈沃德·乔吉是西德尼在哈佛大学的老同事，也是同时代著名的粒子物理学家，他很惊喜地观察到，参会的优秀理论物理学家的报告如此出色，而且思考方法千差万别。

乔吉的判断很对。每一个演讲者都有一种特殊的探索科学的方法，而且都已经通过他自己（的确他们都是男性）独特的技能取得了显著的成果。一些是可视化的，一些是有数学天赋的，还有一些是具有兼收并蓄的惊人能力。"自上而下"与"自下而上"的品味都于其中有所展示，从对物质内部强相互作用力的理解到由弦理论推导出来的数学，各行各业都取得了成功。

伟大诗人普希金说得对，他曾经写道："几何中所需要的灵感，不亚于诗歌中所需要的灵感。"创造力对于粒子物理学、宇宙学、数学以及任何其他科学领域来说，都至关重要，以至于对更受广泛认同的获益者——艺术和人文学科也是一样。科学体现了额外的丰富内涵，足以激发那些发生在特定条件中的创造性努力。涉及的灵感和想象隐没在逻辑规条之中，很容易被忽视。然而，数学与技术本身就是由如下两种人发现和创造的：一类人是，在归纳理念方面具有创造性思维的人；另一类人是，偶然发现了某个有趣的结果，且能以开创性的敏锐意识到其价值的人。

在过去几年中，我很幸运地获得了各种各样的机会，得以在不同的生活曲线上与有创意的人们相遇并合作。回想他们的分享是一件很有趣的事情。科学家、作家、艺术家与音乐家可能外表看起来非常不同，但是他们的技能本质、天赋与气质并不像你所想象的那样天差地别。我将以具备某些显著品质的科学与科学思维的故事作为本书的总结。

另类才能

科学家与艺术家在做一件很重要的事情时，都不大可能思考创造力本身。没有几个（如果有的话）成功人士会坐在桌子旁边决定："我今天将很有创造力。"相反，他们的注意力是在一个问题之上。并且当我说"关注"时，我指的是聚精会神，除此之外别无他念，有意专注于他们的工作的那种专注。

我们通常只看见创造性努力的结果，而看不见为此付出的巨大奉献，以及暗含于其中的技术专长。

我曾观看 2008 年的电影《走钢丝的人》(*Man on Wire*)。该电影是为了纪念菲利普·珀蒂(Philippe Petit)于 1974 年在世贸中心的双子塔之间 400 米长的距离间高空行走。这在当时是一个壮举,吸引了多数如我一样的纽约客,并且这在全球也是轰动一时。我很欣赏菲利普的冒险精神、他的表演与技巧。但是菲利普并不是仅仅用螺钉在双塔的墙壁上将钢丝拴一拴,然后就在上面摇摇晃晃地走起来。编舞者伊丽莎白·斯特布向我展示了一本约 3 厘米厚的书,里面记录了菲利普在安装钢丝之前在她的工作室所进行的绘图和计算。这样我才理解了确保菲利普行走计划稳定性中的准备和重点。菲利普是一个"自学成才的工程师",他这样开玩笑地称呼自己。只有在细致地研究和应用已知的物理定律,来理解他所采用的材料的性质之后,他才准备好走钢丝。当然在成功之前,菲利普不能确定他已经把所有因素都考虑周全,但是毫无疑问他所考虑的所有东西是足够的。

　　如果你发现这种程度的专注很难让人相信,那么你可以环顾四周。人们往往被那些不论是意义大还是意义小的活动所吸引。你的邻居喜欢做填字游戏,你的朋友为运动节目所着迷,地铁上的人因为看书太专心而坐过站,更不用说你也许会花上无数小时的时光来打游戏了。

　　那些心系研究的人却幸运得多,因为他们所从事的赖以为生的事业刚好与他们所心仪的兴趣(或者可以说至少他们不愿意错过的东西)相重合。在这个领域中的专业人员一般都有舒心的想法(尽管可能是虚幻的),那就是他们所研究的东西可能具有永恒的意义。科学家倾向于认为我们肩负着揭示世界真理的使命。

我们也许没有时间玩填字游戏，但是我们非常希望能花更多的时间在一个研究课题上面，特别是一个与更大的图像和更大的目标相关的一个课题。真实的工作可能包含与玩游戏或者观看体育比赛相同的关注力。[1] 但是科学家很可能在开车时或者夜晚躺上床以后继续思考研究的问题。这种花在项目上的经年累月的付出当然与其认为"研究很重要"的信仰无法分开——哪怕很少有人能够理解（至少在研究初始之时）他们，哪怕他们的研究最终可能会被证明是错误的。

最近出现了一个热门的话题：质疑与生俱来的创造力和天赋，并将成功归于早期的经历和训练。在《纽约时报》的一个专栏中，大卫·布鲁克斯（David Brooks）总结了近来关于此话题的几本书："我们相信，莫扎特拥有的是与老虎伍兹一样的能力——长时间的专注力与进一步提升技能的意愿。"[2] 毕加索是他引用的另一个例子。毕加索是一个古典艺术家的儿子，在得天独厚的环境中，他从小就在绘画方面崭露头角。比尔·盖茨也拥有卓尔不凡的机会。马尔科姆·格拉德威尔（Malcolm Gladwell）在他的书《异类》（Outliers）[3] 中提到，比尔·盖茨就读的西雅图高中是极少的一所具有计算机俱乐部的中学，以及盖茨后来在华盛顿大学如何有机会长时间地使用计算机终端。格拉德威尔暗示，盖茨的机会比他的驱动力和天赋更重要，并促成了他的成功。

的确，早期的专注力和练习使得方法和技巧成为许多创造性的基础。如果你有疑难需要解决，你希望花尽可能少的时间在那些基础上面。而一旦技能（数学或者知识）成为第二本质，你可以在需要它们时马上轻易地召唤出它们。这种深埋的技能常常在底层层面上不断运作，甚至在它们向你的头脑推出什么好想法之前也是如此。不单单只有一个人曾经在睡梦中解决了问题。拉里·佩奇（Larry Page）告诉我，建立谷歌的想法在脑海中形成的那一刻就发生在某次睡梦中，不过那已经是他在考虑该问题的数月之后的事情了。**人们总是将灵感归功于"直觉",而没有意识到在那些欢呼雀跃时刻的背后,隐藏了多少准备的时间以及多少细致的研究。**

因此,布鲁克斯与格拉德威尔毫无疑问在某些方面是正确的。如果没有付出与练习带来的对技能与强度的磨炼,即使有技能与天赋,它们也不会让你走得更远。但是在年轻时的机遇与系统训练并不是全部,这种观点忽略了强有力的专注与练习的能力本身就是一种技能。能从他们之前所做的事情中学习,并能将积累的经验置于头脑之中的特殊人群,更可能从学习与重复中学到更多的东西。不管是在科学研究中还是在其他领域的创造性追求中,这种倾向使得专心与关注最终会获得成效。

时装品牌CK(Calvin Klein)最早的香水名称是"Obsession",这绝非偶然。正因其创造人卡尔文·克莱恩的痴迷,才获得了成功。即使高尔夫职业选手在经过无数次重复练习之后能够完美地挥动球杆,我也不相信每个人都可以做到一千次击球而不会变得厌烦与沮丧。我一个爱登山的朋友凯·津恩(Kai Zinn)会走不同的艰难路线(用行话来说,是硬5.13s级 ❶),他记忆细节与行动的速度都比我快得多。当他走过同一条路线10次以后,他为此获益良多。这让他的忍耐力更强。我在重复中会变得非常厌烦,因此停留在中级登山水平上;而凯知道应该从重复中学习什么,因此他的登山水平不断提高。布封(原名乔治-勒克莱尔〔Georges-Louis Leclerc〕)是18世纪的博物学家、数学家与作家,他简洁地总结了这种能力:"天才只不过是更大的耐心。"不过我还要补充一条:天才同时也根源于对缺乏进展的不耐。

----

❶ 关于登山难度级别的相关知识,读者可参考:https://en.wikipedia.org/wiki/Grade_(climbing)。——译者注

一沙一世界

练习、专业训练与动力对于科学研究来说都是至关重要的，但是它们不构成所有必需的要素。自闭症患者（更不用说一些学者以及更多的官僚主义者）常常展现出极高水平的技术技能，然而却缺乏创造力与想象力。要想见证没有其他品质支撑的驱动与技术成果的局限性，只需去看场电影就知道了。动画片中的人物（或物体）与人物（或物体）的搏击场景处理得非常连贯，给人的印象深刻，但是它们鲜少有创造力来吸引人，因此即使伴随着灯光与响声，我也常常中途睡着。

于我来说，最能吸引我的是那些提出了重大问题与真实想法，却又将它们应用在我们可以欣赏与领会的小例子中的电影。电影《卡萨布兰卡》是关于爱国主义与爱情、战争与忠诚的影片，即便主人公里克（Rick）提醒伊尔莎（Ilsa）"不难看出问题所在。在这个疯狂的世界中，三个小人物撑不起一座山"，这三个小人物也是我被该片深深吸引的原因。

在科学中同样如此，正确的问题常常总是来自大景象与小图像两个方面。我们想回答的是大问题，而我们可以处理的是小问题。确定出大问题往往还不够，因为通常解决了较小的问题才能更进一步。正如盐湖城尺度会议的会名（见第3章）对我们的提醒，伽利略很早就领会到了的"一沙一世界"（出自威廉·布莱克的诗《天真的预言》）。

对于每一个有创造力的人来说，不可或缺的一种本领是：能够提出正确问题的能力。他们可以分辨出对于取得进步来说有潜力的、刺激的、最重要的以及可行的方法，最终正确地将问题建构出来。最好的科学往往综合了覆盖面宽广以及显著的问题，同时又集中在一些人们非常想解决的明显的细节或者具体问题上面。有时这些小问题或者小矛盾恰好是取得关键性进展的线索。

达尔文进化论的想法源于鸟类与植物学的一些细小观测。水星的近日点进动也不是一个实验错误，相反它暗示了牛顿物理定律是有局限性的。该测量最后成为爱因斯坦引力理论的一个确证。这些断层与矛盾也许对某些人来说看似太小或者太模糊，但是它们对于那些找对了问题的人来说，却成了新观念与新想法的入口。

爱因斯坦甚至没有一开始就着手理解引力。他曾试图理解那时正处于发展阶段的电磁理论的含义。他关注那些与所有人认为的时空对称性特异的或者甚至矛盾的方面，结果颠覆了我们的思考方法。爱因斯坦相信该结果是合理的，他凭着远见与毅力从中探索可能是正确的东西。

近来的研究也显示了这样的关系。理解为什么某些相互作用不会在超对称理论中产生，对某些人来说可能看似非常技术化。我的同事大卫·卡普兰（David B. Kaplan）于 20 世纪 80 年代在欧洲讨论这种问题时，就常被人取笑。但是该问题结果成为超对称与超对称破缺新灵感的丰富来源，它甚至引领了新的想法，而大型强子对撞机的实验物理学家现在正准备对其进行检验。

我很坚信宇宙是自洽的，任何偏差意味着新东西将被发现。在华盛顿特区举行的创意基金（Creativity Foundation）的会议中，我表达了这种观点，之后一个博客友好地将此解释成我标准很高。但实际上，**对宇宙自洽性的信仰，可能是许多科学家在决定研究主题时的动力源泉。**

我认识的许多有创造力的人都有能力同时提出几个问题与想法。任何人都可以用谷歌查找资料，但是除非你能将事实与想法巧妙地结合起来，否则你可能不会发现新东西。来自不同方向稍微有所争执的想法，通常会催生新的联系或者灵感或者诗歌（这恐怕是"创造力"一词最早被应用的领域）。

很多人倾向于一条道路走到底。但是这也意味着一旦他们被困住或者发现道路不明确，他们的追寻也就终止了。与许多作家以及艺术家一样，科学家也时常在迂回曲折的道路上取得进展，他们通常并不能一条道路走到底。我们也许理解一个难题的某些部分，暂时将我们不理解的搁置一旁，希望以后再来把漏洞填补。只有很少人能通过持续的阅读来理解一个理论的全部。我们必须相信自己最终可以将理解的内容拼接起来，因此我们可以忍受一开始跳过一些内容，以后当我们掌握了更多知识或者有更广博的眼界时，再回过头来考虑它们。文献或者结果可能最初看似不可理喻，但是无论如何我们会坚持读完。当发现自己无法理解的一些东西时，我们先忽略它们而一直读到末尾，把疑问先拣选出来，最后再回过头来看那些我们不理解的地方。为此我们必须有足够的耐性来坚持研究我们所知道的与不知道的领域。

托马斯·爱迪生的一句名言是："天才是百分之一的灵感，加百分之九十九的汗水。"近代微生物学奠基人路易·巴斯德（Louis Pasteur）也说过："在观察事物之际，机遇偏爱有准备的头脑。"献身科学事业的科学家有时也因此而发现他们正在找寻的答案。但是他们也可能发现问题的答案与最初的目标相去甚远。亚历山大·弗莱明（Alexander Fleming）一开始并没有寻找治疗炎症的药物。他发现，一种霉菌可以把他正在研究的葡萄球菌的菌群杀死，从而意识到它潜在的医学效用，尽管他和很多人花了10年才将盘尼西林（即青霉素）研制成一种强有力的药物，而这种药物改变了世界。

附加效益常常来自一个范围宽广的基础问题的储备中。当我和拉曼·桑卓姆一起研究超对称时，我们结果发现了弯曲的额外维度，它可以解决等级问题。之后在刻苦钻研此问题，并将之放置于一个更广阔的情景中时，我们又发现了可以存在一维无穷大的额外维度弯曲空间，而且与任何已知的物理定律或者观测都不相矛盾。我们此前已经研究了粒子物理学——这可是完全不同的题目，但是我们把大景象和小图像都放在脑海中。甚至在专注于更抽象的问题，例如理解标准模型弱能标的等级问题时，我们也保持着对空间本质这个大问题的警觉。

这种特殊研究的另一个重要特征是，桑卓姆和我都不是相对论专家，因此我们在展开研究时，思维很开阔。我们都没有（其他人也没有）猜想过爱因斯坦的引力理论允许一个不可见的无穷大维度的存在，一直到方程让我们看到了其中的可能。我们千辛万苦地寻求方程的结果，而没有意识到以前无穷大的额外维度曾被认为是不可能的。

即使如此，我们也没有马上相信我们的工作是正确的。桑卓姆和我没有盲目投身到额外维度这个疯狂的想法中去。只有当我们与其他许多科学家已经尝试了许多传统的方法之后，跳脱出经典时空观的藩篱才合情合理。虽然额外维度是一个奇异的、全新的提议，但爱因斯坦的相对论理论仍然适用。因此我们凭着方程与数学方法来理解我们所假想的宇宙的可能情况。

人们接着从该研究中假设的额外维度的结论出发，发现了一些新的物理想法，甚至可能在没有额外维度的宇宙中也适用。通过与此正交的（orthogonal）思考方式，物理学家意识到他们以前没有完全想到的可能性。这帮助了他们跳出了三维空间的思维定势。

任何人在面对新基础时，在完全处理一个问题之前不得不面对一些不确定性。即便从一个已经存在的坚实的知识平台出发，人们在考察新现象的过程中会在所难免地遭遇未知和不确定因素——虽然不及高空走钢丝那样危险。然而这些空中冒险家与艺术家和科学家一样，致力于"勇踏前人未至之境"❶。但是这种勇气并非意气用事或者匹夫之勇，它没有忽视以前的成功法门，尤其是当新的领域涉及起初显得不可能的新想法或者看似疯狂的实验时。研究人员竭尽所能地做好充分的准备。规则、方程、直觉对于理论的自洽性很有帮助。这些线索有助于我们跨越到新的领域之中。

----

❶ 原文为 "boldly go where no one has gone before"，是科幻电影剧集《星际旅行：原初系列》开场白中的一句话。——译者注

我的一个同事马克·卡米科维斯基（Marc Kamionkowski）说过："有雄心和有远见是好的。"但是在这之前的诀窍是确定可行的目标。一个获奖的商科专业学生在创意基金活动期间报告说，最近经济增长升级成经济泡沫的部分原因正是出于一个创意。但是他也注意到，缺乏相应的约束也造成了泡沫的崩溃。

过去一些最具开创性的研究充分体现了自信和审慎的矛盾冲突。科学作家加里·陶布斯（Gary Taubes）曾经对我说过，在他所认识的人中，学者是最自信而又最缺乏安全感的人。这种矛盾推动他们——他们不断前行的信念与他们用来确保正确的严格标准交织在一起。有创造力的人们必须相信他们是独一无二的，然而又要随时谨记，存在许多因素使得其他人可能已经想到或者反驳了类似的想法。

> 科学家在思考问题时非常具有冒险精神，但在展示想法时却又非常小心谨慎。两个最有影响力的代表——牛顿和达尔文，在将他们的伟大想法公之于众之前，考虑了很长时间。达尔文的研究跨越很多年，直到他完成了广泛的观测研究之后才发表《物种起源》。牛顿的《自然哲学的数学原理》则展示了他为此发展了十年的引力理论。牛顿迟迟未发表，一直到他取得了完全满意的证明——任意具有空间形状的物体（不仅仅是点状物体）遵从平方反比定律。该定律，即引力随着到物体中心的距离的平方而减弱的证明，促使牛顿发展了数学中的微积分理论。

有时，需要为一个问题创建一个新体系，才能正确地看待它、重新界定它的边界，从而找到问题的解答，而如果仅仅停留在表面，那么一切都是不可能的。毅力和信念往往会对结果产生意想不到的效果，这种信念不是宗教信仰，而是对于答案必然存在所抱持的信念。成功的科学家（以及其他各行各业有创造力的人们）拒绝钻牛角尖。如果我们不能以一种方法解决问题，那么就要另辟蹊径。如果遇到绕不开的路障，那么我们就挖隧道过去，或者再找别的方向，或者飞越过去。这就是想象和疯狂的想法一展身手的时间了。我们必须相信现实中存在答案，而且相信世界有一个可以被我们最终发现的内在的自洽逻辑。如果从正确的方面思考问题，那么我们时常会发现内在联系，以及那些我们可能会错过的联系。

　　"跳出思维框"这个说法不是从你的工作间之外来的（我曾以为是这种情况），而是从一个"9点问题"来的，它让你如何用4条直线连接9个点，而笔尖不能离开纸面（见图22-1）。如果你把笔限制在方块区域之内，那么你是找不到答案的。事实上没有人要求你那样做。走到"盒子之外"带来了解决方法（见图22-2）。你也可以设计许多其他方法改换该问题。如果你使用大黑点，那么你可以只用三条线就可以了；如果你把纸片叠起来（或者使用一根极粗的线条—— 一个小女孩对该问题的设计者如此建议），那么你还可以只用一条线就完成题目。

图 22-1
"9 点问题"：如何用一笔将图中所有点用 4 条直线连接起来。

图 22-2
"9 点问题"的一些创意解释，"跳出思维框"，或者将纸折叠以使点重合，或者使用粗笔尖的笔。

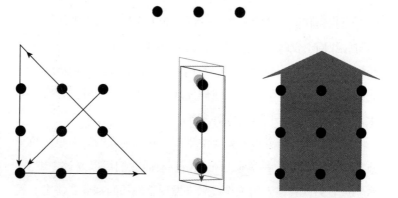

这些解释并非作弊。除非是在你有附加的限制条件下，它们才是作弊。然而，教育有时鼓励学生不仅要学习如何解决问题，还要研习老师的意图——将正确的范围缩小甚至可能把学生的想法也缩小了。

在《夸克与美洲豹》（*The Quark and the Jaguar*）[4]一书中，默里·盖尔曼引述了华盛顿大学物理学教授亚历山大·卡兰德拉（Alexander Calandra）的"气压计故事"[5]。一个老师说他不知道是否应该给一个学生分数。该老师问他的学生们如何使用气压计来推断一栋楼的高度。这个学生回答说，可以用一根绳子系在气压计的末端，将绳子从楼顶垂到地面，看绳子共有多长。当被告知必须使用物理时，这个学生建议可以测量气压计从楼顶落到地面的时间，或者在一天的一个特定时间测量气压计在太阳下影子的长度。这个学生甚至还主动提出了非物理的方法：跟管理员做交易，把气压计给他，让他告诉楼的高度。这些答案可能都不是这位老师所期望的答案。但是这个学生机灵且幽默地意识到老师没有对问题做任何限制。

当我和其他物理学家在20世纪90年代开始思考额外维度空间时，我们不仅跳出了思想框，甚至跳出了三维空间本身。我们想到了一个世界，在解决问题的每一阶段，它都会变得比我们原先设想的大得多。渐渐地，我们发现该问题潜在的解决方案实际上已经困扰了粒子物理学家许多年。

即使如此，研究也不是无中生有。它被前人的许多想法与观点所丰富。优秀的科学家互相倾听。有时我们可以通过仔细听、观察或者阅读其他人的工作成果来发现正确的问题或者答案。我们常常会与有着不同才能的人合作，并同时保持真实的自己。

即使每个人都希望成为第一个解决重要问题的人，科学家却仍然互相学习、分享经验，并且钻研同样的课题。有时，其他科学家甚至在不知不觉中说出了某些有趣的问题和答案的线索。科学家也许有自己的灵感，但他们也相互交换想法以研究出结果，并随时调整想法或者当原来的想法不奏效时再重新开始。想出新方法，并从中有所摒弃，这就是我们周而复始的生活，这也是我们如何取得进步的途径。

作为研究生导师，我所能扮演的一个最重要的角色就是对学生的好想法保持警觉，甚至当他们还没有学会如何表达自己观点时，我给他们的建议中如果有存在漏洞，如果学生指出来，我仍然会虚心听取。这种往复式的互动也许是最好的教学方法，至少它培养了创造力。

在科学领域以及其他各种有关创造力的活动中，竞争也起了重要作用。在讨论创造力时，艺术家杰夫·昆斯（Jeff Koons）告诉我们，当他还小时，他姐姐从事艺术工作，那时他就意识到他可以做得更好。一个年轻的电影制片人解释，竞争如何鼓励他与他的同事吸收彼此的技术和想法，以此来完善和提高自己。名厨张大卫（David Chang）直言不讳地表达了相似的想法。在进到一家新餐厅之时，他的反应是："菜真是太好吃了。我为什么没有想到呢？"

牛顿一直等到他的结果全部完成才发表他的著作。但是他可能也曾经警惕他的对手罗伯特·胡克——胡克也知道平方反比定律，但是胡克却缺乏足够的计算来证明该定律。无论如何，牛顿著作的出版非常及时，部分原因也是由于他知道胡克的研究与他的有所重叠。达尔文也显然出于认识到阿尔弗雷德·华莱士（Alfred Russel Wallace）正在研究类似的进化理论，才发表他的研究结果——如果他继续保持沉默，他的惊世之见就有可能被华莱士抢先发表。达尔文和牛顿都想在发表他们革命性成果之前拥有整个理论，并不断完善它们直到他们都极其确信自己的理论是正确的，或者至少直到他们认为它们应该是正确的。

宇宙一再向我们展示它是如何比人类聪明。方程和观测打开了人类的思维空间，并且只有那些拥有创造力的开阔头脑的质疑，才能揭开未来深藏不露的现象之迷。没有确凿的证据，科学家不能建立量子力学。我怀疑，那些认定精确的 DNA 结构和无数现象可以构成生命的期望，它们几乎是不可能的，除非我们可以弄清那些现象或者解开那些方程，它们告诉我们什么东西会存在。希格斯机制太巧妙了，原子的内部运行方式与粒子的行为也同样巧妙，它们隐藏在我们可以看见的现象背后。

科研是一个系统的过程。我们不必总是知道我们走向何方，但是实验和理论是我们宝贵的向导。准备与技能、专心与耐心、问对问题，以及审慎地信赖我们的想象，都将帮助我们寻求理解、寻找答案。因此我们要开放头脑，保持与其他人的交流，致力于比我们的前辈和先贤做得更好，并且相信答案存在。不管出于何种目的，哪些独立的特别技能可以投入进来，科学家将继续向内、向外搜寻，期望了解宇宙所蕴藏的更多奥妙机制。

KNOCKING ON HEAVEN'S DOOR

寻路宇宙边缘

❶ 这本书的书名德语
写法是 *Verborgene
Universen*。

❷ 德语中，"rand" 的意
思是"边缘",而"all"
的意思是"宇宙"。

　　当我第一次看到德国媒体对我的物理研究或者说我的书《弯曲的旅
行》❶的报道时，我惊讶于短语"宇宙边缘"重复出现的次数。对于看
似合理而又似乎在文章中随机出现的这个短语，最初我找不到清晰的解
释。后来我才发现，这个短语是电脑将我的姓"Randall"从德语直接翻
译出来的结果。❷

　　我们的确正处于宇宙边缘，在小尺度与大尺度上都是如此。科学家
实验上能探索的范围从弱尺度 10^{-17} 厘米到宇宙尺度 10^{30} 厘米。我们不
能确定什么尺度限定了将来研究范式的转变，但是许多科学的考虑聚焦
于弱尺度——即实验正在探索的大型强子对撞机与暗物质的尺度。同时，
在理论方面，物理学家还在继续从弱能标到普朗克能标的探索，我们都
在试图填补我们理解中的空白。认为人类已经看透了自然中所有事物，
是一种傲慢的想法。新的发现无疑还在等着人类去探索。

　　现代科学的纪元仅仅代表了历史时间线上的一个闪光点。从 17 世
纪科学的诞生开始，从技术与数学的进步中得来的卓越见解，一直带领
我们走在一条通向理解世界的漫长道路上。

　　本书探讨了一些问题：**当今的高能物理学家和宇宙学家如何决定他**

们的研究道路，以及如何将理论与实验结合起来，以使它们可以揭示更深刻、更基本的问题。大爆炸理论为宇宙当前的膨胀作出了解释，但是它没有回答宇宙更早时期的问题——暗能量与暗物质的本质是什么。标准模型预言了基本粒子的相互作用，但是它也没有解决为什么它的性质就是我们所见到的那样。暗物质和希格斯玻色子的答案可能近在眼前——就如同新的时空对称性和新的空间维度一样。我们也可能足够幸运可以尽快回答这些问题。或者如果相关的质量太重或者粒子的相互作用太弱，我们还需要等上一段时间。无论如何，只有先提出问题并努力寻找，我们才可能知道答案。

我也呈现了一些更难于证实的猜想。虽然它们拓展了我们的想象而且可能最终与现实相连，但它们也可能仅仅停留在哲学与宗教的范围之内。科学不能证伪多重宇宙的景观（就这一点而言，这想法就像上帝一样），但是要想证实它们也是不可能的。即使如此，某些多重宇宙的性质，例如可以解释等级问题等，确实具有可以检验的效应。科学家的任务是把这些效应挖掘出来。

《叩响天堂之门》的另一个主要内容是探索科学思维的一些概念，例如尺度、不确定性、创造力、理性和批判性推理等。我们相信，科学将朝着问题答案的方向迈进，而复杂性也将与时俱进，甚至在我们获得有血有肉的解释之前它仍会如此。答案可能是错综复杂的，但这不能成为我们放弃信仰的理由。

理解自然、生命以及宇宙是极其困难的问题。我们都愿意更好地了解我们是谁，我们从哪里来，我们要往哪里去，进而将精力集中在比我们自身更大、比最新的小发明和风尚更持久的事情上面。我们很容易看出为什么有些人转而向宗教寻求解释。如若没有事实也没有启发人的解释来展现那些令人吃惊的关联，科学家目前所给出的答案在以前看来就是极难猜测到的。用科学方法思考的人们拓展了我们对世界的认知。我们面临的挑战是如何尽可能多地理解新事物，而好奇心（不受教条的束缚）正是我们所需要的。

合理的质疑与傲慢之间的分界线也许对某些人来说是一个问题，但

在回答关于宇宙组成的问题上，最终，批判性的科学思维才是唯一可信赖的方法。当前一些宗教运动中的极端反智主义组织与传统的基督教传承水火不容，更不用说与进步和科学相容了，但是所幸它们并不代表所有宗教或者智力的思潮。许多思考方法（甚至宗教的）将已经存在的范式与挑战结合起来，并且允许想法发生演变。于我们而言，进步牵涉到将错误的想法摒弃、将新想法建立在正确的思想之上。

我很欣赏美国国家科学院前院长、现任《科学》杂志主编布鲁斯·阿尔贝茨（Bruce Alberts）最近一场演讲中的观点，他强调，**对创造力、理性、开放性以及容忍性的需求，是科学与生俱来的本性**。这种众多素养的强力组合，被印度第一任总理贾瓦哈拉尔·尼赫鲁（Jawaharlal Nehru）称为"科学的本性"。[1] 在现今世界中，科学的思考方法是很重要的，它为处理许多社会、实践与政治中的棘手问题提供了必要的工具。我愿意用与科学和科学思维方式相关的更进一步的思考来作为本书的结束。

今天，某些错综复杂的难题可以解释成为技术、大量信息与原始计算能力的组合。但是许多主要进步（科学的或者其他的）仅仅需要来自于大量个体或者小规模群体的思考，他们是受启发在相应难题上研究了很长时间的个人。虽然本书集中介绍了自然和基础科学的价值，但是纯粹的、求知欲所驱使的研究（与科学本身的进步一起），已经带来了技术的突破，并且完全改变了我们的生活方式。**基础科学除了为我们提供解决疑难的重要方法，还促进了技术的不断进步；技术则结合了更多的科学思考从而吸纳其创造性和原理性，而技术的进步又反过来帮助我们发展明日的科学。**

现在的问题是，如何在现有框架下提出更大的问题。我们如何为技术设定一个长期发展的深远目标？甚至在一个技术的世界里面，我们需要想法与激励齐头并进。公司在制造一些必需的小电子产品时可以做得非常成功，也很容易陷入对新产品的追逐中。但是仅仅保持这种做法会掩盖我们对技术的真实需求。虽然 iPod 能给我们的生活带来乐趣，但是有 iPod 的生活方式并不能帮助我们解决今天世界上的重大问题。

在一个关于技术与发展的会议的小组讨论中，《连线》杂志的创始人之一凯文·凯利（Kevin Kelly）说过：

> **技术是宇宙最强劲的推动力。**

如果果真如此，那么科学就该对这个最强劲的推动力负责，因为基础科学是技术日新的根源。电子的发现并不存在隐秘的动机，而电子决定了我们世界的面貌。电力也只是一个纯粹的智力发现，而我们的星球现在却随着电线、光缆而脉动。甚至量子力学——原子中的深奥理论，也成为贝尔实验室的科学家们开发晶体管（技术革新的基本硬件）的关键。然而，早期原子的研究者却并没有人相信他们正在做的研究将来会有任何的应用价值，更不用说制造出了像计算机这么伟大的机器以及它所带来的信息革命了。基础科学知识和科学思维方法对于深入研究现实的本质都是必要的，最终将引导我们在认识上的突破。

没有任何计算功能或者社交网络可以帮助爱因斯坦，使他能够更快一点发展出相对论，同样我们也不能让科学家对量子力学的理解更快一些。但我们并不是不承认，一旦一种好的想法或者关于一个现象的新理解出现，它马上就会加速技术的进步，而且某些问题的确也需要通过大量数据来推动。但通常，一个核心想法非常关键，对于现实本质的洞察乃是科学的用武之地，它最终会导致革命性的突破乃至以无法预期的方式来影响我们。可见"吾将上下而求索"是何等重要了。

不可否认，"技术就是核心"。我们的确可以说绝大多数新发展都强烈地依靠技术，但是我还想增加一点，它是中心并不是指它由始至终都在中心，而是指在把事情做成和将发展关联起来的方式上是关键。我们想怎样使用技术，是我们的选择。而解决问题或者为新的发展提供启示，完全也可以来自许多种有创造性的想法。

技术的确使我们每个人成了个人世界（比如 MapQuest 和各种社交网络）的中心。但是真实世界中的问题则广阔得多、普遍得多。技术可以帮助解答问题，但是它们只有被清晰、有创造性的思想激励之后才更加可能成功。

过去，美国对科学与技术的关注，对它们需要作出长期承诺与坚持的认识，已经被证明是一个使美国保持在发展与思想前沿的战略方针。我们现在正面临着失去这些让我们曾经做得非常好的价值观。我们需要重新承认这些我们所追寻的原则——不仅为了短期利益，而且也要从长远的角度来理解这些付出与成效。

理性地质疑世界的做法应该得到更多肯定，因为我们可以使用它来解决一些重要的难题。布鲁斯·阿尔贝茨在他的演讲中也建议，科学思维可以作为帮助人们反对胡言乱语、断章取义的新闻以及过度主观导向的广播的一种方法。我们不希望人们被科学的方法吓跑，因为该方法在获取有意义的结论方面非常重要，特别是对今天社会中必须处理的许多复杂系统——如金融系统、环境、风险评估与卫生保健等。

无论在科学中还是其他事情中，取得进展与解决问题的一个关键要素是对度的认识。根据度来分类已经观察到的以及已经理解的事物，它带领我们在理解物理学与理解世界中走了如此之远——无论这里的"度"指的是什么，不管是物理尺度、人口群体，还是时间区域。不仅是科学家，还包括政治家、经济学家以及政策制定者，他们都需要具有这样的观念。

最高法院大法官安东尼·肯尼迪（Anthony Kennedy）在对第九巡回法院（Ninth Judicial Circuit）的一次演讲中指出，不仅是科学思维具有重要性，"微观"与"宏观"思考的重要对比也很重要。"微观"与"宏观"的字眼既可应用在描述宇宙中小尺度与大尺度的元素上，也可应用在我们对世界思考的细致与笼统的方式上。如同我们在本书中所看到的，解决科学问题、实际问题与政治问题中的一个因素是思想在微观与宏观两个方面的相互结合。意识到"微观"与"宏观"这两个方面，是获得创造性思维的一个重要方面。

大法官肯尼迪也指出他所喜欢的科学的一个特质是，"最不可思议的答案结果往往就是正确的那一个。"的确有时情况就是这样。尽管如此，好的科学甚至当它导致了表观牵强或者有悖常理的结论时，也扎根于那些能够证实它们的测量中，或者那些我们猜想是真实的然而却有着疯狂结论的问题中。

许多因素结合起来构成了一种良好科学思维的基础。在《叩响天堂之门》一书中，我尝试传达理性的科学思维与其唯物主义前提的重要性，以及科学思维通过实验检测想法，并将与测量不符的想法抛弃的理念。科学思维认为，不确定性并不是一种失败，它合理地评估了风险并考虑了短期与长期的影响。它允许在寻找答案过程中的创造性思维方式。这些是思维的所有模式，可以确保在实验室和办公室内外都能取得进展。科学方法有助于我们理解宇宙的边际，也引导我们对自己所生存的世界作出重要的决定。我们的社会需要吸收这些原则，并将它们传承下去。

我们不应该害怕问大问题或者思考宏伟的观念。我的一个物理学同事马修·约翰逊（Matthew Johnson）说的很对："历史上还从没有哪一个时期出现了与现在一样多的想法。"但是我们还不知道答案，并在静待实验结果。有时答案出现得比预想的快，例如宇宙微波背景告诉了我们早期呈指数级增长的宇宙；有时答案出来得慢，例如我们仍在等待的大型强子对撞机的结果。

我们将很快知道宇宙的组成和相互作用，以及为什么物质具有我们所观测到的特性。我们希望了解更多被称为"暗"的缺失物质。因此作为"前传"的结束，让我们回到甲壳虫乐队的一句歌词，它也是《弯曲的旅行》中的一句话："因他难得一见，你得将自己精心装扮。"（Got to be good-looking 'cause he's so hard to see.）探索新现象与发现新见解也许会是一个巨大的挑战，但为此付出的等待与努力都是值得的。

致 谢

KNOCKING ON
HEAVEN'S DOOR

本书涵盖了大量基础知识，我有幸得到了许多慷慨的、头脑丰富的人士的指导。在本书尚未羽翼丰满之时，我已经知道我有如此之多的才思敏捷的头脑可以依靠，这成了我努力前进的强劲动力。我特别要感谢 Andreas Machl、Luboš Motl 以及 Cormac McCarthy。他们不止一遍地阅读本书初稿，在不同的阶段提出了各种宝贵的反馈意见。Cormac McCarthy 的高标准、耐心以及对这本书的信心，Luboš Motl 作为物理学家的细致、与我进行科学交流的热情，以及 Andreas Machl 的智慧、热忱与始终如一的支持，都极其珍贵。

其他人的帮助与热情支持也对本书的完成起到了关键作用。Anna Christina Büchmann 很有见地，且聪明、善良，她向我提出了不少建议；Jen Sacks 以她的智慧与谨慎，帮助我度过了犹豫不决的时刻；Polly Shulman 为我指明了重要的方向，并且从很早就开始鼓励我；Brad Farkas 的兴趣以及犀利观点，帮助我完成了这项工作；我的编辑 Will Sulkin 则用他敏锐的眼光与过人的编辑技能，改进了书中的一些关键内容。感谢你们。当然，还要感谢 Bob Cahn、Kevin Herwig、Dilani Kahawala、David Krohn 与 Jim Stone 对本书的校正，以及他们在阅读本书最终草稿后所提的宝贵建议。

我也非常感激物理学家 Fabiola Gianotti 与 Tiziano Camporesi。他们为我提供了很多有关大型强子对撞机以及超环面仪器、紧凑 μ 子线圈实验的细节，为我做了很多事情。另外，在通读我为大型强子对撞机及其历史所写的章节中，没有谁能比 Lyn Evans 做得更好。还要感谢 Doug Finkbeiner、Howie Haber、John Huth、Tom Imbo、Ami Katz、Matthew Kleban、Albion Lawrence、Joe Lykken、John Mason、Rene Ong、Brain Shuve、Robert Wilson、Fabio Zwirner，他们也都针对书中的物理学知识作出了中肯的评论。同时，也要感谢我 2010 级与 2011 级的哈佛新生研讨班，他们对大型强子对撞机的理解也融入本书中。

宗教与科学的关系对我来说是比较新的领域，在综合了 Owen Gingerich、Linda Gregerson、Sam Haselby 与 Dave Thom 的建议与智慧之后，我更加自信，也更游刃有余。感谢所有帮助我整理科学史的人——Ann Blair、Sofia Talas 与 Tom Levenson，他们让书中的故事更加准确。

诸如风险性与不确定性的主题可能本身就是有风险的（也是不确定的）。感谢 Noah Feldman、Joe Fragola、Victoria Gray、Joe Kroll、Curt McMullen、Jamie Robins 与 Jeannie Suk，他们是哈佛法学院座谈会的与会者，特别是 Jonathan Wiener，与我分享他们的专业知识。更早时期与 Cass Sunstein 的交流，也让我受益颇丰。创造性可能是另一个富有挑战性的话题，我很感谢 Karen Barbarossa、Paul Graham、Lia Halloran、Gary Lauder、Liz Lerman、Peter Mays 与 Elizabeth Streb，与我分享他们的见解。也特别感谢 Scott Derrickson，与他的交流内容是第 1 章的关键，他纠正了我的一些错误，因为他的记忆力比我好。感谢 2010 Techonomy 会议主办方邀请我加入演讲小组，为此付出的准备也构成了本书的结语部分。还要感谢本书所提到的其他与我交流的人。感谢 Alfred Assin、Rodney Brooks、David Fenton、Kevin McGarvey、Sesha Pratap、Dana Randall、Andy Singleton、Kevin Slavin 等人慷慨的反馈与意见，感谢 A. M. Homes、Rick Kot 的建议与鼓励。

　　同时感谢其他在我开始这一具有挑战性的工作之初时，对我大加鼓励的人。感谢 John Brockman 与 Ecco 的 Dan Halpern 的付出，他们使本书的出版成为可能；感谢 Matt Weiland 与他的助理 Shanna Milkey 帮助把本书的不同部分串联起来。同时还要感谢 Ecco 其他帮助使本书出版的每一个人，感谢 Andrew Wylie 为本书领航到最后阶段。我很高兴曾与优秀团队 Tommy McCall、Ana Becker 以及 Richert Schnorr 一起工作，他们将我书中复杂的思想用清晰与精确的照片传达了出来。

　　最后，感谢我的研究合作者与所有同事对我的悉心指导；感谢家人鼓励我对理性的爱；感谢朋友们的耐心与支持；感谢那些曾经帮助过我的人（无论我是否提到了他们的名字）；感谢所有一路走来帮助我不断完善想法的人。

注 释
KNOCKING ON HEAVEN'S DOOR

01　神奇的科学尺度

1. Fielding, Henry. *Tom Jones.* (Oxford: Oxford World Classics, 1986).

02　伽利略的科学求索

1. Levenson, Tom. *Measure for Measure: A Musical History of Science* (Simon & Schuster, 1994).
2. Hooke, Robert. *An Attempt to Prove the Motion of the Earth from Observations* (1674), quoted in Owen Gingerich, *Truth in Science: Proof, Persuasion, and the Galileo Affair, Perspectives on Science and Christian Faith*, vol. 55.

03　生于物质世界

1. Doyle, Arthur Conan. *The Sign of the Four* (originally published in 1890 in Lippincott's Monthly Magazine, chapter 1), in which Sherlock Holmes comments on Watson's pamphlet, "A Study in Scarlet."
2. Browne, Sir Thomas. *Religio Medici* (1643, pt. 1, section 9).

3. Augustine. *The Literal Meaning of Genesis*, vol. 1, books 1-6, trans. and ed. by John Hammond Taylor, S. J. (New York: Newman Press, 1982). Book 1, chapter 19, 38, pp. 42-43.

4. Augustine. *On Christian Doctrine*, trans. by D. W. Robertson (Basingstoke: Macmillan, 1958).

5. Augustine. *Confessions*, trans. by R. S. Pine-Coffin (Harmondsworth: Penguin, 1961).

6. Stillman, Drake. *Discoveries and Opinions of Galileo* (Doubleday Anchor Books, 1957) p. 181.

7. Ibid., pp. 179-180.

8. Ibid., p. 186.

9. Galileo, 1632. *Science & Religion: Opposing Viewpoints*, ed. Janelle Rohr (Greenhaven Press, 1988), p. 21.

10. 例如，参见 Gopnik, Alison. *The Philosophical Baby* (Picador, 2010)。

04　物中之妙

1. Blackwell, Richard J. *Galileo, Bellarmine, and the Bible* (University of Notre Dame Press, 1991).

2. Gerald Holton, "Johannes Kepler's Universe: Its Physics and Metaphysics," *American Journal of Physics* 24 (May 1956): 340-351.

3. Calvin, John. *Institutes of Christian Religion*, trans. by F. L. Battles in *A Reformation Reader*, Denis R. Janz, ed. (Minneapolis: Fortress Press, 1999).

05　谜般的梦幻之旅

1. Gamow, George. *One, Two, Three... Infinity: Facts and Speculations of Science* (Viking Adult, September 1947).

06　"眼见"为实

1. Feynman, Richard. The QED Lecture at University of Auckland (New Zealand, 1979). See also: *Richard Feynman Lectures, Proving the Obviously Untrue*.

2. 例子可见：Richard Rhodes, *The Making of the Atomic Bomb* (Simon & Schuster, 1986)。

07 寻找宇宙的答案

1. Overbye, Dennis. "Collider Sets Record and Europe Takes U. S. Lead." *New York Times*, December 9, 2009.

2. 1997 年，欧洲物理学会认可了罗伯特·布绕特（Robert Brout）、弗朗索瓦·恩格勒与彼得·希格斯三人的成就，3 人再次于 2004 年获得沃尔夫物理学奖（Wolf Prize in Physics）。恩格勒、布绕特、希格斯、杰拉尔德·古拉尔尼克（Gerald Guralnik）、哈根（C.R. Hagen）、汤姆·基博尔（Tom Kibble）6 人同时于 2010 年被美国物理学会授予了 J.J. 樱井理论粒子物理学奖（J. J. Sakurai Prize for Theoretical Particle Physics）。不过在本书全书中，我会只提到希格斯玻色子与彼得·希格斯，因为我叙述的重点是物理机制而不是名人。当然，如果希格斯玻色子被发现了，最多只能有三人获得诺贝尔奖，所以排名问题很重要。对这种情况的概述请参考：Luis Álvarez-Gaumé and John Ellis, "Eyes on a Prize Particle," *Nature Physics* 7 (January 2011)。

10 有黑洞，还是没黑洞

1. *Physical Review D*, 035009 (2008).

2. http://lsag.web.cern.ch/lsag/LSAG-Report.pdf.

11 这是一项风险差事

1. 例子可参见：Taibbi, Matt. "The Big Takeover: How Wall Street Insiders are Using the Bailout to Stage a Revolution," *Rolling Stone*, March 2009。

2. 这一点在一些著作中也有提及：J. D. Graham and J. B. Wiener, *Risk vs. Risk: Tradeoffs in Protecting Health and Environment* (Harvard University Press, 1995), especially Chapter 11。

3. 例子可参见：Slovic, Paul. "Perception of Risk," *Science* 236, 280-285, no. 4799 (1987). Tversky, Amos, and Daniel Kahneman, "Availability: A heuristic for judging frequency and probability," *Cognitive Psychology* 5 (1973): 207-232. Sunstein, Cass R., and Timur Kuran. "Availability

Cascades and Risk Regulation," *Stanford Law Review* 51 (1999):683-768. Slovic, Paul "If I Look at the Mass I Will Never Act: Psychic Numbing and Genocide," *Judgment and Decision Making* 2, no. 2 (2007): 79-95。

4. 例子可参见: Kousky, Carolyn, and Roger Cooke. *The Unholy Trinity: Fat Tails, Tail Dependence, and Micro-Correlations*, RFF Discussion Paper 09-36-REV (November 2009). Kunreuther, Howard, and M. Useem. *Learning from Catastrophes: Strategies for Reaction and Response* (Upper Saddle River, NJ: Wharton School Publishing). Kunreuther, Howard. *Reflections and Guiding Principles for Dealing with Societal Risks, in The Irrational Economist: Overcoming Irrational Decisions in a Dangerous World*, E. Michel-Kerjan and P. Slovic, eds., New York Public Affairs Books 2010. Weitzman, Martin L., *On Modeling and Interpreting the Economics of Catastrophic Climate Change*, Review of Economics and Statistics, 2009。

5. 例子可参见: Joe Nocera's cover story on "Risk Mismanagement" in the *New York Times Sunday Magazine*, January 4, 2009。

6. 很多经济学家都讨论过这种不可替代性的问题, 例如: Arrow, Kenneth J., and Anthony C. Fisher, "Environmental Preservation, Uncertainty, and Irreversibility," *Quarterly Journal of Economics*, 88 (1974): 312-319. Gollier, Christian, and Nicolas Treich, "Decision Making under Uncertainty: The Economics of the Precautionary Principle," *Journal of Risk and Uncertainty* 27, no. 7 (2003). Wiener, Jonathan B. "Global Environmental Regulation," *Yale Law Journal* 108 (1999): 677-800。

7. E.g., Richard Posner, *Catastrophe: Risk and Response* (Oxford University Press, 2004).

8. Leonhardt, David. "The Fed Missed This Bubble: Will It See a New One?" *New York Times*, January 5, 2010.

12 一切都是概率

1. Kristof Nicholas. "New Alarm Bells About Chemicals and Cancer" *New York Times*, May 6, 2010.

15 真、美与其他科学错觉

1. Ian Stewart , *Why Beauty Is Truth*, Basic Books, 2007.

16 希格斯玻色子，宇宙万物为何产生

1. On WNYC's *The Takeaway*, March 31, 2007.

17 谁才是世界的下一个顶级模型

1. http://xxx.lanl.gov/PS_cache/arxiv/pdf/1101/1101.1628v1.pdf.

2. Lisa Randall and Raman Sundrum, *Physical Review Letters* 83 (1999):4690-4693.

3. Arkani-Hamed, Nima, Savas Dimopoulos, Gia Dvali, *Physics Letters* B429 (1998): 263-272; Arkani-Hamed, Nima Savas Dimopoulos, Gia Dvali, *Physical Review* D59:086004, 1999.

4. Randall, Lisa, and Raman Sundrum, *Physical Review Letters* 83 (1999):3370-3373.

19 内外翻转

1. Original short film *Powers of Ten by* Ray Eames and Charles Eames, 1968; *Powers of Ten: A Flip Book* by Charles and Ray Eames (W. H. Freeman Publishers, 1998); also Philip Morrison and Phylis Morrison and the office of Charles and Ray Eames, *Powers of Ten: About the Relative Sizes of Things in the Universe* (W. H. Freeman Publishers, 1982).

20 君之须弥，我之芥子

1. 更详细的介绍可以参考：Alan Guth, *The Inflationary Universe*. Perseus Books, 1997。

22 海阔天空与脚踏实地

1. 米哈里·希斯赞特米哈伊（Mihaly Csikszentmihalyi）在其著作 *Flow: The Psychology of Optimal Experience* 中首先提出了"心流"的概念来描述这种现象。

2. Brooks, David. "Genius: The Modern View," *New York Times*, April 30, 2009.

3. Gladwell, Malcolm. *Outliers: The Story of Success* (Little Brown & Co., 2008.)

4. Gell-Mann, Murray. *The Quark and the Jaguar: Adventures in the Simple and the Complex* (W.H. Freeman & Company, 1994).

5. *Teacher's Edition of Current Science* 49, no. 14 (January 6-10, 1964).

结　语　寻路宇宙边缘

1. 其他例子见: Susan Jacoby, *The Age of American Unreason* (Pantheon, 2008).

众所周知，2012 年，"科学家发现'上帝粒子'"的新闻席卷了全球，为了验证希格斯玻色子存在性的大型强子对撞机也在一夜之间家喻户晓。公众对科学的热情也在与日俱增，一些"民间人士"也发表了对该科学发现的一些观点。现代意义下的科学应该从伽利略说起，因为公理化的理论体系以及实验验证的方法才是现代科学的特征。所以，在"什么是科学"这个问题上，为何不来听一听一线科学家的观点呢？

本书作者兰道尔教授绝非公众所认为的"传统科学家要么是 nerd 要么是 geek"——这里我们不单指她那曾经在《时尚》杂志中占据一版的女性魅力，更指她的个人魅力：她对哲学、历史、宗教、文学、艺术和电影等方面，都有着深入的涉猎与思考，并且善于从科学的角度提出自己的见解。作为一位弦理论学家，她的代表性成果是兰道尔 - 桑卓姆模型。这项研究工作于 21 世纪初在弦理论和宇宙学界引起了一番轰动。在本书中，兰道尔教授也用一定的篇幅介绍了这项工作，并采用比喻、图示等方法以让读者更好地理解它。

近年来，兰道尔教授的主攻方向是对额外维度的研究。在本书中，她也将花大量篇幅介绍额外维度如何帮助我们解决宇宙学常数、希格斯等级问题、黑洞、暗物质等问题。同时，她也是直接参与大型强子对撞机工作的一线物理学家。她的叙述让我们了解了大型强子对撞机在建造、运行过程中的许多轶事，让我们不禁赞叹大型强子对撞机是多么浩大的一项工程。书中同时向我们指出该实验如何为物理理论服务，譬如，可以用来检验什么理论模型。其中，她向我们展示的科学研究的苦痛与欢乐，只有身在其中方能体会。可以说，《叩响天堂之门》是一本内容丰富又有趣的科普作品。它将一位理论物理学家对生命、宇宙以及物理规律的理解娓娓道来。

记得当时湛庐文化的编辑找到我，问我认不认识具有物理学背景的专家学者，或者我自己是否感兴趣翻译兰道尔教授的几本著作时，我在几本相关资料中，对这本《叩响天堂之门》产生了极大的兴趣，也立即想到了杨洁老师。杨洁老师在加州理工学院获得博士学位，科研方向是拓扑弦理论，理论物理背景深厚，应是翻译此书的上佳人选。彼时，杨洁老师在美国做访问学者，学术工作繁忙，无法在编辑要求的时间内完成任务。于是，我请缨与她合作翻译本书，并且商定：本书前 10 章由我翻译，后面的章节由她翻译，并且交换审阅译稿。

在此我感谢湛庐文化的信任与支持；感谢兰道尔教授的平易近人与大家风范。当我们把翻译过程中遇到的 30 余个问题以电子邮件的形式咨询她时，她耐心地一一给出了解答与回应，并且修正了一些错误。

正如著名物理学家费曼在自己的《费曼物理学讲义》一书中所说：

　　一个诗人曾经说过，"这个宇宙就在一杯葡萄酒中"，我们大概永远也不会知道他是在什么背景下说这句话的。但是如果我们足够细致地观看一杯葡萄酒，我们的确看到了这个宇宙。这里有物理学的东西：涡动的液体，其蒸发依赖于风和天气，酒杯玻璃上的反射，我们想象的原子。玻璃是地上岩石的提纯物，在其成分中我们看到了宇宙年龄和恒星演化的奥秘。葡萄酒中的种种化合物又有着怎样奇特的排列？这些化合物是怎样产生的？这里有种种酵素、酶、基质和它们的生成物。在葡萄酒中发现了伟大的结论：整个生命过程就是发酵。所有研究葡萄酒化学成分的人都会像巴斯德那样，发现许多疾病的原因。红葡萄酒多么鲜艳！把它深深地铭刻在你脑海中吧！如果我们微弱的心智为了某种便利，把这杯葡萄酒——这个宇宙分为几部分：物理学、生物学、地质学、天文学、心理学等，那么让我们记住，大自然并不知道这种分法。所以让我们把所有这些都放到一起，别忘记这杯酒最终的用途。让它最后再给我们一次欢乐：干杯，忘了它！

让我们跟着兰道尔教授一起，饮下《叩响天堂之门》这杯"佳酿"吧！

如何阅读商业图书

商业图书与其他类型的图书，由于阅读目的和方式的不同，因此有其特定的阅读原则和阅读方法，先从一本书开始尝试，再熟练应用。

阅读原则1 二八原则

对商业图书来说，80% 的精华价值可能仅占 20% 的页码。要根据自己的阅读能力，进行阅读时间的分配。

阅读原则2 集中优势精力原则

在一个特定的时间段内，集中突破 20% 的精华内容。也可以在一个时间段内，集中攻克一个主题的阅读。

阅读原则3 递进原则

高效率的阅读并不一定要按照页码顺序展开，可以挑选自己感兴趣的部分阅读，再从兴趣点扩展到其他部分。阅读商业图书切忌贪多，从一个小主题开始，先培养自己的阅读能力，了解文字风格、观点阐述以及案例描述的方法，目的在于对方法的掌握，这才是最重要的。

阅读原则4 好为人师原则

在朋友圈中主导、控制话题，引导话题向自己设计的方向去发展，可以让读书收获更加扎实、实用、有效。

阅读方法与阅读习惯的养成

（1）回想。阅读商业图书常常不会一口气读完，第二次拿起书时，至少用 15 分钟回想上次阅读的内容，不要翻看，实在想不起来再翻看。严格训练自己，一定要回想，坚持 50 次，会逐渐养成习惯。

（2）做笔记。不要试图让笔记具有很强的逻辑性和系统性，不需要有深刻的见解和思想，只要是文字，就是对大脑的锻炼。在空白处多写多画，随笔、符号、涂色、书签、便签、折页，甚至拆书都可以。

（3）读后感和 PPT。坚持写读后感可以大幅度提高阅读能力，做 PPT 可以提高逻辑分析能力。从写读后感开始，写上 5 篇以后，再尝试做 PPT。连续做上 5 个 PPT，再重复写三次读后感。如此坚持，阅读能力将会大幅度提高。

（4）思想的超越。要养成上述阅读习惯，通常需要 6 个月的严格训练，至少完成 4 本书的阅读。你会慢慢发现，自己的思想开始跳脱出来，开始有了超越作者的感觉。比拟作者、超越作者、试图凌驾于作者之上思考问题，是阅读能力提高的必然结果。

扫码关注湛庐文化，
回复"阅读"
这5种方法，让读过的书变成你的影子

[特别感谢：营销及销售行为专家 孙路弘 智慧支持！]

ℰ 我们出版的所有图书，封底和前勒口都有"湛庐文化"的标志

并归于两个品牌

ℰ 找"小红帽"

　　为了便于读者在浩如烟海的书架陈列中清楚地找到湛庐，我们在每本图书的封面左上角，以及书脊上部47mm处，以红色作为标记——称之为"小红帽"。同时，封面左上角标记**"湛庐文化 Slogan"**，书脊上标记**"湛庐文化 Logo"**，且下方标注图书所属品牌。

　　湛庐文化主力打造两个品牌：**财富汇**，致力于为商界人士提供国内外优秀的经济管理类图书；**心视界**，旨在通过心理学大师、心灵导师的专业指导为读者提供改善生活和心境的通路。

ℰ 阅读的最大成本

　　读者在选购图书的时候，往往把成本支出的焦点放在书价上，其实不然。

时间才是读者付出的最大阅读成本。

　　阅读的时间成本=选择花费的时间+阅读花费的时间+误读浪费的时间

　　湛庐希望成为一个"与思想有关"的组织，成为中国与世界思想交汇的聚集地。通过我们的工作和努力，潜移默化地改变中国人、商业组织的思维方式，与世界先进的理念接轨，帮助国内的企业和经理人，融入世界，这是我们的使命和价值。

　　我们知道，这项工作就像跑马拉松，是极其漫长和艰苦的。但是我们有决心和毅力去不断推动，在朝着我们目标前进的道路上，所有人都是同行者和推动者。希望更多的专家、学者、读者一起来加入我们的队伍，在当下改变未来。

湛庐文化获奖书目

《大数据时代》
国家图书馆"第九届文津奖"十本获奖图书之一
CCTV"2013中国好书"25本获奖图书之一
《光明日报》2013年度《光明书榜》入选图书
《第一财经日报》2013年第一财经金融价值榜"推荐财经图书奖"
2013年度和讯华文财经图书大奖
2013亚马逊年度图书排行榜经济管理类图书榜首
《中国企业家》年度好书经管类TOP10
《创业家》"5年来最值得创业者读的10本书"
《商学院》"2013经理人阅读趣味年报·科技和社会发展趋势类最受关注图书"
《中国新闻出版报》2013年度好书20本之一
2013百道网·中国好书榜·财经类TOP100榜首
2013蓝狮子·腾讯文学十大最佳商业图书和最受欢迎的数字阅读出版物
2013京东经管图书年度畅销榜上榜图书,综合排名第一,经济类榜榜首

《牛奶可乐经济学》
国家图书馆"第四届文津奖"十本获奖图书之一
搜狐、《第一财经日报》2008年十本最佳商业图书

《影响力》(经典版)
《商学院》"2013经理人阅读趣味年报·心理学和行为科学类最受关注图书"
2013亚马逊年度图书分类榜心理励志图书第八名
《财富》鼎力推荐的75本商业必读书之一

《人人时代》(原名《未来是湿的》)
CCTV《子午书简》·《中国图书商报》2009年度最值得一读的30本好书之"年度最佳财经图书"
《第一财经周刊》·蓝狮子读书会·新浪网2009年度十佳商业图书TOP5

《认知盈余》
《商学院》"2013经理人阅读趣味年报·科技和社会发展趋势类最受关注图书"
2011年度和讯华文财经图书大奖

《大而不倒》
《金融时报》·高盛2010年度最佳商业图书入选作品
美国《外交政策》杂志评选的全球思想家正在阅读的20本书之一
蓝狮子·新浪2010年度十大最佳商业图书,《智囊悦读》2010年度十大最具价值经管图书

《第一大亨》
普利策传记奖,美国国家图书奖
2013中国好书榜·财经类TOP100

《真实的幸福》
《第一财经周刊》2014年度商业图书TOP10
《职场》2010年度最具阅读价值的10本职场书籍

《星际穿越》
国家图书馆"第十一届文津奖"十本奖获奖图书之一
2015年全国优秀科普作品三等奖
《环球科学》2015最美科学阅读TOP10

《翻转课堂的可汗学院》
《中国教师报》2014年度"影响教师的100本书"TOP10
《第一财经周刊》2014年度商业图书TOP10

湛庐文化获奖书目

《爱哭鬼小隼》
　　国家图书馆"第九届文津奖"十本获奖图书之一
《新京报》2013年度童书
《中国教育报》2013年度教师推荐的10大童书
　　新阅读研究所"2013年度最佳童书"

《群体性孤独》
　　国家图书馆"第十届文津奖"十本获奖图书之一
　　2014"腾讯网·啖书局"TMT十大最佳图书

《用心教养》
　　国家新闻出版广电总局2014年度"大众喜爱的50种图书"生活与科普类TOP6

《正能量》
《新智囊》2012年经管类十大图书，京东2012好书榜年度新书

《正义之心》
《第一财经周刊》2014年度商业图书TOP10

《神话的力量》
《心理月刊》2011年度最佳图书奖

《当音乐停止之后》
《中欧商业评论》2014年度经管好书榜·经济金融类

《富足》
《哈佛商业评论》2015年最值得读的八本好书
　　2014"腾讯网·啖书局"TMT十大最佳图书

《稀缺》
《第一财经周刊》2014年度商业图书TOP10
《中欧商业评论》2014年度经管好书榜·企业管理类

《大爆炸式创新》
《中欧商业评论》2014年度经管好书榜·企业管理类

《技术的本质》
　　2014"腾讯网·啖书局"TMT十大最佳图书

《社交网络改变世界》
　　新华网、中国出版传媒2013年度中国影响力图书

《孵化Twitter》
　　2013年11月亚马逊（美国）月度最佳图书
《第一财经周刊》2014年度商业图书TOP10

《谁是谷歌想要的人才？》
《出版商务周报》2013年度风云图书·励志类上榜书籍

《卡普新生儿安抚法》（最快乐的宝宝1·0~1岁）
　　2013新浪"养育有道"年度论坛养育类图书推荐奖

延伸阅读

《叩响天堂之门》

◎ 理论物理学大师丽莎·兰道尔"宇宙三部曲"——一本书读懂宇宙求索的漫漫历程。

◎ 宇宙如何起源？为什么我们要耗资巨额，建造史上最大型的科学仪器——大型强子对撞机？宇宙万物的真相又如何向我们徐徐展开？

◎ 科学小白与科学大V都不可错过的年度最佳科普巨作，韩涛、张双楠、陈学雷、朱进、苟利军、吴岩、万维钢、郝景芳等众多顶尖科学家与科学达人挚爱推荐。

扫码直达本书购买链接

《弯曲的旅行》

◎ 理论物理学大师丽莎·兰道尔"宇宙三部曲"——一本书读懂神秘的额外维度。

◎ 我们了解宇宙吗？宇宙有哪些奥秘？宇宙隐藏着与我们想象中完全不同的维度吗？我们将怎样证实这些维度的存在？

扫码直达本书购买链接

《暗物质与恐龙》

◎ 理论物理学大师丽莎·兰道尔"宇宙三部曲"——一本书读懂暗物质以及恐龙灭绝背后的秘密。

◎ 暗物质是什么？它是如何让昔日的地球霸主毁灭的？宇宙万物又是如何在看似无关的情况下联系在一起，从而改变了世界的发展的？

扫码直达本书购买链接

《星际穿越》

◎ 天体物理学巨擘，引力波领域大师，同名电影科学顾问基普·索恩巨著，媲美霍金《时间简史》。

◎ 国家天文台8位天体物理学科学家权威翻译。

◎ 国家图书馆"第十一届文津奖"科普奖获奖图书。

扫码直达本书购买链接

KNOCKING ON HEAVEN'S DOOR

Copyright © 2011, Lisa Randall

All rights reserved

本书中文简体字版由作者授权在中华人民共和国境内独家出版发行。未经出版者书面许可，不得以任何方式抄袭、复制或节录本书中的任何部分。

版权所有，侵权必究。

图书在版编目（CIP）数据

叩响天堂之门 /（美）兰道尔著；杨洁，符玥译 . —杭州：浙江人民出版社，2016.10

　ISBN 978-7-213-07659-6

　Ⅰ.①叩… 　Ⅱ.①兰… 　②杨… 　③符… 　Ⅲ.①强子 – 对撞机 – 普及读物 　Ⅳ.o572.21-49

中国版本图书馆 CIP 数据核字（2016）第 246446 号

浙 江 省 版 权 局
著作权合同登记章
图字：11-2016-392 号

上架指导：科普读物 / 宇宙天文

版权所有，侵权必究

本书法律顾问　北京市盈科律师事务所　崔爽律师

张雅琴律师

叩响天堂之门

［美］丽莎·兰道尔　　著

杨 洁　符 玥　译

出版发行：浙江人民出版社（杭州体育场路 347 号　邮编　310006）

　　　　　市场部电话：（0571）85061682　85176516

集团网址：浙江出版联合集团　http://www.zjcb.com

责任编辑：朱丽芳　陈　源

责任校对：徐永明　陈　春

印　　刷：北京富达印务有限公司

开　　本：720 毫米 ×965 毫米 1/16　　印　　张：30

字　　数：378 千字　　　　　　　　　　插　　页：3

版　　次：2016 年 10 月第 1 版　　　　印　　次：2016 年 10 月第 1 次印刷

书　　号：ISBN 978-7-213-07659-6

定　　价：89.90 元

如发现印装质量问题，影响阅读，请与市场部联系调换。